U0262648

材料非线性超声特性检测
Measurement of Nonlinear Ultrasonic Characteristics

〔韩〕张庆荣（Kyung-Young Jhang）

〔美〕克里夫·利森登（Cliff J. Lissenden）

〔德〕伊戈尔·索洛多夫（Igor Solodov）　主编

〔日〕小原良和（Yoshikazu Ohara）

〔法〕维塔利·古塞夫（Vitalyi Gusev）

项延训　轩福贞　译

科学出版社

北京

图字：01-2021-3458 号

内 容 简 介

　　本书通过物理、声学、力学和建模仿真等构建非线性超声特性检测的理论与实验研究框架，涉及两大类问题：与材料弹性非线性相关的非线性超声特性检测以及与接触声非线性相关的非线性超声特性检测，通过超声纵波、导波及表面波的高次谐波表征材料弹性非线性弹性特性；通过非线性共振、非线性混频以及次谐波表征粘接界面和裂纹等接触声非线性特性。本书主要内容包括非线性超声基本原理、非线性超声各类波型的激发与测量方法、非线性超声信号与材料微组织的耦合关系(包括材料退化、粘接状态、微裂纹等)以及非线性超声相控阵成像等。

　　本书可作为高等院校机械工程、材料科学与工程、精密仪器与测量等专业高年级本科生、研究生的学习参考书，也可作为超声检测领域工程技术人员的工作参考书。

First published in English under the title
Measurement of Nonlinear Ultrasonic Characteristics
edited by Kyung-Young Jhang, Cliff J. Lissenden, Igor Solodov, Yoshikazu Ohara and Vitalyi Gusev
Copyright © Springer Nature Singapore Pte Ltd., 2020
This edition has been translated and published under licence from
Springer Nature Singapore Pte Ltd.

图书在版编目(CIP)数据

材料非线性超声特性检测 / (韩)张庆荣等主编；项延训，轩福贞译. —北京：科学出版社，2022.11
书名原文：Measurement of Nonlinear Ultrasonic Characteristics
ISBN 978-7-03-073198-2

Ⅰ. ①非⋯ Ⅱ. ①张⋯ ②项⋯ ③轩⋯ Ⅲ. ①超声检测 Ⅳ. ①TB553

中国版本图书馆CIP数据核字(2022)第172700号

责任编辑：陈　婕　纪四稳 / 责任校对：任苗苗
责任印制：师艳茹 / 封面设计：蓝正设计

科 学 出 版 社 出版
北京东黄城根北街 16 号
邮政编码：100717
http://www.sciencep.com

艺堂印刷(天津)有限公司印刷
科学出版社发行　各地新华书店经销
*
2022 年 11 月第 一 版　开本：720×1000 1/16
2022 年 11 月第一次印刷　印张：16 1/2
字数：330 000
定价：138.00 元
(如有印装质量问题，我社负责调换)

译 者 前 言

近年来，现代工业高效率、低排放的要求促使石化、电力、核能等装备制造与服役不断突破高温、高压的传统边界，以致机械性能随时间增长而出现劣化趋势。因此，损伤的早期发现和预防，对避免突发性事故的发生至关重要。近二十年来，非线性超声理论与技术在超声检测领域广受研究者的关注，主要是因为非线性超声信号与上述工程领域服役结构损伤演化或微弱性能变化密切相关，为损伤的早期发现和预防提供了新的检测手段。国内在非线性超声领域的相关专著并不多，现有的专著或者只涉及流体介质中的声学非线性效应，或者只涉及特定波导结构中的声学非线性效应，有些甚至在数学上太深奥而难以理解。随着非线性超声特性检测理论及方法在工程、材料等领域的不断深入和拓展，研究者对如何激发非线性超声信号、如何有效分析非线性超声信号等需求日益增加。

本书采用论文主题形式，加上综述共包含 6 章，内容涉及国际上五个从事非线性超声特性检测与表征的课题组的工作。五位编辑兼文章作者分别是 Kyung-Young Jhang 教授（韩国汉阳大学）、Igor Solodov 教授（德国斯图加特大学）、Cliff J. Lissenden 教授（美国宾夕法尼亚州立大学）、Vitalyi Gusev 教授（法国勒芒大学）和 Yoshikazu Ohara 教授（日本东北大学）。韩国汉阳大学 Jhang 教授目前担任韩国无损检测学会副主席，是国际上最早研究并应用非线性超声表征材料损伤的著名学者之一。德国斯图加特大学 Solodov 教授早期开展过非线性超声理论的研究，后来主要开展局部缺陷非线性共振的表征研究等。美国宾夕法尼亚州立大学 Lissenden 教授是近十年来在非线性超声导波理论分析工作方面做得最为出色的著名学者之一，他在非线性超声兰姆波的理论激发条件、相位匹配、仿真及实验研究方面开创了诸多创新工作。法国勒芒大学 Gusev 教授在光声检测、非线性声学、激光辐射与物质的相互作用等方面颇有研究，尤其是在激光超声脉冲的产生以及载体-声子相互作用的超快光热处理领域具有国际影响力。日本东北大学的 Ohara 教授主要研究非线性超声相控阵成像，包括非线性表面声波相控阵成像、多模式非线性超声体波相控阵等。全书内容非常实用，且涵盖了近十年来在非线性超声特性检测方法和技术方面的主要成果，能够为国内同行与有志从事非线性超声特性检测理论和应用研究的研究生与工程师提供更为全面的研究视角，因此我们翻译了此书。

全书的翻译工作由华东理工大学超声检测课题组的全体成员及研究生共同完成。轩福贞教授、项延训教授主持了本书翻译工作，并对翻译初稿进行了多次整理、对终稿进行了校对。刘稳翻译了封面、目录、附录以及第 1 章；丁涛涛、孙超彧、姜颖翻译了第 2 章；吴芃、连江卫、江梦慧翻译了第 3 章；郭新峰、孙迪、卞慧敏翻译了第 4 章；滕达、刘志勇、严昊、唐鉴颖翻译了第 5 章；李晨宇、娄斌、熊文婷翻译了第 6 章。朱武军、孙迪、唐鉴颖对翻译初稿进行了汇总、初校以及排版等工作。邓明晰教授和邱勋林特聘教授对全书进行了审校。在此，对参与本书翻译及校对工作的老师及同学表示衷心的感谢。此外，本书的出版得到了国家自然科学基金的资助，在此也表示感谢。

由于译者水平有限，译稿中难免存在不足之处，敬请读者批评指正。

前　言

评估材料断裂早期阶段的累积损伤或退化对确保炼油厂、核电站或飞机部件的结构安全至关重要。由于超声波传播的特性与材料的力学性能直接相关，在评估材料损伤退化方面，超声检测方法是最强大的无损检测技术。

传统的超声检测方法基于线性理论，通常依赖于对一些特定参数的测量，如声速、衰减、透射或反射幅度，以确定材料的弹性或检测缺陷。声速取决于弹性常数，衰减则与微结构有关。缺陷的存在会改变透射波或反射波的相位和/或幅度。然而，基于线性弹性超声特性的检测方法仅对较大缺陷或开裂敏感，而对均匀分布的微裂纹或退化则较不敏感。

为解决上述限制问题，可开展非线性超声特性检测方法的研究。线性和非线性超声特性检测方法之间的主要区别在于，在非线性超声特性检测方法中，缺陷的存在及特征通常与一个频率不同于输入信号频率的声信号有关。这与有限振幅（特别是高功率）超声的辐射和传播及其与裂纹、界面和微结构等材料不连续处的相互作用有关。因材料失效或退化在发生明显的塑性变形或材料破坏前，通常会出现某种类型的非线性机械行为，故非线性超声特性检测方法的应用在近期研究中得到了极大的关注。

非线性超声特性主要包括高次谐波、次谐波、共振频移（非线性共振）和混频响应（非线性混频）等。这些现象不仅在纵波中存在，还存在于表面波和导波。研究人员通过理论和实验研究致力于发展不同的方法和应用技术。此外，测量仪器的进步也促进了非线性超声特性检测技术的研究。与线性现象相比，这些非线性超声特性极其微弱，要获得富有价值的实验数据仍需要丰富的经验和精湛的专业知识。因此，许多研究人员特别是包括研究生在内的初学者，在测量非线性超声特性时仍然面临困难。

本书涵盖了主要的非线性超声特性检测方法，每种方法的关键技术原理、知识由在该领域具有多年经验的全球顶尖专家提供，这将有助于研究人员获得高质量的数据。本书的一个重要特点是它提供了快速学习非线性超声测量技能所需的关键技术原理和知识，以及获取非线性超声特性重要参数的技巧。因此，本书将成为测量非线性超声特性的重要指南，希望本书对各种研究调查有所裨益。

受邀撰写本书的主要专家包括 Igor Solodov 教授（德国斯图加特大学）、Cliff J. Lissenden 教授（美国宾夕法尼亚州立大学）、Vitalyi Gusev 教授（法国勒芒大学）和 Yoshikazu Ohara 教授（日本东北大学）。他们作为不同章节的作者参与本书的撰写，在此向他们表示衷心的感谢，另外也对帮助起草各章节内容的专家表示感谢。

Kyung-Young Jhang（张庆荣）

韩国首尔

目　　录

第1章 综述——非线性超声特性

非线性超声特性是由超声波在传播过程中与材料或缺陷的非线性相互作用而产生的，通常包括高次谐波、次谐波、非线性共振和非线性混频。在本书中，非线性相互作用分为两类：材料弹性非线性和接触声非线性，对每一类非线性超声特性相关的测量方法和应用都进行了介绍。

材料性能的累积损伤、退化的评估以及断裂早期的微缺陷检测对于确保各种工业结构的安全至关重要。超声检测方法是非常强大的无损检测技术，因为超声波传播的特性与材料的力学性能直接相关。传统的超声无损评价(non-destructive evaluation, NDE)基于线性声学理论，该理论与振动在介质中的传播有关。假定在介质中振动引起质点偏离平衡状态是微小的，即假定超声波传播时具有小振幅或低强度并保持恒定波速。这类线性超声技术通常依赖于一些特定参数的测量，如声速、衰减和反射率。声速取决于弹性常数，而衰减与微结构特征如晶粒尺寸有关。此外，缺陷的存在会改变输出信号的相位和/或幅度[1]。但是，这种技术对均匀分布的微缺陷或材料退化不敏感。

克服上述限制的另一种技术是非线性超声特性检测方法。线性和非线性超声无损评价之间的主要区别在于，在非线性超声特性检测中传播的声波具有有限的振幅并伴有多种其他效应，这些随之产生的效应强弱取决于振动幅度。例如，波速随振动幅度而变化，波信号的频率与输入信号的频率不同。这与有限振幅(特别是高功率)超声的激励和传播及其与微结构或缺陷的非线性力学相互作用有关。如图1.1所示[2]，这些微结构和缺陷包括晶格缺陷(如位错和空位)、微结构(如晶粒、晶界、沉淀等)、微缺陷(如微裂纹和微孔洞)和缺陷(如部分闭合裂纹和部分闭合界面)。即使当裂纹张开间距或接触界面之间的间隙小于超声波的振动位移，部分闭合裂纹和界面也会引起巨大的非线性特征。

图1.1 影响非线性超声特性的微结构和缺陷

由于材料失效或退化在出现明显的塑性变形或材料损坏之前，通常会发生某种类型的非线性力学行为，最近的研究工作大多数都聚焦在非线性超声的应用方面[3-5]。例如，图 1.2 展示了疲劳裂纹扩展的大致过程。传统的线性超声技术(linear ultrasonic technique, LUT)仅在引发宏观裂纹之后才检测到裂纹，其可检测到的裂纹尺寸通常大于 1mm，这对应于超过 80%疲劳寿命的损伤阶段。而从宏观裂纹形成开始，裂纹扩展速度就迅速增大，故断裂的发生时间可能比预期的要短。因此，在上一次定期检查中未发现的裂纹可能会在下一次检查之前发生断裂。相比之下，非线性超声技术(nonlinear ultrasonic technique, NUT)可用于评估宏观裂纹萌生之前的微损伤。

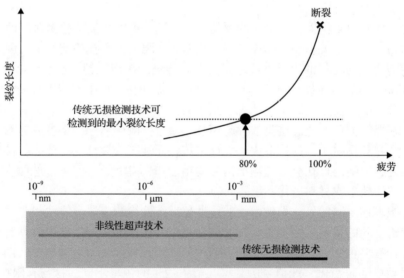

图 1.2　疲劳引起的典型缺陷演化过程

非线性超声特性是由传播的超声波与材料或缺陷之间的非线性相互作用而产生的特征。这种非线性相互作用可以分为两类，即材料弹性非线性和接触声非线性。表 1.1 给出了超声波的非线性相互作用导致的非线性超声特性。

表 1.1　超声波的非线性相互作用导致的非线性超声特性

非线性相互作用	非线性超声特性
材料弹性非线性	高次谐波 共振频移(非线性共振) 混频响应(非线性混频)
接触声非线性	高次谐波 次谐波 共振频移(非线性共振) 混频响应(非线性混频)

　　材料弹性非线性是基于应力和应变之间的非线性关系的。这种类型的相互作用会导致更高的谐波产生、共振频移(非线性共振)和混频响应(非线性混频)。这些现象受固体的结构和相互作用的强烈影响,因此可以应用超声波表征材料特性。此外,这些影响在损坏的材料中很明显,但在未损坏的材料中几乎无法测量到,表明它们可用于评估材料退化。同时,弹性非线性是材料的固有特性。因此,从材料本身存在的非线性中测量其变化十分重要。非线性特性的变化量可能很微小,因此需要以适当的方法进行测量。应着重指出的是,当材料特性改变时,非线性特性比线性特性变化更大。

　　当入射超声波在两个接触界面之间发生反复碰撞时,就会产生接触声非线性。这种相互作用引起的现象与材料弹性非线性相似。但奇特之处在于,这种情况会有次谐波的产生。接触声非线性是产生次谐波的唯一原因,材料弹性非线性不会产生次谐波。这些现象可用于检测部分闭合裂纹或评估黏脱缺陷。开裂间距或接触界面之间的间隙是影响接触声非线性的重要因素。即使缺陷的长度或大小是宏观尺度的,当裂纹张开间距或接触界面之间的间隙小于超声波的位移幅度时,也会发生接触声非线性。这种非线性比材料弹性非线性大得多。因此,接触声非线性测量比材料弹性非线性测量相对容易。然而,要激发接触声非线性,必须输入具有较大位移幅度的超声波或引起共振。通常,超声波的位移幅度小于1nm,因此可以检测到具有更小间隙的界面。超声波的位移幅度越大,可以检测到的界面间隙缺陷越大。

　　表 1.2 总结了线性超声技术和非线性超声技术测量参量之间的差异。在线性超声技术中,一般通过测量声速、衰减、频散等来评估弹性模量、厚度、各向异性、晶粒尺寸或孔隙率,而通过测量反射率或透射率检测裂纹、分层、空隙或夹杂物。在非线性超声技术中,通过测量高次谐波、共振频率或混频来评估非线性弹性模量,从而进一步评估硬度或强度,并检测部分闭合裂纹或粘接弱化。测量次谐波仅可用于检测裂纹或界面。可以看出,时域中的信号幅度通常用于线性超声技术,而频域中的信号幅度则用于非线性超声技术。但是,频域中的幅度也可用于特殊的线性超声技术中,同样,时域中的幅度也可用于特殊的非线性超声技术中。

表 1.2　线性超声技术和非线性超声技术中的典型测量参量

项目	线性超声特性	非线性超声特性
测量参量	声速(或渡越时间)、衰减率、散射、频散、反射率	高次谐波、次谐波、共振频率(非线性共振)、混频响应(非线性混频)
评估或检测	弹性模量、厚度(或厚度损失)、各向异性、孔隙率、裂纹、分层、空隙、夹杂物	非线性超声波参数、非线性弹性模量、退化、部分闭合裂纹、粘接弱化(界面刚性)

另外，由材料弹性非线性或接触声非线性引起的非线性超声特性可以出现在所有类型的波、体波(纵波或剪切波)、表面波或导波中。由于不同类型的超声波中可能会发生不同类型的非线性相互作用，已经探索出各种方法来测量这些非线性超声特性。

本书涵盖了固体中典型的非线性超声特性，通过各种应用场景介绍了非线性超声特性的测量方法，主要分为两部分：第一部分涵盖与材料弹性非线性相关的非线性超声特性检测，而第二部分则涵盖与接触声非线性相关的非线性超声特性检测。

第一部分包括两章：第2章和第3章。第2章介绍以高次谐波非线性超声参量表征材料的非线性弹性特性，主要使用的是纵波；第3章介绍二次谐波的产生，包括各种导波产生的谐波，如兰姆(Lamb)波和水平剪切(shear horizontal, SH)波。

第二部分包括三章：第4章、第5章和第6章。第4章概述各种非线性声学技术，并涵盖基于振动的不同非线性共振技术，特别是用于测量缺陷中的接触非线性技术。第5章介绍用于闭合裂纹界面的次谐波测量技术，特别是用于成像的阵列技术。第6章介绍裂纹中的非线性混频效应，以及基于激光超声技术的测量方法。

参 考 文 献

[1] A.S. Birks, in Nondestructive Testing Handbook 7: Ultrasonic Testing. ASNT Handbook(1991)

[2] N.G.H. Meyendorf, P.B. Nagy, S.I. Rokhlin(eds.), Nondestructive Materials Characterization with Applications to Aerospace Materials. Springer Series in Materials Science, vol. 67, 4(2004)

[3] K.Y. Jhang, Applications of nonlinear ultrasonics to the NDE of material degradation. IEEE UFFC 47(3), 540–548(2000)

[4] H. Jeong, S.H. Nahm, K.Y. Jhang, Y.H. Nam, A nondestructive method for estimation of the fracture toughness of CrMoV rotor steels based on ultrasonic nonlinearity. Ultrasonics 41(7), 543–549(2003)

[5] K.Y. Jhang, Nonlinear ultrasonic techniques for non-destructive assessment of micro damage in material: A review. Int. J. Precis. Eng. Manuf. 10(1), 123–135(2009)

第一部分
与材料弹性非线性相关的
非线性超声特性检测

第 2 章　高次谐波非线性超声参量的测量

在声波的相互作用中，材料弹性非线性和接触声非线性都会导致高次谐波的产生。但是，本章只介绍材料弹性非线性。非线性超声参量可以定量表征材料的非线性弹性特性，并且可以通过测量材料中传播的超声波所产生的高次谐波而确定。本章介绍非线性超声参量的测量过程；另外，详细介绍用于测量的实验仪器和信号处理技术，并阐述产生测量误差的相关原因。本章主要介绍利用纵波进行测量的方法，但也会简要介绍利用表面波进行测量的方法。

2.1　高次谐波的产生

高次谐波的产生是一种常见的现象，如图 2.1 所示，入射波波形会因介质的非线性弹性响应而畸变，并产生高次谐波。

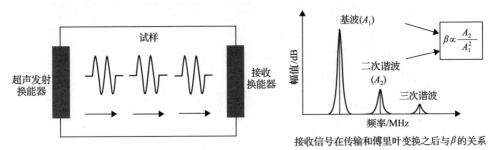

接收信号在传输和傅里叶变换之后与 β 的关系

图 2.1　声传播过程中因弹性非线性产生的波形畸变和高次谐波
（β 是由基波和二次谐波分量幅值定义的非线性超声参量）

材料弹性非线性的产生是基于材料在弹性范围内也具有的非线性应力-应变关系，如图 2.2 所示。对于各向同性的材料，应力-应变关系可以用非线性胡克定律来表示，在一维情况下，用式 (2.1) 表示[1-3]：

$$\sigma = C_{11}\varepsilon \pm \frac{1}{2}\beta C_{11}\varepsilon^2 + \cdots \qquad (2.1)$$

式中，σ、ε、C_{11} 和 β 分别为应力、应变、二阶弹性常数和二阶非线性超声参量。

式 (2.1) 中非线性项（即等号右边第二项）的正负号取决于应力-应变曲线的曲率方向。在大多数的金属材料中，应该取负号，但在柔性材料（如橡胶）中则取正号。

谐波的产生可以用一个弹簧上的加载激振力产生的位移表示，如图 2.3 所示。对弹簧施加振动力 F 后输出位移 y。如果弹簧的刚度完全是线性的，那么输出波形和输入波形完全一致，如图 2.4(a) 所示。如果弹簧的刚度是非线性的，那么由于输入和输出的不对称性，输出波形就会产生畸变。这种畸变会在频谱上产生谐波。随着输入力幅值的增加，输出波形的畸变就会变得严重，而谐波的幅值将不断增大。

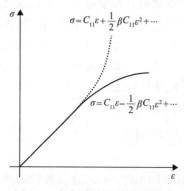

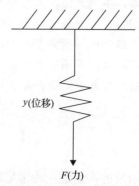

图 2.2　应力-应变的非线性关系　　图 2.3　振动时力和位移关系的简易弹簧模型

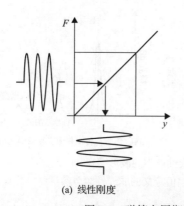

(a) 线性刚度　　　　　　　　(b) 非线性刚度

图 2.4　弹簧在周期性载荷下的位移响应

类似地，如果给非线性弹性材料加载一个给定频率的正弦波超声激励，那么超声波在材料中传播时会对非线性应力-应变关系产生响应。分别将应力(或声压)和应变视为力和位移，超声波的非线性响应和上述弹簧的例子是一样的。如果超声波的声压幅值较小，由于此时应力-应变关系几乎呈线性，输出波形基本不会发生畸变。然而，随着输入幅值的增大，输出波形的畸变也会产生。但这并不意味着输入波幅值小，它在传播过程中就不会产生畸变。非线性是材料的固有特性，与声压无关，而是否可以测量到才是关键。

图 2.5 给出了水中传播的超声信号随着入射波幅值的变化,其接收信号波形和频谱的变化。入射波为中心频率 3MHz 的脉冲信号。如图 2.5 所示,当幅值很小时,波形畸变较小,几乎没有谐波产生。随着入射波幅值的增大,接收到的信号波形逐渐畸变,且高次谐波成分逐渐增加。

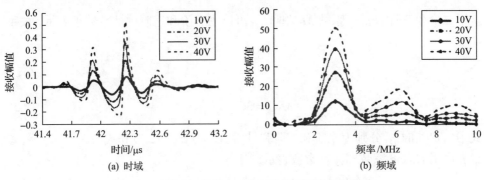

(a) 时域　　　　　　　　　　　　　　　(b) 频域

图 2.5　入射波幅值增大时的超声波时域和频域变化

此外,高次谐波的产生可以认为是仅由本构关系中的非线性成分导致的。考虑一个带正弦波输入的二阶非线性系统(图 2.6),该系统的输出将会有一个二次谐波成分。当考虑到三阶或更高阶的非线性关系时,系统也会产生三次或更高次的谐波。但通常来说,三阶或更高阶的非线性相比二阶非线性影响要小得多,因此通常只考虑二阶非线性关系的作用。

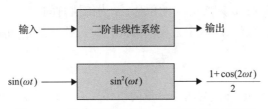

图 2.6　二阶非线性系统中二次谐波产生示意图

2.2　非线性超声参量

三维空间中固体本构关系的二阶近似可由式(2.2)表示[4-8]:

$$\sigma_I = M_{IJ}\varepsilon_J + \frac{1}{2}M_{IJK}\varepsilon_J\varepsilon_K \tag{2.2}$$

式中,σ_I 为应力张量; ε_J 和 ε_K 为应变张量; M_{IJ} 和 M_{IJK} 分别为二阶和三阶 Huang 系数。

为了解释二次谐波的产生，首先考虑一列纵波入射到一块各向同性的固体中的情况，此时非线性关系可以用式 (2.3) 表示：

$$\sigma = M_{11}\varepsilon + \frac{1}{2}M_{111}\varepsilon^2 \tag{2.3}$$

这里二阶和三阶 Huang 系数 M_{11} 和 M_{111} 可以用二阶和三阶弹性常数来表示，关系如下：

$$M_{11} = C_{11} \tag{2.4}$$

$$M_{111} = 3C_{11} + C_{111} \tag{2.5}$$

式中，C_{11} 和 C_{111} 分别为二阶和三阶弹性常数。对比式 (2.1) 和式 (2.3)，非线性参量 β 可用 Huang 系数和弹性常数表示[7-9]：

$$\beta = -\frac{M_{111}}{M_{11}} = -\frac{3C_{11} + C_{111}}{C_{11}} \tag{2.6}$$

纵波在 X 方向上传播的非线性方程可表示为[7-9]

$$\rho \frac{\partial^2 u}{\partial t^2} = C_{11} \frac{\partial^2 u}{\partial t^2} \left(1 + \beta \frac{\partial u}{\partial X}\right) \tag{2.7}$$

式中，ρ 为材料密度；u 为 X 方向的位移；t 为传播时间。

应用微扰理论可以求解这个方程。为此，设位移 u 的扰动解如下：

$$u = u_1 + u_2 \tag{2.8}$$

式中，u_1 是一阶扰动的解，为基频分量的位移；u_2 是二阶扰动的解，也就是二次谐波频率分量的位移。这样的解可表示为

$$u_1 = A_1 \cos(kx - \omega t) \tag{2.9}$$

$$u_2 = A_2 \cos\left[2(kx - \omega t)\right] = \frac{1}{8}\beta k^2 A_1^2 x \cos\left[2(kx - \omega t)\right] \tag{2.10}$$

式中，A_1 为基频分量的位移幅值；A_2 为二次谐波频率分量的位移幅值，是基频分量位移幅值 A_1、波数 k、传播距离 x、非线性参量 β 的函数。通过重组式 (2.10)，可得到非线性参量 β 的表达式：

$$\beta = \frac{8A_2}{A_1^2 k^2 x} \tag{2.11}$$

β 是通常所指的绝对非线性超声参量。这个绝对参量很难测量到，因为二次谐波频率分量的振幅非常微小（小于 1nm）。所以，研究者一般不考虑振动位移，而采用由测量信号幅值定义的相对非线性超声参量 β'，其定义为[10]

$$\beta' = \frac{A_2'}{A_1'^2} \tag{2.12}$$

式中，A_1' 和 A_2' 分别为检测信号的基频分量幅值和二次谐波频率分量的幅值。β' 比绝对参量 β 更容易测量到，因为它可以采用传统压电换能器检测的电压输出信号来确定。但是，相对参量 β' 仅用于比较损伤材料相对于原始材料的损伤程度。需要指出，用测量的相对参量来比较材料损伤程度时，测量条件，如仪器、信号的预处理和后续处理、换能器、耦合剂、入射波频率和试件厚度，应该保持一致。这是为了确保即使测试系统在测量过程中带来一些额外的非线性，这些额外的非线性也是个恒定值，因而并不影响对测量结果做相对比较。尽管如此，绝对非线性超声参量对于定量表征材料的损伤程度仍然很有价值，因为相对非线性超声参量无法通过单次测量来表征材料的损伤程度。然而，绝对非线性超声参量和相对非线性超声参量在特定条件下可建立直接对应关系，这一点将会在 2.3.3 节讨论。

2.3　非线性超声参量的测量

2.3.1　绝对非线性超声参量

目前，直接测量绝对非线性超声参量的方法并不多，通常来说有以下几种：电容测量法[11]、激光干涉法[12]、压电测量法[13,14]。电容测量法是通过测量试件和极板之间产生的电容，进而求得极板和试件之间的距离。这种测量方法灵敏度非常高，但是在测量时需要光学平台，试件和探测极板之间的距离非常小（仅几微米）且必须平行[15]。激光干涉法有很多优势，如它是一种非接触测量方法，而且频带宽、灵敏度高，但是在测量过程中用到了光的镜面反射，所以试件的表面要像镜面一样光滑。由于高频谐波成分的位移振幅非常小，利用这些方法测量绝对非线性超声参量实际上是非常困难的。

压电测量法由 Dace 等[13,14]发明，它利用一个接触式压电换能器通过一种间接的方式测量位移振幅，即将测得的电流转换成声学位移信号（图 2.7）。与其他方法相比，这种测量方法的信噪比较高，且对试件表面的光滑度要求不高[16]。所以，这种方法尽管需要复杂的校准步骤，依旧被广泛应用于绝对非线性超声参量的测量中。

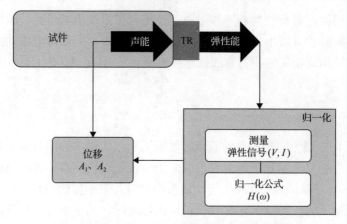

图 2.7　压电测量法示意图(TR 指压电换能器)

压电测量法一般包含两个环节，即非线性测量环节和校准环节，如图 2.8 所示。在图 2.8(a)所示的非线性测量环节中，激发换能器将单频电功率 $P_{E,\mathrm{in}}(\omega)$ 转化为单频声功率 $P_{A,\mathrm{in}}(\omega)$，随着声波在非线性材料中传播产生高次谐波。然后，接收换能器将含有谐波成分的声功率 $P_{A,\mathrm{out}}(\omega)$ 转化为电功率 $P_{E,\mathrm{out}}(\omega)$。接收换能器的这一机制可用传递函数 $K(\omega)$ 来表达：

$$P_{E,\mathrm{out}}(\omega)=K(\omega)P_{A,\mathrm{out}}(\omega) \tag{2.13}$$

式中，ω 为角频率。考虑位移振幅 $A(\omega)$，式(2.13)可表达为

$$\frac{1}{2}\left|I_{\mathrm{out}}(\omega)\right|^2\mathrm{Re}\big(Z(\omega)\big)=\frac{1}{2}K(\omega)\big|\omega A(\omega)\big|^2\rho va \tag{2.14}$$

式中，$I_{\mathrm{out}}(\omega)$ 为接收系统测得的电流谱；$Z(\omega)$ 为电阻抗；ρ 为材料的密度；v 为质点振速；a 为接收换能器面积。由式(2.14)可以得到幅值 $A(\omega)$ 的频谱表达式：

$$\left|A(\omega)\right|=\sqrt{\frac{\mathrm{Re}\big(Z(\omega)\big)}{\omega^2\rho vaK(\omega)}}\left|I_{\mathrm{out}}(\omega)\right| \tag{2.15}$$

这里可定义将接收到的电信号转化成声信号的校准函数 $H(\omega)$ 为

$$\left|H(\omega)\right|=\sqrt{\frac{\mathrm{Re}\big(Z(\omega)\big)}{\omega^2\rho vaK(\omega)}} \tag{2.16}$$

因此，式(2.15)可以表示为

$$\left|A(\omega)\right|=\left|H(\omega)\right|\left|I_{\mathrm{out}}(\omega)\right| \tag{2.17}$$

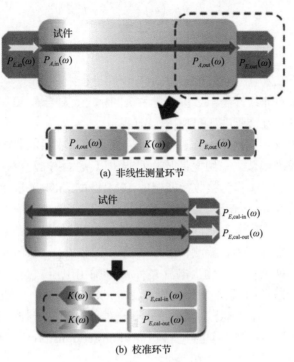

(a) 非线性测量环节

(b) 校准环节

图 2.8　压电测量法的实验设计

图 2.8(b) 为校准环节, 宽带脉冲信号入射后到达材料的另一面时会被反射回来并被接收, 这种机制可以用传递函数 $K(\omega)$ 来表示:

$$P_{E,\text{cal-in}}(\omega) = K^2(\omega) P_{E,\text{cal-out}}(\omega) \tag{2.18}$$

式中, $P_{E,\text{cal-in}}(\omega)$ 和 $P_{E,\text{cal-out}}(\omega)$ 分别为校准环节的激发信号和接收信号。这种机制通过两端的换能器建模来表述。传递函数 $K(\omega)$ 可以用输入电流 $I'_{\text{in}}(\omega)$ 和输入电压 $V'_{\text{in}}(\omega)$ 及输出电流 $I'_{\text{out}}(\omega)$ 和输出电压 $V'_{\text{out}}(\omega)$ 来表达, 即

$$K(\omega) = \sqrt{\frac{2\left|I'_{\text{out}}(\omega)\right|\text{Re}\left(\dfrac{V'_{\text{out}}(\omega)}{I'_{\text{out}}(\omega)}\right)}{\left|I'_{\text{in}}(\omega)\dfrac{V'_{\text{out}}(\omega)}{I'_{\text{out}}(\omega)} + V'_{\text{in}}(\omega)\right|}} \tag{2.19}$$

将式 (2.19) 代入式 (2.16) 可以得到 $H(\omega)$ 的表达式:

$$H(\omega) = \sqrt{\dfrac{\left| I'_{\text{in}}(\omega)\dfrac{V'_{\text{out}}(\omega)}{I'_{\text{out}}(\omega)} + V'_{\text{in}}(\omega) \right|}{2\omega^2 \rho va \left| I'_{\text{out}}(\omega) \right|}} \tag{2.20}$$

在式(2.19)和式(2.20)中，字母带 $'$ 表示在校准过程中所测得。

为了评估绝对非线性超声参量测量系统的精度，对合金 Al 6061-T6 进行了测量，其非线性参量在文献[17]和[18]中已有报道。

首先参照图 2.9(a)所示方式进行校准以获得将接收换能器输出的电压值转化为振动幅值的校准函数。采用宽带脉冲回波法以获得校准函数[13,14]，校准仅针对非线性超声参量测量中作为接收换能器的 10MHz 的 LiNbO₃ 换能器进行。由宽频脉冲信号发生器(Panametrics PR5072, 美国)产生宽带脉冲电信号激发换能器，从而在试件中激励出宽带入射脉冲波。入射脉冲波经试件另一侧反射后被同一个换能器接收。在校准环节中，检测传感器的输入电流 $I'_{\text{in}}(\omega)$ 和输入电压 $V'_{\text{in}}(\omega)$ 以及换能器接收到的回波信号的输出电流 $I'_{\text{out}}(\omega)$ 和输出电压 $V'_{\text{out}}(\omega)$ 分别由电流传感器(Lecroy CP030, 美国)和电压传感器(Tektronix P2220, 美国)监测。这些信号通过数字示波器(Lecroy WS452, 美国)采集。对采集的信号加汉宁窗以减小旁瓣的影响[19]，然后进行快速傅里叶变换(fast Fourier transform, FFT)。最终算出校准函数 $H(\omega)$ 的频谱，如图 2.10 所示。

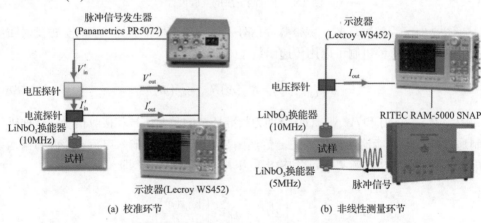

(a) 校准环节　　　　　　　　　　　(b) 非线性测量环节

图 2.9　绝对非线性超声参量测量的实验装置

图 2.9(b)给出了非线性超声参量测量采用的透射技术示意图。激发换能器是一个 5MHz 的 LiNbO₃ 换能器。输入信号是一个由大功率信号放大器(RITEC, RAM-5000 SNAP)放大产生的 20 个周期的脉冲信号。在实验过程中须保持换能器与试件紧密贴合且实验环境须与校准环节保持一致。因此，本书开发了一种气动装置，该装

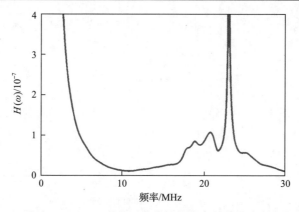

图 2.10　通过 Al 6061-T6 的绝对非线性超声参量测量确定的校准函数

置在接触式换能器上施加恒定的压力确保了实验的可靠性。对两个安装在气动装置上的换能器均施加 0.4MPa 的恒定压力，使得在进行重复实验时接触条件的变化最小。使用校准环节中的电流传感器对输出电流 $I_{out}(\omega)$ 进行监测。对输出电流信号进行监测的目的是增加输入电压。图 2.11(a)是一个典型的输出电流信号。将数量超过 100 的输出电流信号取平均可以有效提升信噪比。对信号加汉宁窗后进行快速傅里叶变换得到频谱图，通过调节频谱的幅值来补偿在加窗过程中所造成的能量损失。对信号的处理将在 2.4.4 节进行详述。图 2.11(b)为图 2.11(a)所示信号的频谱，从中可以确定基波和二次谐波频率分量的幅值。质点位移幅值 $A(\omega)$ 的振幅谱可以根据式(2.17)中传递函数 $H(\omega)$ 和输出电流 $I'_{out}(\omega)$ 的频谱计算得到。

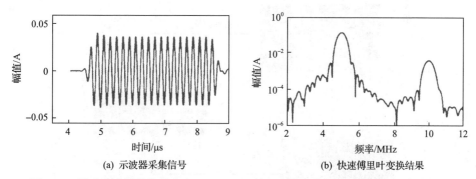

(a) 示波器采集信号　　　　　　　(b) 快速傅里叶变换结果

图 2.11　通过示波器采集的合金 Al 6061-T6 的电流输出信号及快速傅里叶变换结果

图 2.12 给出了实验所测得的基频分量幅值的平方 A_1^2 和二次谐波频率分量幅值 A_2 的关系，由图可见，两者之间的线性关系十分明显(相关系数为 0.99)。当给定波数 k 和试件厚度 x 后，绝对非线性超声参量 β 由图中拟合线的斜率(即 A_1^2 对 A_2 的斜率)决定。

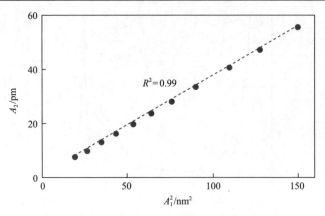

图 2.12　合金 Al 6061-T6 中 A_1^2 和 A_2 的关系

通过上述方法得到的合金 Al 6061-T6 的绝对非线性超声参量为 5.41。该值与文献中提到的参考值 (4.5～5.69) 高度一致[17,18]，且其在不同实验中所得测量结果变化很小。该实验结果验证了利用上述实验装置进行绝对非线性超声参量测量的准确性[10]。

2.3.2　相对非线性超声参量

测量相对非线性超声参量的实验装置和前述测量绝对非线性超声参量的装置几乎相同，唯一区别在于相对非线性超声参量可通过换能器输出电压信号直接获得（图 2.13）。

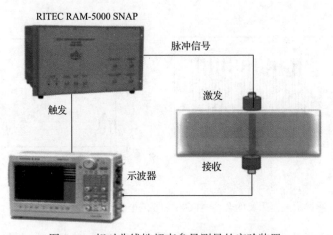

图 2.13　相对非线性超声参量测量的实验装置

图 2.14(a) 为从合金 Al 6061-T6 试件获得的信号。接收端接收到的是一个 15个周期的脉冲信号，随后对信号加汉宁窗后进行快速傅里叶变换处理[19]。基波和

二次谐波频率幅值可通过快速傅里叶变换确定，如图 2.14(b) 所示。为了测量相对非线性超声参量，采用大功率脉冲发生器逐渐加大输入激励端的功率并进行多次重复。图 2.15 为实验测得的基频分量幅值的平方 $A_1'^2$ 和二次谐波频率分量幅值 A_2' 的关系。由图可见，两者表现出良好的线性关系，其相关系数高达 0.99。最后，通过拟合图中直线的斜率，可以确定相对非线性超声参量 β'。

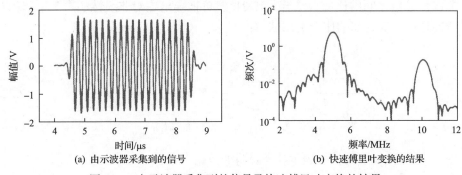

(a) 由示波器采集到的信号　　　　　　　(b) 快速傅里叶变换的结果

图 2.14　由示波器采集到的信号及快速傅里叶变换的结果

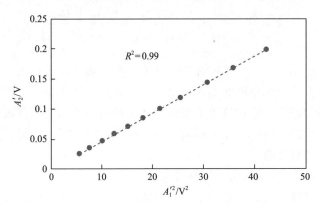

图 2.15　实验测得的 $A_1'^2$ 和 A_2' 间的线性关系

2.3.3　通过相对非线性超声参量的测量估计绝对非线性超声参量

通过前述章节的描述可知，绝对非线性超声参量和相对非线性超声参量之间是相互关联的，在特定条件下可以建立更直接的对应关系。

为此，在理论上建立绝对非线性超声参量和相对非线性超声参量之间的关系。首先，假定检测所得的基频和二次谐波频率分量的信号幅值与实际位移幅值成正比，表示如下[20]：

$$A_1 = A_1' \cdot \alpha_1$$
$$A_2 = A_2' \cdot \alpha_2$$

$$(2.21)$$

式中，α_i 为检测到的信号幅值的位移比例系数(基频 $i=1$，二次谐波频率 $i=2$)。该比例系数取决于换能器频率相关的灵敏度(将声能转换为电能的效率)。压电换能器在固定频率下输出的电压幅值和声波位移成正比，因此上述假设对压电换能器是合理的。在此，忽略由衰减和衍射而产生的误差。

接下来，假定实验中所用试件的厚度 x 一致，通过参考材料和测量材料中超声非线性参量之间的比值，结合式(2.21)，可推导出绝对非线性超声参量和相对非线性超声参量之间的比例关系[10,20]:

$$\frac{\beta}{\beta_0} = \frac{\dfrac{1}{k} \cdot \dfrac{A_2}{A_1^2}}{\dfrac{1}{k_0} \cdot \dfrac{A_{2,0}}{A_{1,0}^2}} = \frac{\dfrac{1}{k} \cdot \dfrac{\alpha_2 A_2'}{\alpha_1^2 A_1'^2}}{\dfrac{1}{k_0} \cdot \dfrac{\alpha_{2,0} A_{2,0}'}{\alpha_{1,0}^2 A_{1,0}'^2}} = k' \cdot \alpha' \cdot \frac{\dfrac{A_2'}{A_1'^2}}{\dfrac{A_{2,0}'}{A_{1,0}'^2}} = k' \cdot \alpha' \cdot \frac{\beta'}{\beta_0'} \tag{2.22}$$

式中，下标为"0"的符号表示参考材料的数据，其中

$$k' = \frac{k_0}{k}, \qquad \alpha' = \frac{\alpha_2 / \alpha_1^2}{\alpha_{2,0} / \alpha_{1,0}^2} = \left(\frac{\alpha_2}{\alpha_{2,0}}\right)\left(\frac{\alpha_{1,0}}{\alpha_1}\right)^2$$

式(2.22)表示两种不同材料的绝对非线性超声参量比值和相对非线性超声参量比值之间的关系。如果已知参考材料的绝对非线性超声参量，那么对参考材料和待测材料同时测量，通过这个关系式可从两种材料的相对测量值来估算待测材料的绝对非线性超声参量。根据待测材料和参考材料之间的差异，这种评估方法在具体实验中可分为两类。

1)待测材料和参考材料为不同材料

如果两种材料不同，即使频率一致，波数也会不同。另外，即使在相同的测试条件下，声阻抗的不同也会导致位移比例系数不同。为了通过测量相对非线性超声参量来获得两种材料之间绝对非线性超声参量的比例关系,应用式(2.22)对 k' 和 α' 做相应的补偿。材料与换能器间声阻抗的差异可影响声能从材料表面到换能器之间的传输效率，进而影响检测信号的幅值。这种情况下，α' 的修正还应包括材料声阻抗差异所造成的影响。

综上所述，待测材料的绝对非线性超声参量可用式(2.23)进行估算:

$$\beta = k' \cdot \alpha' \frac{\beta'}{\beta_0'} \times \beta_0 \tag{2.23}$$

于是，当参考材料的绝对非线性超声参量已知时，在对波数以及探测灵敏度进行补偿后，可通过测量两种材料的相对非线性超声参量的比值得到待测材料的绝对

非线性超声参量。

2) 待测材料和参考材料为相似材料

如果两块试件材料是相同的，但是其中一块为无损样品，而另一块为损伤样品，可以认为这两块材料是相似的。这种情况下，可以认为两试件中的波数和探测灵敏度也是相似的。因此，k' 和 α' 可以认为是一致的，那么式(2.22)就可以简化为如下形式[10]：

$$\frac{\beta}{\beta_0} = \frac{\beta'}{\beta'_0} \tag{2.24}$$

这种情况下，两试件的相对非线性超声参量和绝对非线性超声参量之间的比值是完全一样的。通过测量相对非线性超声参量就能得到绝对非线性超声参量的定量比，最终可估算得到损伤材料的绝对非线性超声参量：

$$\beta = \frac{\beta'}{\beta'_0} \times \beta_0 \tag{2.25}$$

因此，在已知完好待测材料的绝对非线性超声参量的情况下，通过测量含损伤材料的相对非线性超声参量比值就可以获得其绝对非线性超声参量。如果将这个方法用于在役材料的健康监测，就需常备一块与待测材料相同的无损伤试件。在对含损伤试件和完好试件进行测量时，实验条件须保持一致。因此，每次测量受损试件的非线性超声参量时，最好也对参考材料进行测量，以减小误差。

接下来将对上述理论进行实验验证，β_e 是由式(2.23)和式(2.25)估算得到的绝对非线性超声参量。

案例 1　待测材料和参考材料为不同材料

为了通过实验验证不同材料中绝对非线性超声参量和相对非线性超声参量之间的关系，就合金 Al 6061-T6 和石英玻璃的绝对非线性超声参量比值与它们经补偿的相对非线性超声参量比值进行比较，并验证使用相对非线性超声参量来估算绝对非线性超声参量方法的可行性。

表 2.1 比较了两种不同材料的绝对非线性超声参量和相对非线性超声参量。由表可知，合金 Al 6061-T6 和石英玻璃的绝对非线性超声参量之比为 0.54，和文献

表 2.1　石英玻璃和合金 Al 6061-T6 的绝对和相对非线性超声参量的测量结果

项目	石英玻璃	合金 Al 6061-T6	比值
绝对非线性超声参量(β)	10.06±0.46	5.41±0.37	0.54
相对非线性超声参量(β')	0.01061±0.000345	0.00509±0.000308	0.48(补偿后为 0.55)
文献中的 β	8.67~14.0[9,14,21,22]	4.5~5.69[17,18]	0.32~0.66

中给出的范围相吻合。而补偿前的相对非线性超声参量比值为 0.48，与绝对非线性超声参量之比有少许差异。

　　然后，考虑式(2.22)中的补偿因子 k' 和 α'。为了获得两种材料的位移比例系数 α，实验过程中保持激发换能器不动，采用激光测振仪测量接收侧的位移幅值 (振幅)[23]。将该振幅与恒定输入功率下使用接触式压电换能器测量到的电压振幅进行比较。增大输入功率后重复上述步骤，得到实验结果如图 2.16 所示，图中的直线斜率分别对应于石英玻璃和合金 Al 6061-T6 的位移比例系数 α。图中横轴表示用压电换能器作为接收器时接收到的信号的电压幅值，纵轴表示用激光探测仪得到的试件表面的位移幅值。利用各自的初始值对两个轴上的值进行了归一化处理。石英玻璃和合金 Al 6061-T6 的位移比例系数 α 在测试频段内几乎一致，故式(2.22)中的补偿系数 α' 可以忽略。

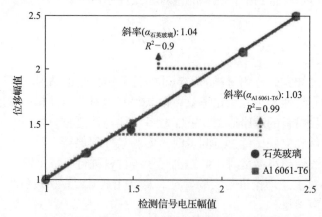

图 2.16　为估算补偿系数 α' 而进行的测量信号和位移振幅的比较

　　上述结果也可通过位移和所测电流信号幅值的关系表述：

$$|A(\omega)| = |H(\omega)||I_{\text{out}}(\omega)| = \frac{|H(\omega)|}{|Z(\omega)|}|V_{\text{out}}(\omega)| = \frac{|H(\omega)|}{|Z(\omega)|}|A'(\omega)| \tag{2.26}$$

式中，$|V_{\text{out}}(\omega)|$ 是从信号幅值 $|A'(\omega)|$ 中检测到的输出电压信号，即位移比例系数 α 对应于校准函数 $|H(\omega)|$ 和电阻抗 $|Z(\omega)|$ 的比值。

　　相对非线性超声参量和绝对非线性超声参量的测试装置是一样的，测试过程中唯一的区别在于测量绝对非线性超声参量时测的是电流而不是电压。如图 2.17 所示，在 5～10MHz 的测量频率下，阻抗保持在 50Ω 左右。因石英玻璃和合金 Al 6061-T6 两种材料的校准函数几乎相同，故它们的位移比例系数 α 是相似的。

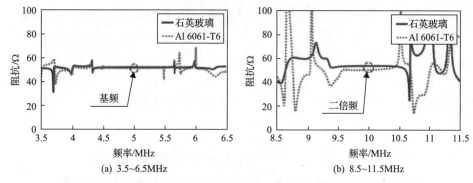

图 2.17　绝对非线性超声参量测量过程中在特定频段所测得的输出阻抗

相反，因石英玻璃和合金 Al 6061-T6 的纵波波速差异非常大，故两种材料的波数不相等，使得补偿因子 k' 在计算过程中不能被忽略，其 k' 值为 1.15。如式 (2.23) 所示，将该因子乘以相对非线性超声参量比值后，可以求出相对非线性超声参量的比值为 0.55。由表 2.1 可知，该比值和绝对非线性超声参量间的比值相似，且该结果同样符合式 (2.22)。

最后，根据式 (2.23)，石英玻璃在进行波数补偿和灵敏度检测后可作为参考材料，若已知参考材料石英玻璃的绝对非线性超声参量，就可以根据两种材料相对非线性超声参量的比值 (β'/β_0') 及石英玻璃的绝对非线性超声参量 (β_0) 推导出合金 Al 6061-T6 的绝对非线性超声参量。表 2.2 列出了合金 Al 6061-T6 的非线性超声参量直接测量值和估算值，从中可见两者的相对误差仅为 2.3%。

表 2.2　合金 Al 6061-T6 绝对非线性超声参量的直接测量值和估算值

项目	直接测量值	通过参考材料比较的估算值	文献值
绝对非线性超声参量	5.41±0.37	5.53±0.47	4.5~5.69[17, 18]

以上实验结果表明，在参考材料的绝对非线性超声参量 (β_0) 已知的情况下，在对波数和传感器精度 (位移比例系数) 进行校准之后，通过测量相对非线性超声参量的比值 (β'/β_0')，即可获得测试材料的绝对非线性超声参量 (β)。

案例 2　待测材料和参考材料为相似材料 (材料有损伤)

为了实验验证材料的损伤程度对绝对非线性超声参量和相对非线性超声参量关系的影响，对合金 Al 6061-T6 试件进行温度为 220℃、不同时长的热处理 (0min、60min、120min、600min、6000min) 之后，测量了其绝对和相对非线性超声参量，并将绝对和相对非线性超声参量随热处理时间的变化进行比较。然后用前述章节描述的方法对绝对非线性超声参量进行估算，并将其与直接测量值进行比较。

图 2.18 给出了绝对非线性超声参量 β 和相对非线性超声参量 β' 随热处理时间的变化关系。由图可见，一开始，两个参量随热处理时间的增加而增大 (绝

对非线性超声参量增大了 4.8%, 相对非线性超声参量增大了 2.7%), 并在 60min 时达到其第一个峰值。然后开始逐渐回落, 在热处理时间为 120min 时达到第一个最低值(绝对非线性超声参量减小了 9.2%, 相对非线性超声参量减小了 6.2%)。随后在 120~60000min 的时间内, 两个参量随着热处理时间增加再次先增大后减小。这两个参量随热处理时间的波动变化可以通过 2.5 节的析出序列来解释[24-32]。

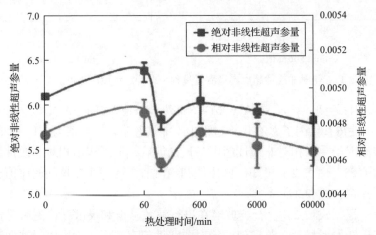

图 2.18　绝对非线性超声参量 β 和相对非线性超声参量 β' 随热处理时间变化的实验结果

实验结果表明, 绝对非线性超声参量和相对非线性超声参量随热处理时间的变化曲线非常相似。在这种情况下, 波数和检测灵敏度无须补偿, 因为两者几乎不随热处理时间增加而变化。

此外, 绝对非线性超声参量可以由相对非线性超声参量利用式(2.25)进行估算。图 2.19 比较了直接测量的非线性超声参量 β 和估算出的材料绝对非线性超声参量 β_e 随热处理时间的变化, 从中可见两参量的变化趋势相似。需要指出的是,

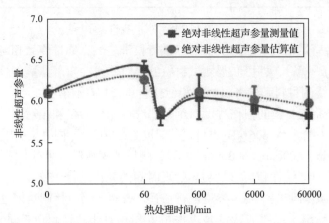

图 2.19　绝对非线性超声参量的直接测量值 β 和通过参考材料的估算值 β_e 随热处理时间的变化

通过重复实验测得的结果偏差很小(总偏差率为 1.5%)，并且在整个热处理时间内，β 和 β_e 的偏差范围相互重叠。

这些实验结果表明，如果完好材料的绝对非线性超声参量 β_0 已知，则可从相对非线性超声参量的比值 (β'/β_0') 获得含损伤材料的绝对非线性超声参量 β。因此，可以用相对测量值代替绝对测量值来评估材料的损伤程度。

2.3.4　测量可靠性实验

在实际测量材料的非线性超声参量的实验中，应注意以下几点。

在绝对非线性超声参量测量中所测得的 A_2 (或 A_2')不但包含材料弹性非线性所导致的二次谐波分量，也包括测量系统非线性所导致的二次谐波。因此，在实验中要想办法去除测量系统非线性带来的影响，否则根据 A_1 和 A_2 将难以得到材料实际的非线性超声参量，但在测量相对非线性超声参量时就不会有这种问题。这将在 2.4 节进行介绍。

即使测量系统带来的二次谐波成分可以忽略，或已通过适当的方式消除，仍需确保非线性超声参量的正确测量，这对于绝对和相对非线性超声参量的测量都非常关键。从非线性超声参量的定义来看，其在测量过程中存在三个输入变量：波数、传播距离和输入功率。这意味着即使输入变量不同，材料的 β 也应该保持恒定。因为在大多数测量中激励频率是固定的，故可以通过改变输入功率和传播距离两种方法进行测量。

图 2.20 表明 A_1 的平方和 A_2 呈线性关系，即当频率和传播距离一定时，随着输入功率的增加，A_2 随 A_1 的平方线性增加。这种线性关系在测量相对非线性超声参量时也成立。需要指出的是，当存在由仪器产生的谐波分量或衰减时，该线性关系依然成立。换言之，这种线性关系不能确保测量的可靠性。然而，在测量相

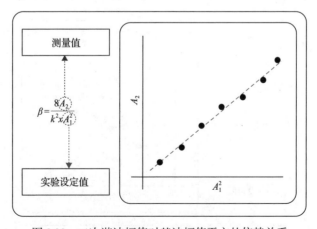

图 2.20　二次谐波幅值对基波幅值平方的依赖关系

对非线性超声参量时测量系统的非线性并不会影响测量结果，所以仅需考虑衰减带来的影响。对于衰减程度相似的两种材料的相对非线性超声参量的测量，可以通过这一线性关系确保测试系统的可靠性。如果两种材料的衰减程度未知，那么还需要进行其他步骤以确保测量的可靠性。

图 2.21 给出了石英玻璃和合金 Al 6061-T6 的实验测量数据。图 2.21(a)是测量绝对非线性超声参量的实验数据，其中 A_1 和 A_2 为绝对位移幅值。图 2.21(b)是测量相对非线性超声参量的实验数据，其中 A_1' 和 A_2' 表示检测到的电压幅值。由这两幅图可知，基频分量的平方 A_1^2（或 $A_1'^2$）和二次谐波频率分量 A_2（或 A_2'）之间呈现明显的线性关系，两者的相关系数高达 0.99。此外，在已知波数 k 和试件厚度 x 的情况下，绝对非线性超声参量 β 可由绝对非线性超声参量测量过程中式(2.11)获得的拟合曲线的斜率确定。相对非线性超声参量 β' 由相对非线性超声参量测量过程中式(2.12)获得的拟合曲线的斜率确定。

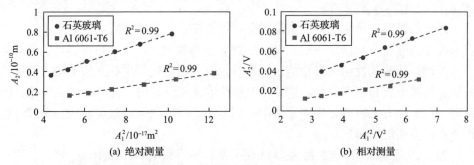

(a) 绝对测量　　　　　　　　　　(b) 相对测量

图 2.21　石英玻璃和 Al 6061-T6 材料 A_1^2（$A_1'^2$）和 A_2（A_2'）的关系

图 2.22 表明二次谐波频率分量的位移幅值 A_2 和传播距离之间必然存在线性关系，即当频率和输入功率固定而仅改变距离时，A_2 应与传播距离成正比。这种

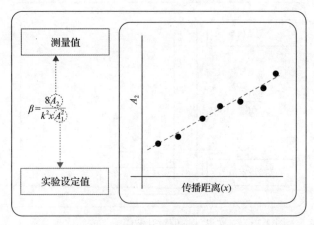

图 2.22　二次谐波频率分量的位移幅值 A_2 对传播距离的依赖关系

关系也存在于相对非线性超声参量的测量中。

然而，在实际测量中，由于材料本身所造成的衰减及换能器自身尺寸有限而发生的衍射，均可导致基波幅值发生改变。此时，二次谐波分量与传播距离之间并不是严格成正比的，直接用式(2.11)会得到不准确的非线性超声参量。例如，相同的测量系统对两块材料相同但厚度不同的试件进行测量时，测量结果也会有所不同。当衍射和衰减可忽略，或比较两种相似材料时，例如，在比较损伤前后的同一块试件时，这些影响可以不用考虑。如果散射和衰减的影响无法忽略，就需要采用恰当的方法进行补偿，这方面的相关研究正在进行[33]。

图 2.23 给出了四块厚度为 10mm、20mm、30mm 和 40mm 石英玻璃试件的实验测量结果。图 2.23 (a) 给出的是基频分量幅值(A_1)的数据，图 2.23 (b) 给出的是二次谐波频率分量幅值(A_2)的数据，且均为绝对非线性超声参量测量的结果。实验中，在大功率脉冲发生器和激发换能器之间加了一个 7MHz 的低通滤波器用于抑制脉冲发生器所产生的二次谐波分量。此外，实验中采用了非线性效应较小的 $LiNbO_3$ 压电换能器，以此来降低测量系统所带来的非线性效应，并确保其可忽略不计。由实验结果可知，A_1 在厚度改变时几乎不变，而 A_2 却随着试件厚度的增加而增加。由此结果可知所用测量系统满足微扰近似，且试件厚度在 40mm 以内时几乎不受衍射和衰减的影响。若实验中对衍射和衰减效应进行补偿，则可以更准确地测量非线性超声参量。值得注意的是，图 2.23 (b) 中所示拟合线的截距代表了测量系统产生的非线性，从中可见其与材料非线性相比可以忽略不计。这再次证实了在本实验中仪器的非线性可以忽略不计。

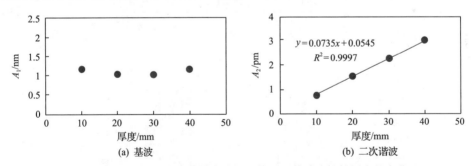

图 2.23　基频和二次谐波频率分量幅值随石英玻璃试件厚度的变化

2.4　影响测量可靠性的因素

首先，回顾一下非线性超声参量的测量过程。由大功率信号发生器产生的电信号被传送到激发换能器，由换能器激发的超声波通过耦合层入射到试件上。当超声波在试件中传播时，其波形会因试件材料弹性非线性而发生畸变，畸变的超声波通过另一耦合层，并由接收换能器将超声波能量转换成电压信号。接收到的电压信号通过前置放大器，由模数转换器将其转换成数字信号。最后，对数字转换信号进行频谱分析即可得到基波和二次谐波分量的振幅，由此可计算非线性超声参量。同时，最后一步的数字电压信号不仅包含待测试件材料的弹性非线性，还包含测量系统中各元件可能出现的系统非线性，进而给非线性超声参量测量带来了误差。为了提高非线性超声参量测量的可靠性，有必要对影响系统非线性的因素进行分析并尽可能地抑制。

影响非线性超声参量测量的系统组件如图2.24所示，其中 $D(\omega)$、$T(\omega)$、$R(\omega)$、$C_i(\omega)$ $(i=1,2)$、$G(\omega)$ 和 $A_V(\omega)$ 分别表示在角频率 ω 处电信号传送到激发换能器的振幅函数、激发换能器的响应函数、接收换能器的响应函数、在位置 i 处的耦合剂响应函数、放大器的响应函数和在角频率 ω 处检测到的电压信号的振幅。首先，由大功率电信号发生器所产生的电信号中存在不确定的初始谐波分量，这对非线性超声参量测量的可靠性会产生较大影响，需要对其进行抑制。假设入射到试件上的超声波没有初始谐波分量，待测基波和二次谐波分量的振幅可以表示为[34,35]

$$A_V(\omega_1) = D(\omega_1)T(\omega_1)C_1(\omega_1)C_2(\omega_1)R(\omega_1)G(\omega_1) \tag{2.27}$$

$$A_V(\omega_2) = \beta'\left(D(\omega_1)T(\omega_1)C_1(\omega_1)\right)^2 C_2(\omega_2)R(\omega_2)G(\omega_2) \tag{2.28}$$

式中，ω_1 和 ω_2 分别为基波和二次谐波的角频率。此外，待测相对非线性超声参量 β'_m 可表示为

$$\beta'_m = \frac{A_V(\omega_2)}{\left(A_V(\omega_1)\right)^2} = \beta'\frac{C_2(\omega_2)R(\omega_2)G(\omega_2)}{\left(D(\omega_1)T(\omega_1)C_1(\omega_1)\right)^2} \tag{2.29}$$

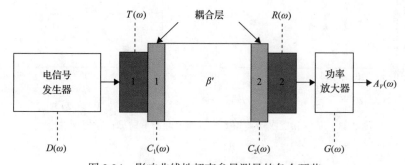

图2.24 影响非线性超声参量测量的各个环节

同时，在一系列的非线性超声参量测量中，通过使用相同的接收端和放大器并保持在测量过程中其性能不变从而保持接收端 $R(\omega)$ 和功率放大器 $G(\omega)$ 响应特性的一致性相对容易实现。因此，影响测量可靠性的因素主要包括 $D(\omega)$ 中的初始谐波、耦合层的响应特性 $C(\omega)$（取决于换能器与试件之间的接触压力以及耦合

剂的类型和厚度）。此外，除图 2.24 中所示的因素外，模数转换和数字信号处理过程也会影响测量的可靠性。在接下来的章节中，将阐述影响测量可靠性的主要因素，并提出有效的解决方案。

2.4.1　不确定的初始谐波

理想情况下，非线性超声参量的测量是将单一基频电信号传送到激发换能器，进而将单一频率的超声波入射到试件中。因此，需要将包含在入射电信号中不确定的初始谐波分量在传送到激发换能器之前去除。一种有效的抑制方法是使用截止频率低于二次谐波频率的低通滤波器滤除初始谐波分量。以大功率电信号发生器所产生的 5MHz 脉冲电信号为例，经过 7MHz 低通滤波器滤波前后的电信号及其频谱如图 2.25 所示，从中可见低通滤波器消除了 10MHz 的初始谐波分量。

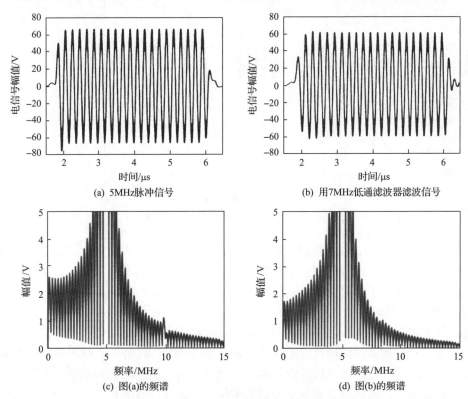

图 2.25　大功率电信号发生器所产生的 5MHz 脉冲信号及
用 7MHz 低通滤波器对其滤波之后的信号

2.4.2　耦合层

在接触式超声测量中，耦合层通常用于传递换能器与试件之间的超声波，因此需要关注耦合层对非线性超声测量的影响。该层的响应特性取决于具体的实验条件，包括换能器与试件之间的接触压力、耦合剂的类型和厚度，其中最显著的因素是换能器与试件之间的接触压力。

这里考虑换能器与试件之间的接触压力对超声测量的影响。图 2.26 给出了通过超声透射法测量到的接收电压信号峰峰值振幅与接触压力之间的函数关系[36]，其中试件为铝材，所使用的耦合剂为凝胶型耦合剂，用以耦合 5MHz 和 10MHz 的普通压电陶瓷换能器。在接触压力小于等于 160kPa 时，电压值表现出明显的振幅波动和偏差。这是因为耦合层在低接触压力下状态是不稳定的，即使对换能器施加恒压也是如此。当接触压力超过 180kPa 时测量值才得以稳定下来，这意味着耦合层的状态在该接触压力下几乎保持恒定。

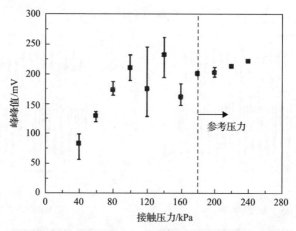

图 2.26　用超声透射法测得的电压信号的振幅峰峰值随接触压力的变化

如图 2.27 所示，在特定接触压力以上，相对非线性超声参量的测量结果也趋于稳定[36]。相对非线性超声参量在低接触压力下的测量值相对较大，这是因为测量值中不仅包含了材料弹性非线性分量，还有不稳定耦合层所引起的系统非线性。与此同时，当接触压力大于 180kPa 时，非线性超声参量的测量结果趋于一致。因此，对于常规的非线性超声参量测量，建议接触压力高于此阈值。但是在不同的实验条件下，如不同的换能器的尺寸、耦合剂的类型和试件等，临界压力可能略有不同。因此，建议在进行非线性超声参量测量前，预先从之前的实验中分析接触压力的影响，选择适合实验系统的接触压力。需要注意的是，过大的压力可能会导致试件变形或对换能器造成严重损坏。

为了保持换能器和试件之间的接触条件恒定，建议使用气动控制系统对换能器施加恒定压力。图 2.28 为使用气动控制系统进行非线性超声参量测量的实验装置。将夹具与气动系统结合以固定换能器，固定测量位置且保证激发换能器和接收换能器始终对准，从而进行可靠稳定的非线性超声参量测量。在一些情况下，如图 2.29 所示的柔性悬架夹具可以使换能器有效地垂直于试件表面。

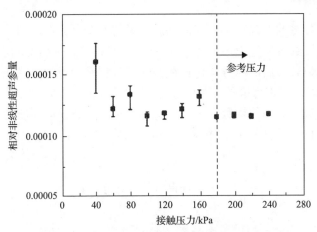

图 2.27　相对非线性超声参量随接触压力的变化

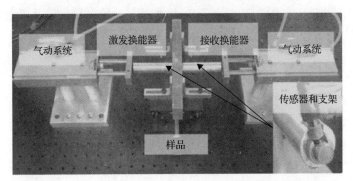

图 2.28　使用气动控制系统的非线性超声参量测量实验系统[37]

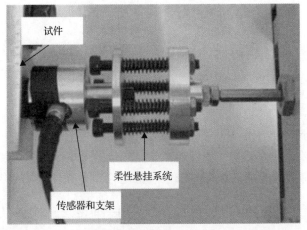

图 2.29　能有效地使换能器垂直于试件表面的柔性悬架夹具[34]

2.4.3 模数转换器

二次谐波分量的振幅很小，仅占基波分量的几个百分点。因此，应注意在接收电压信号的模数转换过程中可能出现的误差。图 2.30 中示出了初始的单周期正弦信号及其模数转换后的信号。这种模数转换过程称为量化，量化的间隔称为量子。量子对应的电压称为量子电压 (q)，它等于模数转换器中最大量程(满量程 FS)除以分辨率位数 n。当使用数字示波器显示和记录接收换能器所检测到的电压信号时，最大量程由垂直分辨率(V/分度)和分度数的乘积决定。因此，量子电压可定义为

$$q = \frac{\text{FS}}{2^n} = \frac{\text{垂直分辨率} \times \text{分度数}}{2^n} \tag{2.30}$$

在模数转换过程中，量子电压会引起量化误差 (ε_q)，即实际数值与模数转换后数值之间的差值，如图 2.30 所示。在此情况下，最大量化误差可以定义为

$$\varepsilon_{q\_\max} = \pm \frac{q}{2} = \pm \frac{\text{FS}}{2^{n+1}} \tag{2.31}$$

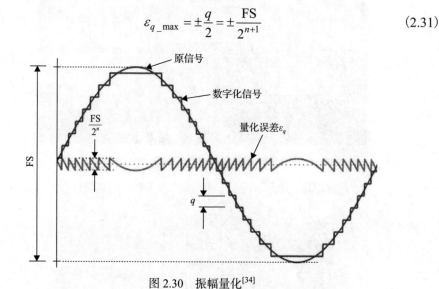

图 2.30 振幅量化[34]

如果接收到的电压信号中所包含的二次谐波分量的幅值小于或等于量子电压，则量化误差会显著影响非线性超声参量测量的可靠性。

可用以下非线性超声时域信号来检验量化对二次谐波分量的影响：

$$V(t) = 1 \times \sin(2\pi \times 5\text{MHz} \times t) + 0.01 \times \sin(2\pi \times 10\text{MHz} \times t) \tag{2.32}$$

其中，基波和二次谐波分量的频率分别为 5MHz 和 10MHz，幅值分别为 1V 和

0.01V。当量子电压从二次谐波幅值的 1/10 变化到 3 倍时，分析测量得到的二次谐波分量的幅值。

　　当采样时间为 0.5ns 时，测量得到的二次谐波幅值和量子电压的关系如图 2.31 所示。当量子电压小于谐波幅值（$q < A_2' = 0.01\text{V}$）时，量化误差在 5%以内。然而，当量子电压变得大于谐波幅值（$q > A_2' = 0.01\text{V}$）时，量化误差增至 10%左右。此外，这种量化误差还会随着采样时间的增加而进一步增大，如图 2.32 所示。当采样时间增至 5ns 时，即使量子电压小于谐波幅值，量化误差也会增加到 15%左右。特别是当量子电压大于谐波幅值时，量化误差进一步增大到 60%左右。模拟信号在时间轴上是以采样时间间隔进行量化的，因此，除了量子电压之外，采样时间也是影响量化误差的一个主要因素。

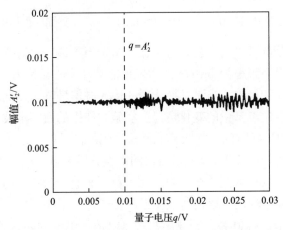

图 2.31　采样时间为 0.5ns 时测得的二次谐波幅值与量子电压的关系

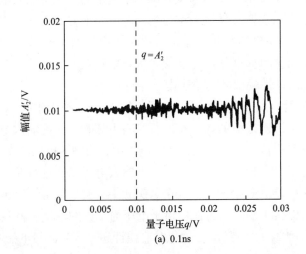

(a) 0.1ns

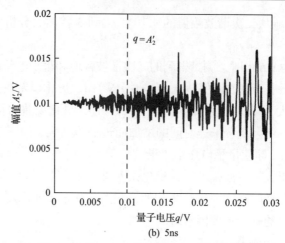

图 2.32　采样时间为 0.1ns 和 5ns 时测得的二次谐波幅值与量子电压的关系

　　这种量化误差也可以用实验进行验证。基于超声透射法对 60mm 厚的铝试件进行实验，使用中心频率为 5MHz 的激发换能器和中心频率为 10MHz 的接收换能器进行信号激发和接收。当激发换能器的输入电信号电压降低 2dB 时，分析了二次谐波和非线性超声参量的变化情况。实验中使用的数字示波器提供了 8 位的分辨率和 0.5ns 的采样时间，接收换能器检测到的信号取 128 次的平均值。下面对两个示例进行比较：示例 1 中，示波器的垂直分辨率(V/分度)保持在 200mV 以保持恒定的量子电压；示例 2 中，每次测量都对垂直分辨率进行微调，保证接收到的信号都在最大量程内，以使每次测量的量子电压最小。

　　测量的二次谐波幅值和量子电压与输入电信号电压的函数关系如图 2.33 所示。在示例 1 中，由于示波器的垂直分辨率是恒定的，无论输入电压是多少，量子电压保持恒定。二次谐波幅值大致与输入电压的平方成正比，当输入电压降低至–8dB 时，则与量子电压相近。示例 2 中量子电压通常比示例 1 小，因为示例 2 通过调整每次测量的垂直分辨率以使得量子电压最小。因此，当输入电压降低至–16dB 时，二次谐波幅值才与量子电压相近。

　　图 2.34 为测量得到的非线性超声参量与输入电压之间的关系曲线。理想情况下，当量子电压与二次谐波的幅值相比可忽略不计时，无论输入电压如何变化，非线性超声参量都保持不变。然而，在示例 1 中，当输入电压降至–8dB 时，二次谐波的幅值与量子电压相近。因此，在临界输入电压以下进行非线性超声参量测量时，会因量化误差而产生波动。而在示例 2 中，在输入电压降低至约–20dB 之前，测量值几乎保持不变。通过比较量子电压为常数的示例 1 和每次测量中量子电压最小化的示例 2，可清楚看出量化对非线性超声参量测量的影响。

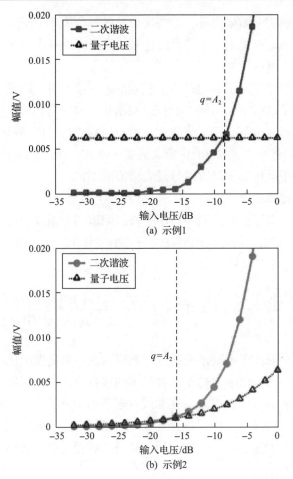

(a) 示例1

(b) 示例2

图 2.33　示例 1 和示例 2 中实验测量的二次谐波幅值和量子电压随输入电信号电压的变化

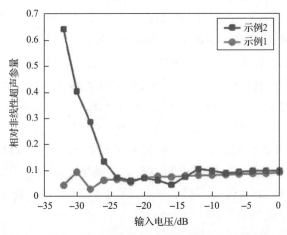

图 2.34　示例 1 和示例 2 中实验测得的相对非线性超声参量随输入电压的变化

从以上模拟和实验结果可见，当二次谐波的幅值大于量子电压时，测量结果是可靠的。因此，建议使用以下三种方法来最大限度地减小量化误差。

1）最小化量子电压

当用数字示波器来显示和记录所接收到的电压信号时，降低示波器的垂直分辨率可以降低量子电压，如示例 2 验证结果所示，但只有在所接收的信号不超过示波器的最大量程时方可采用。当最大量程与所接收信号的峰峰值电压完全匹配时，n 位模数转换将产生式 (2.30) 中定义的量子电压。在两者匹配的条件下，8 位分辨率产生的量子电压等于接收信号最大幅值的 1/128。

2）使用窄带接收换能器

如果通过增大谐波幅值并同时减小基波振幅以调节系统响应特性使得振幅比 $A_V(\omega_2)/A_V(\omega_1)$ 变大，则可以用更高的分辨率来量化二次谐波。根据式 (2.27) 和式 (2.28)，振幅比可表示为

$$\frac{A_V(\omega_2)}{A_V(\omega_1)} = \beta' D(\omega_1) T(\omega_1) C_1(\omega_1) \frac{C_2(\omega_2) R(\omega_2) G(\omega_2)}{C_2(\omega_1) R(\omega_1) G(\omega_1)} \tag{2.33}$$

振幅比的大小取决于不同系统组件的响应特性。提高振幅比的方法之一是使用对二次谐波频率的幅值响应高于基波频率的接收换能器，以增大与接收换能器的响应相对应的 $R(\omega_2)/R(\omega_1)$ 项。在非线性超声参量测量中，接收换能器的中心频率通常设置为基频的 2 倍，以便更灵敏地测量二次谐波，这相当于增加了 $R(\omega_2)/R(\omega_1)$ 项的数值。此外，通过使用高通滤波器对谐波频率成分进行滤波也可以达到同样的效果。

除了匹配接收换能器中心频率为二次谐波频率，使用窄带接收换能器也可进一步增大 $R(\omega_2)/R(\omega_1)$ 项的数值。例如，图 2.35 给出了使用普通压电换能器和比普通压电换能器带宽更窄的 LiNbO$_3$ 换能器时，在不同输入电压情况下实验测量所得的 $A_1'^2$ 和 A_2' 间的变化关系。实验采用超声透射法在 20mm 厚的铝试件上进行，发射换能器和接收换能器的中心频率分别为 5MHz 和 10MHz。5MHz 和 10MHz 压电换能器的带宽均为 5.13MHz，5MHz 和 10MHz LiNbO$_3$ 换能器的带宽分别为 2.76MHz 和 3.93MHz。如图 2.35 所示，当 $A_1'^2$ 小于 3.5 时，压电换能器测量得到的 A_2' 由于量化误差而出现波动；当 $A_1'^2$ 大于 3.5 时，$A_1'^2$ 和 A_2' 表现出较好的线性关系。可见，用 LiNbO$_3$ 换能器可测得两者之间呈现出明显的线性关系，这是因为使用了窄带 LiNbO$_3$ 传感器后，式 (2.33) 中的 $R(\omega_2)/R(\omega_1)$ 项增大，从而减小了量子电压和量化误差。

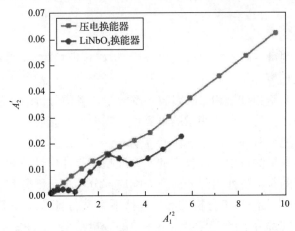

图 2.35　使用普通压电换能器和 LiNbO₃ 换能器时 $A_1'^2$ 和 A_2' 的变化关系

3)增加超声入射能量

由于二次谐波振幅与入射波振幅的平方成正比，因此增加入射到试件上的超声波振幅可以增加二次谐波的振幅。增加入射到试件上的超声波振幅通过增加传送到激发换能器的输入电压、使用高效的激发换能器和改善入射边界的接触条件来实现。这也就是增加式(2.33)中 $D(\omega_1)T(\omega_1)C_1(\omega_1)$ 项的数值。但是需要注意的是，输入电压过高可能会导致换能器的损坏且引起换能器自身的非线性响应。因此，建议先确定可以稳定测量非线性超声参量的输入电压范围再选择合适的输入电压。例如，图 2.36 为使用 5MHz 和 10MHz 的 LiNbO₃ 换能器在铝试件上进行实验测量得到的相对非线性超声参量随输入电压的变化情况。当 A_1 的幅值小于 2V 或大于 6V 时，非线性超声参量会出现剧烈波动，因此只有在 2~6V 的幅度范围内方可保持稳定。

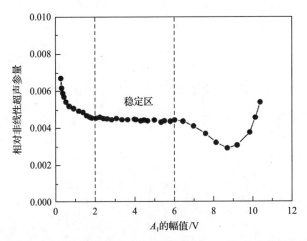

图 2.36　相对非线性超声参量随输入电压增加的变化规律

2.4.4　数字信号处理

非线性超声测量一般需要进行频谱分析,以确定所接收到的超声信号的振幅,从而计算非线性超声参量。因此,窄带脉冲信号得到了广泛的应用,使得在频域内可以清晰地分离基频分量和二次谐波频率分量。频谱分析中通常使用 FFT 法。需要特别注意的是,为了保证测量的可靠性,需要对所接收的超声信号进行加窗处理,以选择性地只对部分信号进行 FFT 分析。

非线性超声参量测量中所接收到的非线性超声脉冲信号一般分为三部分,包括由接收换能器的频响特性引起的前瞬态响应部分、稳态部分和后响应部分,如图 2.37 所示。如果执行 FFT 分析的部分包括不稳定的前瞬态响应和后响应部分,那么这些不稳定的部分会产生与实际不一致的分析结果。因此,最好只对稳态部分进行频谱分析。窗的使用是在整个信号中截取有限时宽信号的过程,以使得只对特定的稳态部分执行 FFT 分析。同时,加窗后窗口两端点间的不连续性会导致频谱泄漏,从而在频域内出现旁瓣。在频域内,旁瓣可能会与二次谐波分量重叠。因此,应尽可能地降低旁瓣,方法之一是使用振幅逐渐趋于零的平滑窗函数以降低旁瓣。

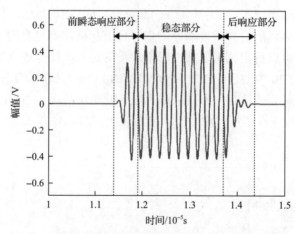

图 2.37　典型的非线性超声参量测量中的超声脉冲信号

可将汉宁窗函数和 Tukey 窗函数用于非线性超声参量测量,其窗函数的表达式为

$$w_{\text{Hanning}}(n) = \begin{cases} 0.5\left[1-\cos\left(\dfrac{2\pi n}{N-1}\right)\right], & 0 \leqslant n \leqslant N-1 \\ 0, & \text{其他} \end{cases} \tag{2.34}$$

$$
w_{\text{Tukey}}(n) =
\begin{cases}
0.5\left\{1 + \cos\left[\pi\left(\dfrac{2n}{\kappa(N-1)} - 1\right)\right]\right\}, & 0 \leqslant n \leqslant \dfrac{\kappa(N-1)}{2} \\[3mm]
1, & \dfrac{\kappa(N-1)}{2} \leqslant n \leqslant (N-1)\left(1 - \dfrac{\kappa}{2}\right) \\[3mm]
0.5\left\{1 + \cos\left[\pi\left(\dfrac{2n}{\kappa(N-1)} - \dfrac{2}{\kappa} + 1\right)\right]\right\}, & (N-1)\left(1 - \dfrac{\kappa}{2}\right) \leqslant n \leqslant N-1 \\[3mm]
0, & \text{其他}
\end{cases}
$$

$$(2.35)$$

式中，n、N 和 κ 分别为数据编号、窗口长度和决定 Tukey 窗口轮廓的系数。当 $\kappa=1$ 和 $\kappa=0$ 时，Tukey 窗口分别与汉宁窗和矩形窗相同。

图 2.38 给出了加矩形窗、汉宁窗和 Tukey 窗（$\kappa=0.5$）后的脉冲信号及其频谱。由图可见，矩形窗产生的旁瓣比其他窗显著，不利于二次谐波的准确测量，而产生旁瓣最小的是汉宁窗，它可以有效地降低由频谱泄漏引起的误差。同时，当采用汉宁窗和 Tukey 窗时，基波分量和二次谐波分量的分析振幅分别降低到原振幅的 50%和 75%。这是由于与窗轮廓有关的系数设置所带来的原始信号能量的损失。因此，为了得到原始信号的真实振幅，应该分别给汉宁窗和 Tukey 窗（$\kappa=0.5$）的 FFT 分析结果补偿 2 和 4/3 的比例因子。

为了降低旁瓣对二次谐波分析的影响，建议将窗口长度设置为基波长度的整数倍，以使得频谱中旁瓣之间的零点正好位于二次谐波频率处。此外，对加窗信号补零可提高 FFT 的频率分辨率。

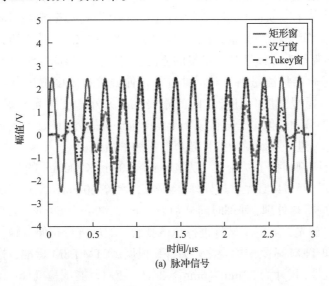

(a) 脉冲信号

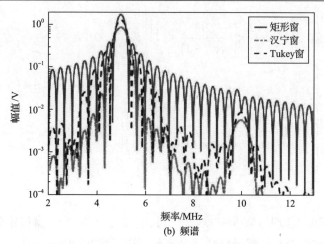

(b) 频谱

图 2.38　经矩形窗、汉宁窗和 Tukey 窗（$\kappa = 0.5$）调制的脉冲信号及其频谱[37]

2.5　铝合金热老化损伤的评价

本节以铝合金热老化评估为例介绍上述技术的应用。材料在发生热老化的情况下，析出相产生局部应变场也可能在其周围产生位错[38]，并可能会与位错发生相互作用[39,40]。这些相互作用将引起非线性超声参量的变化。本节研究合金 Al 6061-T6 在热老化过程中绝对非线性超声参量与因析出相成核和长大而引起的机械强度变化之间的关系。首先，将合金 Al 6061-T6 试件在 220℃恒温下进行热处理，热处理时间分别为 20min、40min、60min、120min、600min 和 6000min。使用接触式压电的方式[13,14]（在 2.3.1 节进行了介绍）进行超声测量，以确定绝对非线性超声参量 β 与热处理时间之间的关系。值得注意的是，若采用 2.3.3 节中所介绍的使用相对测量值来估算绝对非线性超声参量的方法也可以得到相同的结果。

在进行超声参量测量后，对试件进行拉伸试验和硬度测试，以研究非线性超声参量 β 与屈服强度（硬度）之间的相关性。另外，使用光学显微镜（optical microscope, OM）和透射电子显微镜（transmission electron microscope, TEM）观察微结构的变化，进一步确认非线性超声参量测量结果。

在铝板上切割制备了 7 个尺寸为 40mm×20mm×200mm 的合金 Al 6061-T6 试件。所有试件经 540℃固溶热处理 240min，水淬 60min。此外，对每个试件在 220℃恒温下进行热处理，处理时间分别为 20min、40min、60min、120min、600min 和 6000min。首先，对每个试件进行超声测量，然后进行拉伸试验、维氏硬度试验以及 OM 和 TEM 显微结构观察。另外，根据 ASTM E8M 标准，拉伸试件取自热处理后的试件，尺寸为 33mm×6mm×2mm。使用万能试验机（Instron, MTS793）

在室温下以 1mm/min 的速度进行拉伸试验。硬度测试根据 ASTM E384 标准进行，使用显微维氏硬度计(Shimadzu, HMV-2T)，负载 1kg，作用时间 10s，在 10 个不同的位置重复进行实验，以获得平均硬度值。用 55mL Keller 溶液(60% 硝酸(HNO₃)1mL + 35%～37%盐酸(HCl)2mL + 49%～52%氢氟酸(HF)2mL + 去离子水 50mL)蚀刻 30s 后在显微镜下进行观察。

图 2.39 给出了绝对非线性超声参量 β 和屈服强度 σ_y 随热处理时间的变化关系。图中标记的点是测量数据，误差条表示最大值和最小值之间的范围。虚线是非线性超声参量和屈服强度在没有自然老化效应下随热处理时间的预期变化趋势。在老化开始的 60min 内，受自然老化的影响，测量数据与虚线出现差异。实验结果表明，在前 20min，非线性超声参量和屈服强度均略有下降；从 20～120min，这些参数变化较大。

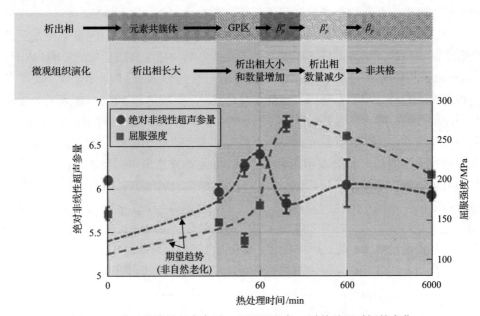

图 2.39　绝对非线性超声参量 β 和屈服强度 σ_y 随热处理时间的变化

在 120min 时，绝对非线性超声参量达到负峰值，屈服强度达到正峰值。随着老化程度的进一步加剧，绝对非线性超声参量略有增大，而屈服强度有所降低。总体来说，绝对非线性超声参量 β 和屈服强度 σ_y 在整个热处理时间内均呈现出良好的相关性。

非线性超声参量和屈服强度的变化是由析出相的成核和生长引起的，这可以用如下析出序列很好地描述[12,24-27,29-32,38,41,42]：

过饱和固溶体→镁硅共簇→吉尼尔-普雷斯顿区(GP 区)：球形，与铝基体共格→针状析出相 β_p''：与铝基体共格→棒状析出相 β_p'：与铝基体准共格→片状析出相 β_p：与铝基体非共格。

老化开始时，铝基体中的过饱和溶质原子数量逐渐减少，形成镁硅共簇。一般来说，共簇效应会提高非线性超声参量和屈服强度。随着热处理时间的延长，共簇逐渐长大且在 20～60min 形成 GP 区。GP 区呈直径 2～5nm 的球形，与基体完全共格[31]。GP 区的增长引起正共格应变，使晶格不规则增大，从而导致传播的超声波畸变，使非线性超声参量增大。物理机制来源于析出相所固定位错的振动，表示为 $\Delta\beta \propto \Lambda r_p^3 / N_p^{1/3}$，其中 $\Delta\beta$ 是非线性超声参量的变化量，Λ 是位错密度，r_p 是析出相的平均半径，N_p 是析出相的数密度[2,43]。GP 区的继续增长也会阻碍材料中位错的移动，从而导致材料硬度(即预期比例屈服强度)增加[12]。也就是说，GP 区一般会导致非线性超声参量和屈服强度的增大。然而，图 2.39 所示实验结果显示，绝对非线性超声参量和屈服强度分别在达到 20min 和 40min 的热处理时间前略有下降，这是由于自然老化而形成一些 GP 区的逆转[41]。测量是在人工老化几天后进行的，因此试件不仅受人工老化的影响，还受自然老化的影响。Miao 和 Laughlin[41]观察到自然老化后的 Al 6022 合金在 175℃的人工老化过程中硬度有类似的变化趋势。他们发现因为自然老化硬度从 55 增加到 72，而在人工老化过程中硬度开始下降。自然老化产生的不利影响对于在 220℃下短时间老化至 60min 是至关重要的。为了验证这些最初的下降是由自然老化引起的，对试件热处理后立即进行硬度测量。如图 2.40 所示，在 120min 内硬度值单调增加，这一变化趋势与其他案例中的结果非常相似[27]。由于老化后合金 Al 6016-T6 材料的硬度和屈服强度之间存在简单的比例关系[27]，硬度的变化趋势与人工老化过程中屈服强度的预期变化趋势类似，如图 2.39 所示[44]。这也是合金 Al 6061-T6 自然老化试件的非线性超声参量(6.1，图 2.39 初始值)大于非自然老化试件(5.41，表 2.1)的原因。自然老化对非线性超声参量和显微维氏硬度的影响将在其他研究中报道。

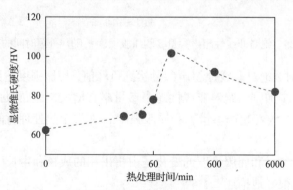

图 2.40　显微维氏硬度随热处理时间变化的实验结果

　　在进一步的老化中，基体出现 GP 区逆转，形成针状析出相 β_p''。这些析出相以 Al<100> 的方向排列并与基体相一致，析出相 β_p'' 的长度和直径分别为 20～40nm 和 10nm[31]。在这个时期，析出相的大小和密度都显著增加。非线性超声参量按公式 $\Delta\beta \propto \Lambda r_p^3 / N_p^{1/3}$ 减小[2,32]。形成的 β_p'' 也有阻碍位错运动的作用，从而增加屈服强度。结果表明，β_p'' 是最有效的硬化相[27,32,45]，屈服强度随着 β_p'' 的形成而大大提高。因此，屈服强度急剧增加并达到正峰值，而非线性超声参量下降并在 120min 时达到负峰值。

　　随着热处理时间在 120～600min 进一步延长，析出相也继续增加，而针状析出相 β_p'' 转化为沿 Al<100> 方向排列的棒状析出相 β_p'，棒状析出相与基体为半共格状态。析出相 β_p' 的长度和直径分别为 30～100nm 和 10～20nm[31]。针状析出相数密度的降低导致屈服强度减小，β_p'' 密度的降低致使非线性超声参量增加。因此，在 120～600min 的时间范围内非线性超声参量增大，屈服强度减小。另外，析出相 β_p' 转化成与基体非共格的片状平衡析出相 β_p。析出相大于临界尺寸时，由于共格的损失（过度老化）而导致非线性超声参量和屈服强度随着热处理时间的增加而减小，这种损失与析出相粗化引起的位错环长度和迁移率的增加有关[12]。

　　上述实验结果表明，非线性超声参量 β 和屈服强度 σ_y 具有相关性。非线性超声参量 β 和屈服强度 σ_y 的变化可以通过合金 Al 6061-T6 中的析出相序列来解释。根据观察得到的相关关系，合金 Al 6061-T6 达到最大强度的最佳热处理时间可以通过监测非线性超声参量的变化进行无损评价。另外，在工业应用中，非线性超声参量也可用于评价热降解和疲劳损伤所引起的弹性性能的变化。

2.6　相关的方法

2.6.1　反相脉冲技术

　　反相脉冲技术是一种用于测量非线性超声参量的有效数字信号处理技术，主要用于测量远小于基波分量的二次谐波分量[46-50]。该技术通过叠加两个相位相差 180° 的超声输入信号所得响应信号，以消除奇次谐波并仅保留偶次谐波。当入射超声信号的相位为 0° 或 180° 时，非线性波动方程的平面波位移解可以表示为

$$u_{(0°)} = A_1 \cos(kx - \omega t) + A_2 \cos\left[2(kx - \omega t)\right] \tag{2.36}$$

$$\begin{aligned} u_{(180°)} &= A_1 \cos(kx - \omega t + \pi) + A_2 \cos\left[2(kx - \omega t + \pi)\right] \\ &= -A_1 \cos(kx - \omega t + \pi) + A_2 \cos\left[2(kx - \omega t + \pi)\right] \end{aligned} \tag{2.37}$$

两个位移之和为

$$u_{(0°)} + u_{(180°)} = 2A_2 \cos\left[2\left(kx - \omega t\right)\right] \tag{2.38}$$

结果为二次谐波分量加倍，基波分量相互抵消。

图 2.41(a) 为输入相位差为 180° 的激励信号后测量所得的两个典型时域信号，这两个信号关于时间轴对称。图 2.41(b) 为图 2.41(a) 中两个信号的叠加信号，叠加后信号的幅值较小（约为原始信号的 10%），周期为原始信号周期的一半。这是因为原始信号中的基波分量相互抵消，只剩下二次谐波分量，如式 (2.38) 所示。图 2.42 的频谱分析结果明确证实了叠加信号只有二次谐波分量，其频率是原始信号的两倍。

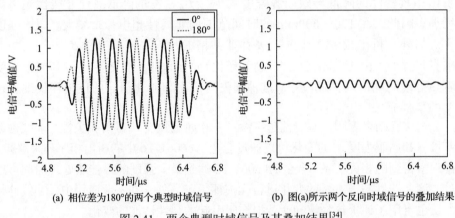

(a) 相位差为180°的两个典型时域信号　　　(b) 图(a)所示两个反向时域信号的叠加结果

图 2.41　两个典型时域信号及其叠加结果[34]

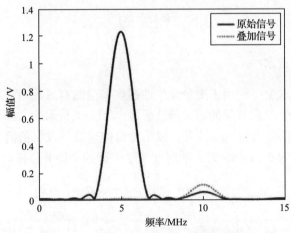

图 2.42　原始信号和叠加信号的频谱[34]

特别地，在使用宽带超声信号（如脉冲信号或单周期信号）或在薄板上测量超声非线性参量时，强烈推荐使用该技术。如果将传统的频谱分析方法应用于宽带信号，将难以测量出幅值不到基波分量幅值几个百分点的二次谐波分量，这是因为二次谐波分量会被基波分量的旁瓣所覆盖，如图 2.43 所示[50]。另外，如果采用反相脉冲技术，则可以准确地提取二次谐波分量并测量其幅值，如图 2.44 所示[50]。该方法特别适用于薄板中非线性超声参量的局部测量。

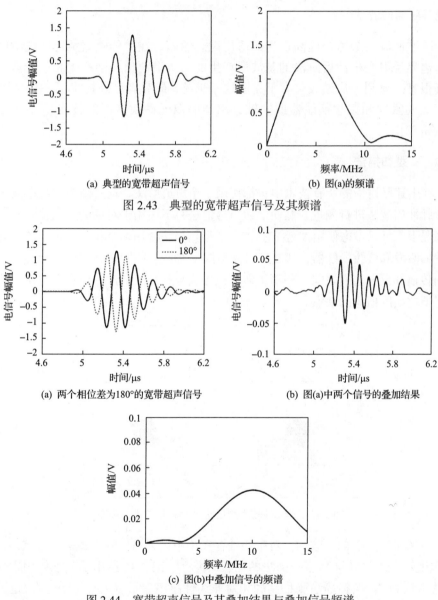

(a) 典型的宽带超声信号　　　　　　　(b) 图(a)的频谱

图 2.43　典型的宽带超声信号及其频谱

(a) 两个相位差为180°的宽带超声信号　　　　(b) 图(a)中两个信号的叠加结果

(c) 图(b)中叠加信号的频谱

图 2.44　宽带超声信号及其叠加结果与叠加信号频谱

与此同时，该技术需要使用一个能够精确控制输入信号相位的信号发生器。若不能输入理想的 180° 相位差信号，则两个测量信号相对于时间轴会有轻微的不对称，这将导致基波分量仍保留在叠加信号中。若无法准确提供理想的 180° 相位差的信号输入，则建议使用额外的后处理或滤波以删除残留的基波成分。否则，相位差引入的误差因素会降低非线性超声参量测量的可靠性。

2.6.2　脉冲回波法

脉冲回波法最适合提高现场的适用性。然而，在单传感器脉冲回波法中，因由边界反射发生前后阶段的基波所产生的二次谐波信号会产生相消干涉，此时将很难接收到二次谐波。为了克服这一难题，研究者已经提出了一种采用较近距离的激发和接收换能器或同轴分离型的双元件换能器的技术，详见文献 [51] 和 [52]。

2.6.3　V 型扫描法

在上述已讨论的所有技术中，都使用了超声透射法，这是因为二次谐波很难通过脉冲回波法进行测量。然而，超声透射法并不适用于对象的单侧检测。在这种情况下，可以考虑使用 V 型扫描法。V 型扫描法使用两个相隔一定距离且对向放置的激发和接收换能器，其波束路径类似 V 形线，如图 2.45 所示。当然，由于正向传播和反向传播之间的相消干涉，该方法与脉冲回波法一样存在二次谐波的测量值比实际值小的缺点。

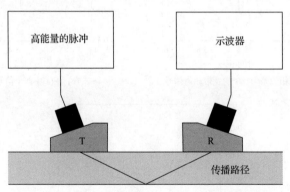

图 2.45　非线性超声测量的 V 型扫描技术原理图

为验证该方法的有效性，对中心处存在集中疲劳损伤的不锈钢合金试件进行了常规超声透射法和 V 型扫描法的比较研究[53]。图 2.46 给出了分别使用常规超声透射法和 V 型扫描法测量到的相对非线性超声参量 β' / β_0' 与中心点（位置为 0）的关系，其中 β_0' 为无损区域（远离中心损伤区域）非线性超声参量的平均值。两种方法的检测结果均显示出非线性超声参量随检测位置变化的钟形曲线，表明试件的疲劳损伤集中在中心位置。由于脉冲回波法的不足以及上述两种技术的实验条件不同，非线性超声参量的绝对增加量是不同的，但值得注意的是两种方法的检测结果呈现出相同的变化趋势。

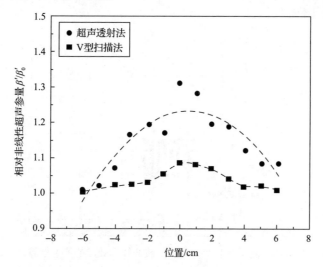

图 2.46　超声透射法和 V 型扫描法测得的在中心位置具有疲劳损伤的不锈钢合金
试件相对非线性超声参量随与中心位置距离变化的比较

2.6.4　激光超声的声表面波

　　激光超声技术具有很多优点，如不需要耦合、非接触激发和接收超声波、能在弯曲或粗糙的表面上工作、具有较快的扫描速度等[54-57]。尽管借助激光超声技术已经获得了许多成果，但是大多数都是与线性理论相关的裂纹检测[58-62]，而如何将其应用于非线性超声参量测量的挑战还尚未解决。

　　本节将简要介绍用于测量声表面波非线性的激光超声技术[63]。使用表面波主要有以下几个优点：①仅在待测对象的一侧进行测量，这有利于某些现场应用；②材料的损伤通常是从表面开始的，而声表面波有利于评价材料的表面损伤；③由于改变传播距离很容易实现，可以方便地进行二次谐波幅值与传播距离相互关系的可靠性测量(见 2.3.4 节)。

　　表面波的非线性与纵波的非线性略有不同，但是对于高次谐波的使用基本一致。图 2.47 为测量由激光产生的表面波非线性效应的实验装置示意图。用脉冲激光产生表面波，并由激光超声探测器接收激光产生的表面波。考虑到非线性超声参量测量的谐波频率幅值，激发窄带的超声信号对其频率特性的分析更为有效。

使用线阵激光产生表面波脉冲信号，而带有扩展激光束的线性阵列掩膜板是产生线阵光源以激发窄带声表面波的一种有效且简单的方法[54,55]，并可在试件表面附加一个掩膜板以消除光束衍射。一般可以采用干涉仪作为探测器，同时它应保证其超声信号带宽上具有足够的灵敏度。目前普遍使用的是双波混合光折变干涉仪或激光多普勒干涉仪。

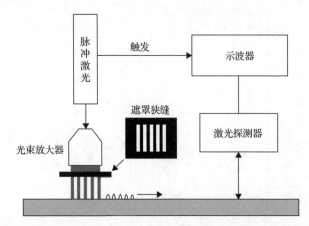

图 2.47　用于测量激光产生的表面波非线性效应的实验装置示意图

值得注意的是，在本技术中为了检验 2.3.4 节所述测量的可靠性，既可采用改变激光脉冲强度以激发声表面波的方法，也可采用改变激发/接收间隔的方法。

参 考 文 献

[1] J.K. Na, J.H. Cantrell, W.T. Yost, Linear and nonlinear ultrasonic properties of fatigued 410Cb stainless steel. Rev. Prog. Quant. Nondestr. Eval. 15, 1347–1352 (1996)

[2] A. Hikata, B.B. Chick, C. Elbaum, Dislocation contribution to the second harmonic generation of ultrasonic waves. J. Appl. Phys. 36, 229–236 (1965)

[3] A. Hikata, B.B. Chick, C. Elbaum, Effect of dislocations on finite amplitude ultrasonic waves in aluminum. Appl. Phys. Lett. 3, 195–197 (1963)

[4] M. Hong, Z. Su, Q. Wang, L. Cheng, X. Qing, Modeling nonlinearities of ultrasonic waves for fatigue damage characterization: theory, simulation, and experimental validation. Ultrasonics 54, 770–778 (2014)

[5] J.-Y. Kim, L.J. Jacobs, J. Qu, J.W. Littles, Experimental characterization of fatigue damage in a nickel-base superalloy using nonlinear ultrasonic waves. J. Acoust. Soc. Am. 120, 1266–1273 (2006)

[6] K.-Y. Jhang, Application of nonlinear ultrasonic to the NDE of material degradation. IEEE Trans. Ultrason. Ferroelectr. Freq. Control 47, 540–548 (2000)

[7] K.H. Matlack, J.-Y. Kim, L.J. Jacobs, J. Qu, Review of second harmonic generation measurement techniques for material state determination in metals. J. Nondestr. Eval. 34, 1–23（2014）

[8] G. Gutiérrez-Vargas, A. Ruiz, J.-Y. Kim, L.J. Jacobs, Characterization of thermal embrittlement in 2507 super duplex stainless steel using nonlinear acoustic effects. NDT E Int. 94, 101–108（2018）

[9] R.B. Thompson, O. Buck, D.O. Thompson, Higher harmonics of finite amplitude ultrasonic waves in solids. J. Acoust. Soc. Am. 59, 1087–1094（1976）

[10] J. Kim, D.-G. Song, K.-Y. Jhang, Absolute measurement and relative measurement of ultrasonic nonlinear parameters. Res. Nondestr. Eval. 28, 211–225（2017）

[11] W.B. Gauster, M.A. Breazeale, Detector for measurement of ultrasonic strain amplitudes in solids. Rev. Sci. Instrum. 37, 1544–1548（1966）

[12] J.H. Cantrell, W.T. Yost, Effect of precipitate coherency strains on acoustic harmonic generation. J. Appl. Phys. 81, 2957–2962（1997）

[13] G.E. Dace, R.B. Thompson, L.J.H. Brasche, D.K. Rehbein, O. Buck, Nonlinear acoustics, a technique to determine microstructural changes in material. Rev. Prog. Quant. Nondestr. Eval. 10B, 1685–1692（1991）

[14] G.E. Dace, R.B. Thompson, O. Buck, Measurement of the acoustic harmonic generation for materials characterization using contact transducers. Rev. Prog. Quant. Nondestr. Eval. 11B, 2069–2076（1992）

[15] D.J. Barnard, G.E. Dace, O. Buck, Acoustic harmonic generation due to thermal embrittlement of Inconel 718. J. Nondestr. Eval. 16, 67–75（1997）

[16] D.J. Barnard, Variation of nonlinearity parameter at low fundamental amplitudes. Appl. Phys. Lett. 74, 2447–2449（1999）

[17] P. Li, W.P. Winfree, W.T. Yost, J.H. Cantrell, Observation of collinear beam-mixing by anamplitude modulated ultrasonic wave in a solid, in Ultrasonics Symposium（1983）, pp. 1152–1156

[18] P. Li, W.T. Yost, J.H. Cantrell, K. Salama, Dependence of acoustic nonlinearity parameter on second phase precipitates of aluminum alloys, in IEEE 1985 Ultrasonics Symposium（1985）, pp. 1113–1115

[19] K.-J. Lee, J. Kim, D.-G. Song, K.-Y. Jhang, Effect of window function for measurement of ultrasonic nonlinear parameter using fast Fourier Transform of tone-burst signal. J. Korean Soc. Nondestr. Test. 35, 251–257（2015）

[20] G. Ren, J. Kim, K.-Y. Jhang, Relationship between second-and third-order acoustic nonlinear parameters in relative measurement. Ultrasonics 56, 539–544（2015）

[21] D.C. Hurley, C.M. Fortunko, Determination of the nonlinear ultrasonic parameter using a michelson interferometer. Meas. Sci. Technol. 8, 634–642（1997）

[22] T. Kang, T. Lee, S.-J. Song, H.-J. Kim, Measurement of ultrasonic nonlinearity parameter of fused silica and Al2024-T4. J. Korean Soc. Nondestr. Test. 33, 14–19（2013）

[23] J. Kim, K.-Y. Jhang, Measurement of ultrasonic nonlinear parameter by using non-contact ultrasonic receiver. Trans. Korean Soc. Mech. Eng. A 38, 1133–1137（2014）

[24] H. Demir, S. Gündüz, The effects of aging on machinability of 6061 aluminum alloy. Mater. Des. 30, 1480–1483（2009）

[25] L.P. Troeger, E.A.S. Jr, Microstructural and mechanical characterization of a superplastic 6xxx aluminum alloy. Mater. Sci. Eng. A 277, 102–113（2000）

[26] S. Rajasekaran,N.K. Udayashankar, J.Nayak, T4and T6 treatmentof 6061 Al-15 vol. % SiCP composite. ISRN Mater. Sci. 2012, 1–5（2012）

[27] F. Ozturk, A. Sisman, S. Toros, S. Kilic, R.C. Picu, Influence of aging treatment on mechanical properties of 6061 aluminum alloy. Mater. Des 31, 972–975（2010）

[28] W.F. Miao, D.E. Laughlin, Precipitation hardening in aluminum alloy 6022. Scripta Mater. 40, 873–878（1999）

[29] G. Mrówka-Nowotnik, Influence of chemical composition variation and heat treatment on microstructure and mechanical properties of 6xxx alloys. Arch. Mater. Sci. Eng. 46, 98–107 （2010）

[30] J. Buha, R.N. Lumley, A.G. Crosky, K. Hono, Secondary precipitation in an Al-Mg-Si-Cu alloy. Acta Mater. 55, 3015–3024（2007）

[31] X. Fang, M. Song, K. Li, Y. Du, Precipitation sequence of an aged Al-Mg-Si alloy. J. Min. Metall. Sect. B. 46, 171–180（2010）

[32] G.A. Edwards, K. Stiller, G.L. Dunlop, M.J. Couper, The precipitation sequence in Al-Mg-Si alloys. Acta Mater. 46, 3893–3904（1998）

[33] H. Jeong, S. Zhang, S. Cho, X. Li, Development of explicit diffraction corrections for absolute measurements of acoustic nonlinearity parameters in the quasilinear regime. Ultrasonics 70, 199–203（2016）

[34] T.H. Lee, Measurement of ultrasonic nonlinearity and its application to nondestructive evaluation, Ph. D Dissertation, Hanyang University, 2010

[35] L. Sun, S.S. Kulkarni, J.D. Achenbach, S. Krishnaswamy, Technique to minimize couplant-effect in acoustic nonlinearity measurements. J. Acoust. Soc. Am. 120, 2500–2505（2006）

[36] I.-H. Choi, J.-I. Lee, G.-D. Kwon, K.-Y. Jhang, Effect of system dependent harmonics in the measurement of ultrasonic nonlinear parameter by using contact transducers. J. Korean Soc. Nondestr. Test. 28, 358–363（2008）

[37] K.-J. Lee, Influence of transducer and signal processing on the measurement of ultrasonic nonlinear parameter, Master Thesis, Hanyang University, 2016

[38] Y. Xiang, M. Deng, F.-Z. Xuan, Thermal degradation evaluation of HP40Nb alloy steel after long term service using a nonlinear ultrasonic technique. J. Nondestr. Eval. 33, 279–287 (2014)

[39] J.H. Cantrell, W.T. Yost, Determination of precipitate nucleation and growth rates from ultrasonic harmonic generation. Appl. Phys. Lett. 77, 1952–1954 (2000)

[40] Metya, M. Ghosh, N. Parida, S.P. Sagar, Higher harmonic analysis of ultrasonic signal for ageing behavior study of C-250 grade maraging steel. NDT E Int. 41, 484–489 (2008)

[41] W.F. Miao, D.E. Laughlin, Precipitation hardening in aluminum alloy 6022. Scr. Mater. V 40, 873–878 (1999)

[42] J.Kim, K.-Y.Jhang, Evaluation of ultrasonic nonlinear characteristics in heat-treatedaluminum alloy（Al-Mg-Si-Cu）. Adv. Mater. Sci. Eng. 407846, 1–6 (2013)

[43] J.H. Cantrell, X.G. Zhang, Nonlinear acoustic response from precipitate-matrix misfit in a dislocation network. J. Appl. Phys. 84, 5469–5472 (1998)

[44] M. Song, Modeling the hardness and yield strength evolutions of aluminum alloy with rod/needle-shaped precipitates. Mater. Sci. Eng., A 443, 172–177 (2007)

[45] R.S. Yassar, D.P. Field, H. Weiland, Transmission electron microscopy and differential scanning Calorimetry studies on the precipitation sequence in an Al-Mg-Sialloy:AA6022.J.Mater.Res. 20, 2705–2711 (2011)

[46] S. Krishnan, M. O'Donnell, Transmit aperture processing for nonlinear contrast agent imaging. Ultrason. Imaging 18, 77–105 (1996)

[47] Y. Ohara, K. Kawashima, R. Yamada, H. Horio, Evaluation of amorphous diffusion bonding by nonlinear ultrasonic method. AIP Conf. Proc. 700, 944–951 (2004)

[48] Viswanath, B.P.C. Rao, S. Mahadevan, T. Jayakumar, B. Raj, Microstructural characterization of M250 grade maraging steel using nonlinear ultrasonic technique. J. Mater. Sci. 45, 6719–6726 (2010)

[49] F. Xie, Z. Guo, J. Zhang, Strategies for reliable second harmonic of nonlinear acoustic wave through cement-based materials. Nondestruct. Test. Eval. 29, 183–194 (2014)

[50] S. Choi, P. Lee, K.-Y. Jhang, A pulse inversion-based nonlinear ultrasonic technique using a single-cycle longitudinal wave for evaluating localized material degradation in plates. Int. J. Precis. Eng. Manuf. 20, 549–558 (2019)

[51] S. Zhang, X. Li, H. Jeong, S. Cho, H. Hu, Theoretical and experimental investigation of the pulse-echo nonlinearity acoustic sound fields of focused transducers. Appl. Acoust. 117, 145–149 (2017)

[52] H. Jeong, S. Cho, S. Zhang, X. Li, Acoustic nonlinearity parameter measurements in a pulse-echo setup with the stress-free reflection boundary. J. Acoust. Soc. Am. 143, EL237–EL242 (2018)

[53] C.-S. Kim, I.-K. Park, K.-Y. Jhang, N.-Y. Kim, Experimental characterization of cyclic deformation in copper using ultrasonic nonlinearity. J. Korean Soc. Nondestr. Test. 28, 285–291 （2008）

[54] S. Choi, H. Seo, K.-Y. Jhang, Noncontacte valuation of acoustic nonlinearity of a laser-generated surface wave in a plastically deformed aluminum alloy. Res. Nondestr. Eval. 26, 13–22 （2013）

[55] S. Choi, T. Nam, K.-Y. Jhang, C.S. Kim, Frequency response of narrowband surface waves generated by laser beams spatially modulated with a line-arrayed slit mask. J. Korean Phys. Soc. 60, 26–30 （2012）

[56] S. Kenderian, D. Cerniglia, B.B. Djordjevic, R.E. Green, Laser-generated acoustic signal interaction with surface flaws on rail wheels. Res. Nondestr. Eval. 16, 195–207 （2005）

[57] C.B. Scruby, L.E. Drain, Laser Ultrasonics Techniques and Applications （AdamHilger, Bristol, 1990）

[58] J. Li, L. Dong, C. Ni, Z. Shen, H. Zhang, Application of ultrasonic surface waves in the detection of microcracks using the scanning heating laser source technique. Chin. Opt. Lett. 10, 111403–111406 （2012）

[59] D. Dhital, J.R. Lee, A fully non-contact ultrasonic propagation imaging system for closed surface crack evaluation. Exp. Mech. 52, 1111–1122 （2011）

[60] C. Ni, L. Dong, Z. Shen, J. Lu, The experimental study of fatigue crack detection using scanning laser point source technique. Opt. Laser Technol. 43, 1391–1397 （2011）

[61] S.-K. Park, S.-H. Baik, H.-K. Cha, Y.-M. Cheong, Y.-J. Kang, Nondestructive inspection system using optical profiles and laser surface waves to detect a surface crack. J. Korean Phys. Soc. 56, 333–337 （2010）

[62] A. Moura, A.M. Lomonosov, P. Hess, Depth evaluation of surface-breaking cracks using laser-generated transmitted Rayleigh waves. J. Appl. Phys. 103, 084911 （2008）

[63] C.-S. Kim, K.-Y. Jhang, Acoustic nonlinearity of a laser-generated surface wave in a plastically deformed aluminum alloy. Chin. Phys. Lett. 29, 120701 （2012）

符 号 说 明

$A(\omega)$	位移振幅	$A'_{1,0}$	参考材料中检测到的信号基频
A_1	基频分量的位移幅值		分量幅值
A'_1	检测信号的基频分量幅值	A_2	二次谐波频率分量的位移幅值

A_2'	检测信号的二次谐波频率分量	k_0	参考材料的波数
	的幅值	n	数据编号
$A_{2,0}'$	参考材料中检测到的二倍频	q	量子电压
	信号幅值	r_p	析出相的平均半径
$A_V(\omega)$	检测到的电压信号的振幅	t	传播时间
$C_i(\omega)$	在位置 i 处的耦合剂响应函数	u	X 方向的位移
C_{IJ}	二阶弹性常数	u_1	一阶扰动的解
C_{IJK}	三阶弹性常数	u_2	二阶扰动的解
$D(\omega)$	电信号传送到激发换能器的	$u_{(0°)}$	入射超声信号的相位为 0° 时的
	振幅函数		位移
$G(\omega)$	放大器的响应函数	$u_{(180°)}$	入射超声信号的相位为180° 时的
$H(\omega)$	校准函数		位移
$I_{\text{in}}'(\omega)$	校准环节的输入电流	v	质点振速
$I_{\text{out}}(\omega)$	接收系统所测得的电流谱	x	传播距离
$I_{\text{out}}'(\omega)$	校准环节的输出电流	$\Delta\beta$	非线性超声参量的变化量
$K(\omega)$	传递函数	Λ	位错密度
M_{IJ}	二阶 Huang 系数	α'	位移比例补偿系数
M_{IJK}	三阶 Huang 系数	α_1	基频位移比例系数
N	窗口长度	$\alpha_{1,0}$	参考材料的基频位移比例系数
N_P	析出相数密度	α_2	二次谐波频率的位移比例系数
$P_{A,\text{in}}(\omega)$	发射换能器处的单频声功率	$\alpha_{2,0}$	参考材料的二次谐波频率的位移
$P_{A,\text{out}}(\omega)$	接收换能器处的声功率		比例系数
$P_{E,\text{cal-in}}(\omega)$	校准环节的激发信号	α_i	位移比例系数
$P_{E,\text{cal-out}}(\omega)$	校准环节的接收信号	β	二阶非线性超声参量
$P_{E,\text{in}}(\omega)$	发射换能器处的单频电功率	β'	相对非线性超声参量
$P_{E,\text{out}}(\omega)$	接收换能器处的电功率	β_0	参考材料的非线性超声参量
$R(\omega)$	接收换能器的响应函数	β_e	估算得到的非线性超声参量
$T(\omega)$	激发换能器的响应函数	β_p	片状析出相
$V_{\text{in}}'(\omega)$	校准环节的输入电压	β_p'	棒状析出相
$V_{\text{out}}'(\omega)$	校准环节的输出电压	β_p''	针状析出相
X	传播方向	ε	应变
$Z(\omega)$	电阻抗	$\varepsilon_J, \varepsilon_K$	应变张量
a	接收换能器面积	ε_q	量化误差
k	波数	κ	决定 Tukey 窗轮廓的系数
k'	波数补偿系数	λ	波长

ρ	密度	ω	角频率
σ	应力	ω_1	基波角频率
σ_I	应力张量	ω_2	二次谐波角频率
σ_y	屈服强度		

第3章　非线性导波的测量

　　非线性导波的特性可以反映波导材料的当前状态信息。值得注意的是，该信息与材料的微结构有关，而微结构反过来又影响材料的强度特性。然而，导波的频散特性使得其非线性特性比体波更复杂。本章重点描述导波传播时的非线性特性，包括高次谐波的产生和混频效应；介绍一种选择超声导波模式和频率的方法，为测量及测量技术提供最佳条件，同时简单介绍一些最新的研究成果。

3.1　简　　介

　　本章介绍弱非线性弹性动力导波的传播特性，并重点介绍相应的测量技术。弱非线性弹性动力导波受限于有限尺寸的波导。这些测量方法大多应用于超声领域，并且旨在对材料的损伤退化过程进行无损表征。声非线性和材料的非线性直接相关，但仍有一些复杂的情况需要说明。弱非线性弹性动力导波具有两个关键特征：所感兴趣的信号在不同于基波频率的其他频率上产生，且其信号幅值相较于基波幅值较小。事实上，尽管从基波到次级声波存在能量损失，但迄今为止的所有模型都假设基波的振幅保持不变。信号频率发生变化是由基波的自相互作用或者不同频率基波间的相互作用导致基波畸变造成的。在微弱非线性效应的限制下，可以带来以下两个重要影响：

　　(1)对于非线性导波方程可以采用微扰法进行求解；

　　(2)非线性导波信号相对于基波信号相当微小，需要精细测量，并应适当考虑测量系统的非线性。

　　应尽可能提高信噪比(signal-to-noise ratio, SNR)以增强非线性测量的可靠性，因此通常使用有限振幅的基波，以提高非线性所产生的次级声波的信噪比。然而，有限振幅的弹性动力波可能仅具有几十纳米量级的振幅，因此产生的非线性信号仍然很小，重点在于使用最大实际振幅的基波。

　　金属即使处于初始状态也会表现出非谐性，即它们的弹性振荡并不是在单一频率下进行的。随着材料发生退化，非固有的非线性将会改变固有非谐性。非线性导波具有表征材料早期退化的潜力，虽然目前尚未实现，但未来有可能将设备的维护模式从定期模式转变为基于设备实际状态的模式。通过检测早期退化或早期损伤可在整个服役寿命期间追踪损伤情况，从而为决策制定和维修保障提供时间。

早期退化发生主要是微观组织的变化，如滑移带、位错亚结构、析出相、夹杂物和微裂纹等机制，可将其视作连续性损伤。基于线性超声的超声无损检测技术通常对早期损伤不敏感。本章不涉及与单个不连续性损伤（如单个宏观裂纹）相关的非线性，虽然这一研究领域最近比较活跃。感兴趣的读者可以查阅有关接触声非线性的文献。

　　本章的其余部分分为以下五个小节。3.2 节介绍线性导波传播的背景并简单回顾非线性导波传播的重要历程。3.3 节介绍几种能够产生强烈次级声波的基频选择模型。如果不能很好地选对基频，就不可能对非线性导波进行有效的测量。因此，出于完整性，尽管在其他文献中已有报道[1-3]，本节也仍给出相应的公式。清楚起见，在本章的末尾列出了术语表。3.4 节描述激发基波和接收次级声波的方法，并在 3.5 节叙述相关仪器和信号处理技术，最后在 3.6 节提供并讨论材料性能退化的测量方法。

3.2　背　　景

　　考虑超声波在 $Z=\pm h$ 处具有无外力的横向边界波导中传播，并且该波导为无损的均匀各向同性材料。

　　简单起见，本节的研究仅限于真空中平板内的平面波，其坐标系如图 3.1 所示，基波 a 和 b 相互作用产生次级声波 m。波矢量 K_a 在 X 方向，基波 a 和 b 之间夹角为 θ。

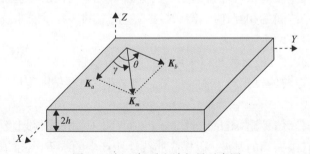

图 3.1　板坐标系和波矢量示意图

3.2.1　线性导波传播

　　对于 3.1 节定义的问题，在任何频率下都有多种波模式在传播，并且它们通常是频散的，这意味着波速和波数与频率有关。频散表现为脉冲展宽，且随着波的传播其振幅逐渐减小。速度、波数和频率之间的关系可从以下线性波动方程中求出：

$$[\lambda_L + \mu]\nabla[\nabla \cdot \boldsymbol{u}] + \mu\nabla^2\boldsymbol{u} = \rho\ddot{\boldsymbol{u}} \tag{3.1}$$

在无牵引力的侧面，即 $Z=\pm h$ 处，有

$$\boldsymbol{T} \cdot \boldsymbol{n} = 0, \quad Z = \pm h \tag{3.2}$$

假设波在平面应变条件下沿 X 方向传播，使用 Helmholtz 分解并经过烦琐的处理可以求得瑞利-兰姆波的频散关系[4]：

$$\frac{\tan(qh)}{\tan(ph)} = -\left[\frac{4k^2 pq}{(q^2 - k^2)^2}\right]^{\pm 1} \tag{3.3}$$

式中，指数分别表示对称模式(+1)和反对称模式(–1)，而

$$
\begin{aligned}
p^2 &= \left(\frac{\omega}{c_L}\right)^2 - k^2 \\
q^2 &= \left(\frac{\omega}{c_T}\right)^2 - k^2
\end{aligned}
\tag{3.4}
$$

对超越方程(3.3)中的波数进行数值求解，即可从中计算出相速度 $c_p = \omega/k$ 及群速度 $c_g = \mathrm{d}\omega/\mathrm{d}k$。传播中的波在每个频率下都有一个独特的波结构(即位移剖面)。对于这些兰姆波，对称和反对称模式的命名取决于 X 方向的位移分量。总之，兰姆波是多模式、频散的，且每种模式-频率的组合都有独特的波结构。因波导中存在多个对应于不同群速度的兰姆波模式，故接收到的波信号往往很难分析。

对于 SH 波，方程(3.1)和(3.2)的解要简单得多，其中对于 X 方向的波矢量，质点运动仅发生在 Y 方向。SH 波的频散关系很简单，为

$$2qh = n\pi \tag{3.5}$$

式中，$n = 0, 1, 2, \cdots$，当 n 为偶数时，是对称模式；当 n 为奇数时，是反对称模式。

图 3.2 给出了铝板中兰姆波和 SH 波的相速度和群速度频散曲线，除了具有高截止频率的模式外，其他模式均可识别。

3.2.2　非线性导波简史

固体介质中的非线性声学研究已有 50 多年的历史，邓明晰[5-7]是第一个开展板中非线性超声导波研究的学者。邓明晰应用部分波分析方法分析了 SH 波的二次谐波(即 2 倍激励频率下的波动)。他发现，如果频散基频 SH 波的相速度等于纵波速度，那么二次谐波是垂直于 SH 波偏振的对称(兰姆波)模式，且其振幅线性增加。de Lima 和 Hamilton[1]从导波模式的角度用正交模式展开法对问题进行

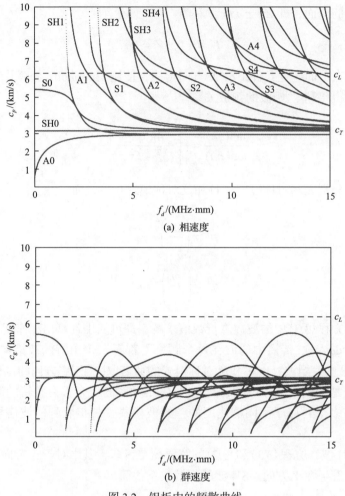

(a) 相速度

(b) 群速度

图 3.2　铝板中的频散曲线

ρ=2700kg/m³，c_L=6300m/s，c_T=3100m/s（λ_L=55.27GPa，μ=25.95GPa）

公式推导，简化了分析，使其更全面，并通过逐次逼近得到解（另见邓明晰的工作[8]）。他的研究工作表明幅值随传播距离线性增加的累积二次谐波需要满足内部共振条件：

（1）次级声波是一种传播模式（频率小于该模式的截止频率）；

（2）基波和次级声波是相位匹配的（即同步的）；

（3）从基波转移至次级声波的能量流非零。

许多学者对相位匹配和非零能量流进行了研究。Srivastava 和 Lanza di Scalea[9]从理论上研究了基波和次级声波的对称性（也包括二次以上的高次谐波），并进行了一系列结论性的实验。同样，Müller 等[10]使用基于位移剖面对称性/反对称性的奇偶性分析来阐述哪些二次谐波的传播模式没有能量流，并以此来评估群速度匹配条件。Matsuda 和 Biwa[11]确定了板中兰姆波的所有相位匹配点，并评估了群速度匹配条件。Chillara 和 Lissenden[12]根据自作用波和相互作用波之间相互作用来描述该问题，从而建立了各种边值问题。

这里重点介绍早期非线性导波的一些测量方法，而本章后面将讨论更多的非线性导波的最新进展。邓明晰等[13]给出了使用斜劈探头在铝板上激发 S2/A2 模式交叉点处的兰姆波所产生的二次谐波的累积性质(参见 3.3.3 节第一部分)。Bermes 等[14]分别采用斜劈探头和激光干涉仪激发和接收超声导波，结果表明，由 S1 模式基波产生的二次谐波(S2 模式兰姆波)也具有累积特性。Pruell 等[15]采用和 Bermes 等类似的方法来表征二次谐波对塑性变形的敏感性，其结果表明在第一截止频率以上想产生单一主导兰姆波模式具有一定的难度。Pruell 等[16]使用类似的实验方案评估了兰姆波 S2 模式所产生的二次谐波对低周疲劳损伤的敏感性。研究表明，随着疲劳损伤程度的增加，归一化声非线性单调增加。由于具有面外位移分量的兰姆波模式更有利于产生和接收，Lee 等[17]采用了斜劈探头激发与 A2 模式兰姆波相速度和群速度同时匹配的 A1 模式兰姆波。但摄动分析和验证实验表明产生的二次谐波应该是对称模式的[9]，相比之下，Lee 等通过测量发现非线性效应随传播距离的增加而增加。

对非线性导波的其他研究，感兴趣的读者可在文献[4]的第 20 章、文献[3]的第 1、6、9 章和文献[18]～[20]中找到非常有用的信息。同样，对非线性瑞利波感兴趣的读者可以参考文献[3]和[18]。为了具有针对性，本章的范围仅限于在有限横截面上传播且具有频散性的导波，而不考虑瑞利波的情况。

3.3　次级声波发生的基波选择

本节为非线性导波传播的理解和建模提供数学基础。考虑平面基波在波导内任意方向上传播，并且这些波在不同频率下相互作用可生成次级声波。在后文将会看到这些平面基波也是可以自相互作用的，它们可以产生频率为基频整数倍的次级声波。此外频率为 f_a 的波 a 和频率为 f_b 的波 b 也可能存在相互作用，产生频率为和频 f_a+f_b 和差频 f_a-f_b(或其他高阶组合)的次级声波。正是次级声波提供了所检测的材料非线性信息，因此检测信号的频率不同于基波的激发频率。

3.3.1　基本原理

将导波可长距离传播、可检测材料中以常规方式不可达区域的特性与内部共振次级声波的累积特性相结合，在无损表征材料的特性方面有极佳的应用前景。因此，在邓明晰早期发现[5-7]的推动下，人们正在探索哪些基频模式会产生对特定类型材料退化最敏感的次级声波。事实上，在下面将会看到，只有在非常特殊的情况下，才存在与次级声波相速度匹配的传播模式。如何将非线性导波发展成为一种可行的材料无损表征方法的基本原则是显而易见的：第一，确定哪些波组合满足内部共振条件；第二，确定哪些基频模式可为次级声波模式提供强能量流；第三，找出对仪器非线性最不敏感的测量装置。3.3节的其余部分讨论前两个原则，而第三个原则将在3.4节～3.6节介绍。

3.3.2　理论公式

假设无损材料是均质、各向同性的，并且可以描述为立方应变能函数的超弹性材料：

$$W = \frac{\lambda_L}{2}\left[\text{tr}(\boldsymbol{E})\right]^2 + \mu\,\text{tr}(\boldsymbol{E}^2) + \frac{A}{3}\text{tr}(\boldsymbol{E}^3) + B\text{tr}(\boldsymbol{E})\text{tr}(\boldsymbol{E}^2) + \frac{C}{3}\left[\text{tr}(\boldsymbol{E})\right]^3 \tag{3.6}$$

第二类 Piola-Kirchhoff 应力则由式(3.7)确定：

$$\boldsymbol{T}_{RR} = \frac{\partial W}{\partial \boldsymbol{E}} \tag{3.7}$$

与其相关的第一类 Piola-Kirchhoff 应力为

$$\boldsymbol{S} = [\boldsymbol{I} + \boldsymbol{H}]\boldsymbol{T}_{RR} \tag{3.8}$$

另外，应变-位移关系为

$$\boldsymbol{E} = \frac{1}{2}[\boldsymbol{H} + \boldsymbol{H}^{\mathrm{T}} + \boldsymbol{H}^{\mathrm{T}}\boldsymbol{H}] \tag{3.9}$$

考虑两个导波 a 和 b 的相互作用，以便将位移场分解为基波和次级声波成分。因此，位移梯度场可以写为

$$\boldsymbol{H} = \boldsymbol{H}_a + \boldsymbol{H}_b + \boldsymbol{H}_{aa} + \boldsymbol{H}_{bb} + \boldsymbol{H}_{ab} \tag{3.10}$$

对于二阶的相互作用，其中单下标 a 和 b 表示基波，双下标 aa 和 bb 表示自相互作用，下标 ab 表示波 a 和波 b 之间的相互作用。

现在可以将第二类 Piola-Kirchhoff 应力张量分解为基于位移梯度项的线性部分和非线性部分：

$$\boldsymbol{S}(\boldsymbol{H}) = \boldsymbol{S}_L(\boldsymbol{H}_a) + \boldsymbol{S}_L(\boldsymbol{H}_b) + \boldsymbol{S}_L(\boldsymbol{H}_{aa}) + \boldsymbol{S}_L(\boldsymbol{H}_{bb}) + \boldsymbol{S}_L(\boldsymbol{H}_{ab}) + \boldsymbol{S}_{NL}(\boldsymbol{H}_a + \boldsymbol{H}_b) \tag{3.11}$$

并将波 a 和波 b 之间的相互作用产生的位移梯度二阶非线性项表示为

$$\boldsymbol{S}_{NL}(\boldsymbol{H}_a + \boldsymbol{H}_b) = \boldsymbol{S}_{NL}(\boldsymbol{H}_a, \boldsymbol{H}_a, 2) + \boldsymbol{S}_{NL}(\boldsymbol{H}_b, \boldsymbol{H}_b, 2) + \boldsymbol{S}_{NL}(\boldsymbol{H}_a, \boldsymbol{H}_b, 2) \tag{3.12}$$

其中等号右边的前两项表示自相互作用，而第三项表示相互交互作用。该相互交互项为

$$
\begin{aligned}
S_{NL}(H_a, H_b, 2) =\ & \frac{\lambda_L}{2}\mathrm{tr}(H_b + H_b^{\mathrm{T}})H_a + \mu H_a(H_b + H_b^{\mathrm{T}}) + \frac{\lambda_L}{2}\mathrm{tr}(H_a + H_a^{\mathrm{T}})H_b \\
& + \mu H_b(H_a + H_a^{\mathrm{T}}) + \frac{\lambda_L}{2}\mathrm{tr}(H_a^{\mathrm{T}}H_b + H_b^{\mathrm{T}}H_a)I + 2C\mathrm{tr}(H_a)\mathrm{tr}(H_b)I \\
& + \mu(H_a^{\mathrm{T}}H_b + H_b^{\mathrm{T}}H_a) + B\mathrm{tr}(H_a)(H_b + H_b^{\mathrm{T}}) + B\mathrm{tr}(H_b)(H_a + H_a^{\mathrm{T}}) \\
& + \frac{B}{2}\mathrm{tr}(H_aH_b + H_bH_a + H_a^{\mathrm{T}}H_b + H_b^{\mathrm{T}}H_a)I \\
& + \frac{A}{4}(H_aH_b + H_bH_a + H_a^{\mathrm{T}}H_b^{\mathrm{T}} + H_b^{\mathrm{T}}H_a^{\mathrm{T}} + H_a^{\mathrm{T}}H_b + H_b^{\mathrm{T}}H_a \\
& + H_aH_b^{\mathrm{T}} + H_bH_a^{\mathrm{T}})
\end{aligned}
\tag{3.13}
$$

该等式中的自交互项与式(3.12)相似。

由线性动量平衡给出边值问题：

$$
\mathrm{Div}\big(S(H)\big) = \rho\ddot{u} \tag{3.14}
$$

以及无外力牵引的侧向边界：

$$
S(H)\cdot n = 0, \quad Z = \pm h \tag{3.15}
$$

由于弱非线性（$u_{aa}, u_{bb}, u_{ab} \ll u_a, u_b$），可以采用基于逐次逼近的摄动法将其重组为五个独立的边值问题：

$$
\begin{aligned}
&\mathrm{Div}\big(S_L(H_a)\big) - \rho\ddot{u}_a = 0 \\
&S_L(H_a)\cdot n = 0, \quad Z = \pm h
\end{aligned}
\tag{3.16}
$$

$$
\begin{aligned}
&\mathrm{Div}\big(S_L(H_b)\big) - \rho\ddot{u}_b = 0 \\
&S_L(H_b)\cdot n = 0, \quad Z = \pm h
\end{aligned}
\tag{3.17}
$$

$$
\begin{aligned}
&\mathrm{Div}\big(S_L(H_{aa})\big) - \rho\ddot{u}_{aa} = -\mathrm{Div}\big(S_{NL}(H_a, H_a, 2)\big) \\
&S_L(H_{aa})\cdot n = -S_{NL}(H_a, H_a, 2)\cdot n, \quad Z = \pm h
\end{aligned}
\tag{3.18}
$$

$$
\begin{aligned}
&\mathrm{Div}\big(S_L(H_{bb})\big) - \rho\ddot{u}_{bb} = -\mathrm{Div}\big(S_{NL}(H_b, H_b, 2)\big) \\
&S_L(H_{bb})\cdot n = -S_{NL}(H_b, H_b, 2)\cdot n, \quad Z = \pm h
\end{aligned}
\tag{3.19}
$$

$$\text{Div}\big(\boldsymbol{S}_L(\boldsymbol{H}_{ab})\big) - \rho \ddot{\boldsymbol{u}}_{ab} = -\text{Div}\big(\boldsymbol{S}_{NL}(\boldsymbol{H}_a, \boldsymbol{H}_b, 2)\big)$$
$$\boldsymbol{S}_L(\boldsymbol{H}_{ab}) \cdot \boldsymbol{n} = -\boldsymbol{S}_{NL}(\boldsymbol{H}_a, \boldsymbol{H}_b, 2) \cdot \boldsymbol{n}, \quad Z = \pm h \tag{3.20}$$

与基波相关的位移场可以写为

$$\boldsymbol{u}_a = \text{Re}\Big(\boldsymbol{U}_a(Z)\text{e}^{\text{i}[\boldsymbol{K}_a \cdot \boldsymbol{p}(X,Y) - \omega_a t]}\Big)$$
$$\boldsymbol{u}_b = \text{Re}\Big(\boldsymbol{U}_b(Z)\text{e}^{\text{i}[\boldsymbol{K}_b \cdot \boldsymbol{p}(X,Y) - \omega_b t]}\Big) \tag{3.21}$$

将基波场代入非线性应力分量即式(3.12)中，得到当 $\omega_a > \omega_b$ 时的相互作用可能存在的次级声波场，用指数函数表示为

$$\text{e}^{\pm\text{i}[(\boldsymbol{K}_a \pm \boldsymbol{K}_b) \cdot \boldsymbol{p}(X,Y) - (\omega_a \pm \omega_b)t]}$$

下标 b 可以用 a 表示，反之亦然，即公式下标由 a、b 变为 a、a 或 b、b 时分别得到与自相互作用 aa 和 bb 相关的指数函数，在单频基波的特殊情况下，公式分别得到的是二次谐波和准静态脉冲。如图 3.1 所示，基波场 a 和 b 之间的相互作用角为 θ，波 a 在 X 方向。波相互作用的情况分为同向($\theta=0°$)、相向传播($\theta=180°$)和非共线($\theta \neq 0°$ 和 $\theta \neq 180°$)。角度 γ 定义了次级声波场 a 方向上的波矢量。

现仍然需要确定的是传播波是否存在于次级声波频率所需的波数处。遵照 Lima 和 Hamilton[1] 对相互作用问题的求解方法，该方法基于正交模式展开和互易定理[21]。自相互作用问题的解可以由相互作用解外推：

$$\boldsymbol{S}_L(\boldsymbol{H}_{ab}) = \text{Re}\left(\sum_{m=1}^{\infty} A_m(X,Y)\boldsymbol{S}_m \text{e}^{-\text{i}(\omega_a \pm \omega_b)t}\right) \tag{3.22}$$

$$\dot{\boldsymbol{u}}_{ab} = \text{Re}\left(\sum_{m=1}^{\infty} A_m(X,Y)\boldsymbol{V}_m \text{e}^{-\text{i}(\omega_a \pm \omega_b)t}\right) \tag{3.23}$$

其中模式变量与线性弹性相关联：

$$\boldsymbol{S}_m = \frac{\lambda_L}{2}\text{tr}(\boldsymbol{H}_m + \boldsymbol{H}_m^{\text{T}})\boldsymbol{I} + \mu(\boldsymbol{H}_m + \boldsymbol{H}_m^{\text{T}})$$
$$\boldsymbol{V}_m = \dot{\boldsymbol{U}}_m, \quad \boldsymbol{H}_m = \nabla \boldsymbol{U}_m \tag{3.24}$$

应用 Auld 互易定理[21] 得到板平面上的偏微分方程：

$$4\boldsymbol{P}'_{mn} \cdot \boldsymbol{n}_X\left(\frac{\partial}{\partial X} - \text{i}\boldsymbol{K}_n^* \cdot \boldsymbol{n}_X\right)A_m(X,Y) + 4\boldsymbol{P}'_{mn} \cdot \boldsymbol{n}_Y\left(\frac{\partial}{\partial Y} - \text{i}\boldsymbol{K}_n^* \cdot \boldsymbol{n}_Y\right)A_m(X,Y)$$
$$= \left(f_{ab\_n}^{\text{surf}} + f_{ab\_n}^{\text{vol}}\right)\text{e}^{\text{i}(\boldsymbol{K}_a \pm \boldsymbol{K}_b) \cdot \boldsymbol{p}(X,Y)} \tag{3.25}$$

式中,

$$P'_{mn} = -\frac{1}{4}\int_{-h}^{h}\frac{S_m V_n^* + S_n^* V_m}{4}\,\mathrm{d}Z \tag{3.26}$$

$$P_{mn} = P'_{mn}\cdot r_m \tag{3.27}$$

$$f_{ab\_n}^{\mathrm{surf}} = -\frac{1}{2}S_{NL}(H_a,H_b,2)V_n^*\cdot n_Z\Big|_{-h}^{h} \tag{3.28}$$

$$f_{ab\_n}^{\mathrm{vol}} = -\frac{1}{2}\int_{-h}^{h}\mathrm{Div}\big(S_{NL}(H_b,H_b,2)\big)\cdot V_n^*\mathrm{d}Z \tag{3.29}$$

P'_{mn} 为沿板厚积分的 Poynting 矢量,而 P_{mn} 将该矢量投影到次级声波方向。同样,$f_{ab\_n}^{\mathrm{surf}}$ 和 $f_{ab\_n}^{\mathrm{vol}}$ 分别为非线性表面力和体积力。该模式振幅的解为

$$A_m(X,Y)=\frac{f_{ab\_n}^{\mathrm{surf}}+f_{ab\_n}^{\mathrm{vol}}(K_a\pm K_b)\cdot p(X,Y)}{K_a\pm K_b}\mathrm{e}^{\mathrm{i}(K_a\pm K_b)\cdot p(X,Y)},\quad K_n^*=K_a\pm K_b \tag{3.30}$$

$$A_m(X,Y)=\frac{\mathrm{i}\Big[f_{ab\_n}^{\mathrm{surf}}+f_{ab\_n}^{\mathrm{vol}}\Big]}{4P_{mn}\,|K_n^*-(K_a\pm K_b)|}\Big[\mathrm{e}^{\mathrm{i}K_n^*\cdot p(X,Y)}-\mathrm{e}^{\mathrm{i}(K_a\pm K_b)\cdot p(X,Y)}\Big],\quad K_n^*\neq K_a\pm K_b$$

$$\tag{3.31}$$

式 (3.30) 定义了这种相互作用的波在一般情况下的内部共振条件。第一部分表明能量必须传递到次级声波;第二部分表明次级声波幅值随传播距离线性增加。当次级声波矢量是主波矢量的矢量和(或差)时,得到式 (3.30) 的解,这是相位匹配的一般化。文献[1]讨论了振幅随传播距离线性增长的上限。另外,方程 (3.31) 表示与拍现象有关的有界振荡解。Mazilu 等[22]的研究结果已经表明,波矢量求和不适用于衰减波。

　　正交性表明功率转移只发生在 $m=n$ 时,并导致内部共振,因此将用下标 r 表示次级声波场:

$$u_r=\mathrm{Re}\Big(A_r(X,Y)U_r(Z)\mathrm{e}^{-\mathrm{i}(\omega_a\pm\omega_b)t}\Big) \tag{3.32}$$

也可以写为

$$u_r=\mathrm{Re}\Big(M_{ab\_r}\mathrm{Amp}(U_a)\mathrm{Amp}(U_b)\hat{U}_r(Z)[r_r\cdot p(X,Y)]\mathrm{e}^{\mathrm{i}[K_r\cdot p(X,Y)-\omega_r t]}\Big) \tag{3.33}$$

式中,

$$M_{ab\_r} = \frac{f_{ab\_r}^{\text{surf}} + f_{ab\_r}^{\text{vol}}}{4P_{rr}} \frac{\text{Amp}(U_r)}{\text{Amp}(U_a)\text{Amp}(U_b)} \tag{3.34}$$

$$\hat{U}_r(Z) = \frac{U_r(Z)}{\text{Amp}(U_r(Z))} \tag{3.35}$$

$$r_r = \frac{K_a \pm K_b}{|K_a \pm K_b|} \tag{3.36}$$

称 M_{ab_r} 为波相互作用的混合能量，但它也被应用于自相互作用的情况，量化了从基波到次级声波的能量流，并提供了一种比较不同类型波相互作用的简便方法。但是，M_{ab_r} 没有考虑相互作用区的大小，因为波被认为是平面连续波。$\hat{U}_r(Z)$ 是沿厚度的归一化位移剖面；r_r 是次级声波场方向上的单位矢量。

3.3.3　自相互作用

根据板几何形状的对称性进行的奇偶性分析表明，可能无法将能量从规定的基波传递到某种类型的次级声波[9,10]。任何兰姆波或基频 SH 波的二阶自相互作用仅将功率传递给对称模式兰姆波[23]，但三阶相互作用更为复杂，如文献[24]中的表Ⅱ所示。图 3.3 标出了基波为兰姆波和 SH 波时的相位匹配点。这些要点将在后续章节中讨论。下面概述一些通过满足内部共振条件的自相互作用产生的次级声波。需要强调的是，这些并没有涵盖所有的情况。

1. 板中的基频兰姆波

表 3.1 提供了图 3.3（a）所示内部共振点的详细信息。这三点是迄今为止在文献中研究得最多的。共振点 1 和共振点 2 的基波是具有纵波波速的对称模式兰姆波（即 $c_p=c_L$），这些特殊点的面外位移为零，这意味着超声波能量不会泄漏到板表面上任何流体中。所有满足 $c_p=c_L$ 条件的对称模式的兰姆波在沿 fd 轴方向都是等间距的：

$$(fd)_n = \frac{nc_T}{\sqrt{1-(c_T/c_L)^2}}$$

因此，对称模式的频率总是以 2 倍的激发频率存在，而且在 $c_p=c_L$ 处的群速度都是相同的。但是 $c_p=c_L$ 处 S1 和 S2 模式的频散很严重，$c_p=c_L$ 处 S4 模式的频散则相对较低，这意味着 S4 模式的二次谐波几乎不会受到脉冲扩展的影响。由式（3.34）计算得到每个内部共振点的自相互作用混合能量也有报道。显然，最大能量流出现在 S2 模式基波和 S4 模式次级声波上，频率越高，能量流也越高。以计算所得的平面纵波到次级纵波的混合功率作为参考很有帮助。在这种情况下，对于频率为 1MHz 的基波，混合功率为 1.89mm^{-2}，而对于 3.56MHz 频率的基波，其混合功率达 24.6mm^{-2}，这表明了混合功率如何随频率的增加而增加。同样，频率为 3.56MHz、混合功率为 24.6mm^{-2} 的纵波，相当于表 3.1 中的共振点 1，即对于 1mm 厚的板(d=1mm)，具有 15.4mm^{-2} 的混合功率。

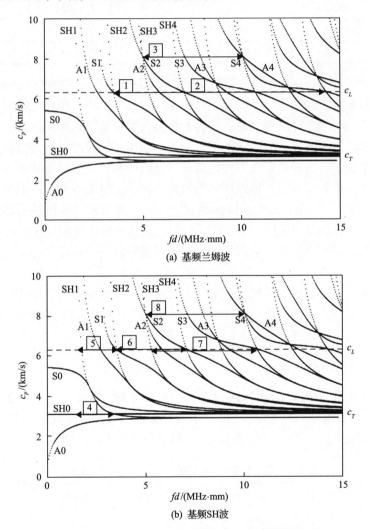

(a) 基频兰姆波

(b) 基频SH波

图 3.3　在铝板上标出内部共振点的频散曲线

　　共振点 3 出现在 S2 和 A2 模式兰姆波的交叉点处，并产生 S4 模式的兰姆波。所有这些模式都是高度频散的，尽管频率相对较高，但其混合功率在表 3.1 中是最低的。此外，共振点 3 的 A2、S2 和 S4 模式的群速度小于许多其他模式，这使得对其信号处理较为复杂。但是，邓明晰等[13]的研究工作表明该次级声波具有积累效应。

表 3.1　铝板中兰姆波基波的内部共振点(图 3.3(a))

共振点	模式对	$fd/(\text{MHz} \cdot \text{mm})$	$c_p/(\text{mm}/\mu\text{s})$	$c_g/(\text{mm}/\mu\text{s})$	M_{aa_r}/mm^{-2}
1	S1-S2	3.56	c_L	4.3-4.3	15.4
2	S2-S4	7.12	c_L	4.3-4.3	59.8
3	S2/A2-S4	−5.0	−8.1	−3.7-1.7	10.2

Müller 等[10]分析了如表 3.1 和图 3.3(a)所示内部共振点的类型。Matlack 等[25]使用内部共振点 1 和 2 进行了实验，其中基波和次级声波的相速度均为 c_L。他们使用水杨醇(水杨酸苯酯)而非凝胶耦合剂将斜入射激励器粘接到板上，以提高那些在板表面没有面外波动的模式的激发能力。使用一层薄油膜将接收斜入射换能器耦合到平板上，因为他们发现使用流体耦合剂的幅值较小但变动也较少。虽然共振点 2 的二倍频振幅随传播距离的增加是共振点 1 的 4.23 倍，但由于在较高频率下模式的多样性，很难激发出纯净的 S2 模式。产生累积二次谐波的基频选择必须考虑内部共振条件以及群速度匹配条件，以便波在传播时相互作用点 3 所示的两个模式交叉处不具备匹配的群速度。在选择换能器时还必须考虑基波的可激发性和波束的扩展性。

严格来说，上述板中兰姆波产生二次谐波并不需要完全满足相位匹配条件，相位近似匹配的波就可以满足条件[26-28]。因此，低频 S0 模式非常有用，因为它几乎是非频散的，这一部分将在 3.6.3 节第一部分探讨。

2. 板内的基频 SH 波

邓明晰在对非线性导波的初步研究中分析了基频 SH 波[5-7]。表 3.2 中的内部共振点 4~8 如图 3.3(b)所示。Liu 等[23]使用磁致伸缩换能器发送 SH3 波、接收 S4 波的方式证明了在内部共振点 8 处 S3 模式的次级声波是具有累积效应的。

表 3.2　铝板中基频 SH 波的内部共振点(图 3.3(b))

共振点	模式对	$fd/(\text{MHz} \cdot \text{mm})$	$c_p/(\text{mm}/\mu\text{s})$	$c_g/(\text{mm}/\mu\text{s})$	M_{aa_r}/mm^{-2}
4	SH0-S0	1.68	c_T	3.1-2.4	4.48
5	SH1-S1	1.78	c_L	1.5-4.3	6.32
6	SH2-S2	3.56	c_L	1.5-4.3	22.15
7	SH3-S3	5.34	c_L	1.5-4.3	56.29
8	SH3-S4	−5.0	−8.1	1.3-1.4	51.43

　　二次谐波的产生具有与一次波完全不同的极性是非线性效应的结果，它与式(3.6)和式(3.9)的位移梯度的耦合有关。文献[23]和[29]中给出了更详细全面的讨论。在这种情况下，SH 波会产生对称的兰姆波。在开发用于测量的接收系统时，必须考虑到极性的差异，特别是在需要同时接收基波和次级声波的情况下。基波和次级声波的极性不同的好处在于，驱动系统(如合成器、放大器、滤波器、换能器、耦合剂)中的非线性不太可能破坏作为测量目标的材料非线性。

　　通常情况下，当基波是脉冲信号时，群速度匹配是通过自相互作用激发强次级声波的一个重要考虑因素。式(3.30)隐含的内共振条件是在假定基波是连续波的情况下导出的。若基波和次级声波是具有不同群速度的有限长波包，则它们可以分离且相互影响。虽然群速度不需要完全匹配，但它们越接近，相互影响的时间就越长。本书建立了一个简单的分析模型，以了解群速度与基波不同的次级声波会发生什么情况[2]。表 3.2 中内部共振点 4 的结果如图 3.4 所示。随着相互作用区

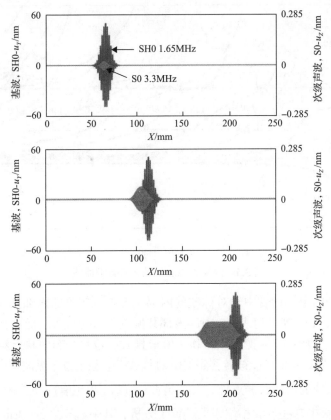

图 3.4　在 1mm 厚的铝板上，内部共振点 4 的基频 SH0 和二倍频 S0 波包在 5μs、20μs 和 50μs 时的成像结果(主脉冲宽度为 27mm，自相互作用开始于 50mm，经 Hasanian 和 Lissenden 许可[2])

域的增大，次级声波的振幅增大。当相互作用区域的大小保持不变时，次级声波的振幅保持不变，但波包的长度增加。此外，次级声波的振幅与主脉冲宽度直接相关。项延训等[30]对表 3.1 中的内部共振点 3（即模式交叉点）使用有限元模拟和实验测量获得了类似的结果。关于群速度的其他讨论可以在参考文献[10]、[11]、[20]和[31]中找到。

3. 管道中的轴对称波

在二次谐波产生中，板的频散曲线与大半径管道中的轴对称波有密切关系[32]。内径为 50mm 的铝管的频散曲线如图 3.5 所示。图中，纵向模式为 L(m,n)，扭转模式为 T(m,n)，其中 m 和 n 分别代表圆周顺序和群组序号。轴对称纵向模式 L$(0,n)$ 与兰姆波相当，而扭转模式 T$(0,n)$ 与 SH 波相当。对模式进行编号时，n 为偶数的模式是准对称的，这意味着位移轮廓接近但实际上不是对称的。

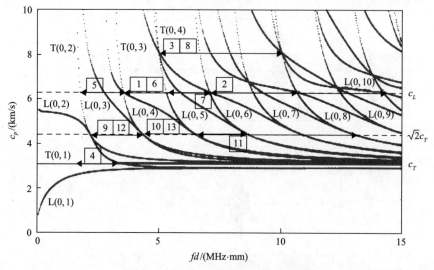

图 3.5　内径为 50mm 的铝管频散曲线

Liu 等[33]确定了钢管中轴对称波的内部共振点。铝管的内部共振点如图 3.5 和表 3.3 所示。Liu 等[33]对表 3.3 中的内部共振点 1、6 和 12 进行了有限元分析以确定它们的积累特性。尽管 L$(0,n)$ 和 T$(0,n)$ 模式的位移分布中缺乏对称性，但是由于轴对称问题，能量只能被转移到 L$(0,n)$ 模式[33]。除了位于纵波速度、横波速度和模式交叉点处的内部共振点外，在兰姆波速 $\sqrt{2}\,c_T$ 处也有内部共振点。Matsuda 和 Biwa[11]对板中这些点的相位匹配进行了分析，其中 $c_p = \sqrt{2}\,c_T$。Liu 等[33]的研究表明能量流相当小，说明这些不是实际所需关注的点。

表 3.3　内径为 50mm 的铝管中轴对称波的内部共振点(图 3.5)

共振点	模式对	$fd/(\text{MHz} \cdot \text{mm})$	$c_p/(\text{mm}/\mu\text{s})$
1	L(0,4)-L(0,6)	3.56	c_L
2	L(0,6)-L(0,10)	7.12	c_L
3	L(0,5)/L(0,6)-L(0,10)	约 5.0	约 8.1
4	T(0,1)-L(0,2)	1.71	c_T
5	T(0,2)-L(0,4)	1.78	c_L
6	T(0,3)-L(0,6)	3.56	c_L
7	T(0,4)-L(0,8)	5.34	c_L
8	T(0,4)-L(0,10)	约 5.0	约 8.1
9	L(0,2)-L(0,3)	2.18	$\sqrt{2}c_T$
10	L(0,3)-L(0,5)	4.37	$\sqrt{2}c_T$
11	L(0,4)-L(0,8)	6.55	$\sqrt{2}c_T$
12	T(0,2)-L(0,3)	2.18	$\sqrt{2}c_T$
13	T(0,3)-L(0,5)	4.37	$\sqrt{2}c_T$

在铝管上进行的实验[34]将在 3.6.3 节介绍,感兴趣的读者请参阅文献[35]和[36]中对非线性弯曲波的分析。最后,与管道中的导波稍有不同的是,文献[37]~[39]介绍了具有任意横截面的波导的分析。

3.3.4　板中的相互作用

考虑产生内部共振波 r 的波 a 和波 b 间的相互作用,称波 a、b 和 r 为波的三元组,并且使用矢量分析来满足相位匹配条件[40]。基于板中兰姆型和 SH 型导波的对称性特征,进行了参数分析,以确定哪些基波不能将能量传递给某些次级声波[2]。将非零能量流传输至特定类型次级声波的相互作用如表 3.4 所示。有趣的是,与共线相互作用相比,非共线导波相互作用的限制性更小。

表 3.4　非零能量流的导波混频模式

波的描述 (对称性-类型)	基波模式	混频波模式	
		任意方向混频	非共线混频
相同-相同	S-S、A-A、SSH-SSH、ASH-ASH	S	S、SSH
不同-相同	S-A、SSH-ASH	A	A、ASH
相同-混合	S-SSH、A-ASH	SSH	SSH、S
不同-混合	S-ASH、A-SSH	ASH	ASH、A

注:S 代表对称兰姆波,A 代表反对称兰姆波,SSH 代表对称 SH 波,ASH 代表反对称 SH 波。

利用波的混频产生波的相互作用是很重要的，其原因至少包括两个：①它为基于材料非线性的测量提供了更广泛的机会；②避免了以激励频率的整数倍进行测量，就如二次谐波的产生一样，其测量系统本身的非线性十分常见。

自相互作用的群速度匹配是脉冲波的相互作用这一更广泛主题中的一个重要问题，这和相互作用（即波混频）区域的尺寸有关。群速度只是决定相互作用区大小的变量之一。其他变量包括相互作用角 θ、脉冲持续时间和频散程度。要将足够的能量传递给次级声波，需要多大的混频区域，这是一个视情况而定的问题，可以使用数值模拟这个有效的工具去解决。下面分别讨论同向、相向传播和非共线相互作用。

1. 同向传播波，$\theta=0°$

同向基波的主要优点是它们可以提供较大的混频区域，因此如果群速度相近，那么可以将大量能量传递给次级声波。然而，情况并非总是如此，例如，当次级声波在与基波相反的方向（$\gamma=180°$）传播时，称为同轴混频。如果基波的激发和次级声波的接收在同一个区域附近是有益的，如探测不可接近的区域，那么这样的设计布局可能是有价值的。同向传播波相互作用的八个波三元组如表 3.5 所示，其中波 a 和波 b 都满足 $\theta=0°$，该表给出了波 a、b 和 r 的波类型和频率。它还提供了混合功率 M_{ab_r}，这是对次级声波的能量流和方向的归一化测量并确定了频率组合是基频的和还是差。每个波三元组满足表 3.4 所示的非零能量流标准。3.6.3节将给出波三元组 1 的实验结果。

表 3.5 在 1mm 铝板同向混频模式

设置	波 a 的模式和频率/MHz	波 b 的模式和频率/MHz	混频 r 的模式和频率/MHz	混合功率 M_{ab_r} /$10^6 m^{-2}$	混频波角度 /(°)	混频
1	SH0, 2.60	SH0, 0.70	S0, 3.30	2.81	0	和频
2	A1, 2.78	S0, 1.10	A0, 1.70	5.11	0	差频
3	A0, 1.46	S0, 1.06	A1, 2.52	4.63	0	和频
4	A1, 3.00	A0, 0.42	S0, 2.66	3.97	0	差频
5	S1, 3.92	A0, 3.00	A0, 0.90	0.91	180	差频
6	S0, 2.24	A0, 1.90	A0, 0.34	2.62	180	差频
7	S1, 3.98	S0, 2.90	S0, 1.08	1.51	180	差频
8	S0, 1.08	SH0, 0.86	SH0, 0.22	2.35	180	差频

在满足放置换能器的几何约束之后，混合功率是一个重要参数，因为它表征了次级声波的能量流。能量流越大，系统对材料非线性越敏感。

同向混频的缺点也可以是自相互作用的缺点，如结果在激励器和传感器之间的整个距离上被取平均。因此,如果材料退化局限于明显小于波传播距离的区域,会造成灵敏度的降低。对局部材料退化的敏感性是反向波相互作用的优势。

Li 等[41]分析了 0.95mm 厚铝板中 A1 模式和 S0 模式的共向相互作用,同时考虑了二阶和三阶相互作用。

2. 相向传播波,$\theta=180°$

基于相向传播基波的波三元组案例如表 3.6 所示,其格式类似于表 3.5。在这些例子中,所确定的波三元组的次级声波与波 a 的方向相同。不难看出,波三元组 1 和 2 是唯一的,这是因为 2.84MHz 次级声波 S1 模式兰姆波的群速度为零(尽管相速度非零)。因此,次级声波是平稳的,可以推测,即使次级声波不传播,它们的振幅也会随着时间的推移而增加。3.6.3 节将给出波三元组 3 的实验结果。基波相向传播,导致混频区域的长度相当有限,除非使用宽带脉冲。然而,如果材料非线性是局部的[40,42],那么这种缺点可以转化为优点。小的混频区域可以为局部材料退化提供良好的分辨率,并且可以通过调整基波相位移动混频区域,从而能够在两个激励器之间对材料进行扫描。

表 3.6　相向传播波在 1mm 铝板中的混频

设置	波 a 的模式和频率/MHz	波 b 的模式和频率/MHz	混频 r 的模式和频率/MHz	混合功率 M_{ab_r} /10^6m^{-2}	混频波角度 /(°)	混频
1	A0, 1.82	A0, 1.02	S1, 2.84	2.31	0	和频
2	SH0, 1.82	SH0, 1.02	S1, 2.84	1.45	0	和频
3	SH0, 1.72	SH0, 0.34	S0, 2.06	2.12	0	和频
4	S0, 1.16	A0, 0.26	A0, 0.90	2.56	0	差频

3. 非共线传播波,$0°\neq\theta\neq180°$

非共线基波以除 0° 和 180° 外的任何相互作用角传播。显然,存在无穷多种选择,这为设计材料退化测试仪器提供了广阔的空间。表 3.7 给出了 $\theta=90°$ 时波相互作用的一些例子。Ishii 等[43]分析了相互作用的角度范围。Ishii 等[44]对两个 A0 波

表 3.7　在 1mm 铝板中非共线混频(基波混频角度为 90°)

设置	波 a 的模式和频率/MHz	波 b 的模式和频率/MHz	混频 r 的模式和频率/MHz	混合功率 M_{ab_r} /10^6m^{-2}	混频波角度 /(°)	混频
1	A0, 1.12	A0, 0.62	SH0, 1.74	1.36	33.2	和频
2	A1, 2.90	A0, 0.90	SH0, 2.00	1.45	−40.1	差频
3	S0, 2.40	S0, 2.40	S1, 4.80	3.60	45	和频

在不同频率下的非共线相互作用进行了有限元模拟，阐述了对称模式兰姆波和 SH 波产生和频次级声波，并分析了脉冲信号和有限宽度波束的影响。

3.4　基波的激励和次级声波的传感

使用非线性导波检测材料退化的第一步是选择相位匹配(或接近相位匹配)并向次级声波提供高能量流的基波，第二步是选择在透射或一发一收法中用于激励和接收的换能器。波结构在很大程度上决定了激励能力，即特定换能器在特定的频率下主要激励出基波模式的效率。同样，对于次级声波的接收也是类似的。

3.4.1　兰姆波的激发

事实上，在所有频率上都存在多个模式的兰姆波，这为处理接收信号等方面带来了巨大的挑战。因此，人们通常优先选择能够激发单个主导模式的技术，通常可以使用斜入射换能器、梳状换能器和相控阵激发特定模式的兰姆波[4]。另外，粘贴在材料表面的压电晶片除采用自然频率调谐方法之外，几乎无法控制产生哪些模式[45]。激励器总是与板的一个表面耦合，少数情况下与板的两个表面耦合。因此，单个激励器很难激励出所需模式和频率下所需的位移剖面。传感器和板之间的耦合剂通常是液体凝胶或黏合剂。凝胶的性质变化(如厚度、黏度)会引起导波信号的变化，尤其是振幅的变化。"可激励性"这一术语可用于量化在给定频率下激励器激发所需模式的效率。

下面为缺乏超声导波经验的读者重点介绍一些常见激励器的要点。通常，斜入射换能器是安装在丙烯酸楔上的活塞式压电接触换能器，如图 3.6 所示。激励特定相速度所需的楔角可由 Snell 定律确定：

$$\frac{c_\omega}{\sin \phi_\omega} = \frac{c_p}{\sin 90°} \Rightarrow c_p = \frac{c_\omega}{\sin \phi_\omega}$$

因此，对于一个斜入射换能器，其在相速度频散曲线上的激励线是一条由斜入射角和楔块内纵波速度决定的水平线。一旦知道换能器的中心频率，就可以读取该频率下所需模式的相速度，然后使用 Snell 定律来确定所需要的楔角。楔块内的相速度必须大于纵波速度。还需要注意的是，若在楔块和板之间使用液体耦合剂，则只有纵波会通过耦合剂传播，这会限制在板表面所在平面内位移分量大的波模式(如 $c_p=c_L$ 时的对称模式)的激发。

图 3.6 具有一定误导性，因为图中表明斜入射换能器可以用来激发单一模式的兰姆波。实际上，由于传感器具有有限尺寸，激发的是一个区域而不是一个点，

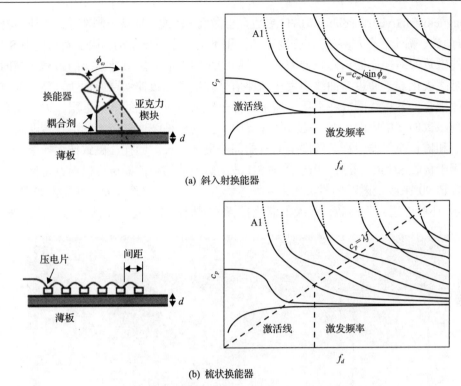

(a) 斜入射换能器

(b) 梳状换能器

图 3.6　斜入射换能器和梳状换能器激发兰姆波的工作原理

这就产生了一个相速度范围。此外，使用脉冲信号将会产生一个频率范围。这些影响称为源的影响，并在文献[4]第 13 章中讨论和量化。

典型的梳状换能器由一系列压电元件组成，这些压电元件之间的中心距固定，称为间距(图 3.6)。一个电信号同时发送到所有元件，所有元件具有相同的极性，因此节距定义了激发的波长。叉指换能器具有极性交替的元件，因此其激活的波长是间距的 2 倍。波传播的基本方程，即 $c_p=\lambda f$，提供了梳状换能器频散曲线上的激活线。梳状换能器可以通过向每个元件提供不同的电输入(即相位延迟和振幅)转换成相控阵。相位延迟可以创建数组函数，使其有不同的间隔。文献[4]中第 19 章对梳状换能器和相控阵激发导波进行了详细的讨论。

管道中的轴对称 $L(0,N)$ 模式可以由围绕管道圆周的斜入射换能器或环状的梳状换能器来激发。在上述所有传感器中，在传感器上加电压，由压电元件将其转换为机械扰动。

3.4.2　SH 波的激发

剪切压电换能器可以在板中产生 SH 波，并且可使用斜入射或梳状换能器内的剪切压电元件实现特定 SH 板波模式的优先激发。然而，磁致伸缩换能器

(magnetostrictive transducer, MST) 更适合于激励 SH 波，且易于制造。磁致伸缩材料（如铁、稀土、高尔芬醇）在交变磁场作用下会产生机械扰动。用于激励板中 SH 波的磁致伸缩换能器由磁致伸缩层和弯曲的线圈组成，磁致伸缩层的磁畴在横向上是磁极化的，通过弯曲线圈发送脉冲信号。板与磁致伸缩层通常通过黏合剂或摩擦耦合，并将线圈放在上层。通常，稀土磁铁被放置在线圈的上层，以磁化和排列磁致伸缩层中的磁畴。磁致伸缩层中产生的机械波通过剪切的形式传递到板中。和梳状换能器一样，线圈中的弯曲部分决定波长。同样，磁致伸缩换能器也可用于接收 SH 波。此外，用于激励 SH 波的磁致伸缩换能器也可以通过将稀土磁体旋转 90° 来改变磁畴的磁极化来激发兰姆波。铝板上的磁致伸缩换能器如图 3.7 所示。还可以通过将磁致伸缩换能器绕在管道圆周以在管道中生成 T(0,1) 模式波。

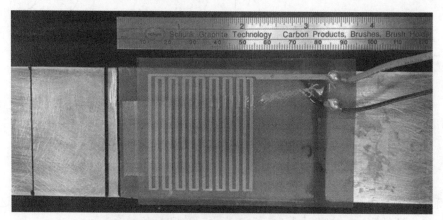

图 3.7　磁致伸缩换能器应用于铝板（厚度为 0.06mm、曲率为 5.4mm 的
金属箔线圈粘接在板上，偏置稀土磁体没有表示出来）

3.4.3　传感

上述用于激发兰姆波和 SH 波的换能器也可以用来接收兰姆波和 SH 波。通常，需要同时测量基波和次级声波以计算出非线性参量，在这种情况下，宽带换能器可以发挥作用。另外，可以使用非接触式空耦换能器和激光干涉仪，而无须担心波场耦合剂的变化或干扰。空耦换能器是为金属和空气之间的声阻抗不匹配而设计的，所以只需保持升程和入射角一致，它就可以提供可重复的结果。Matlack 等[18]回顾了使用空耦换能器的二次谐波测量，并将其用于非线性瑞利波的测量[46]。

激光干涉仪可用于接收非线性超声波[47,48]。Bermes 等[14]使用外差激光干涉仪接收次级兰姆波。许多研究人员已经使用激光干涉仪接收瑞利波。激光干涉仪测量的显著特征是可对平面外位移（或速度）的宽带非接触点测量。上述所有其他传感器可提供在换能器活动部分表面上的平均信号。

聚偏二氟乙烯(polyvinylidene difluoride, PVDF)薄膜是一种电活性聚合物,可制成多功能传感器[49]。PVDF 薄膜具有以下特点:

(1)柔顺性极强,可与曲面粘接;

(2)具有很宽的带宽(如 0.2～3MHz);

(3)容易制成梳状换能器和多元件阵列,使元件之间的串扰最小,从而可以确定波数光谱;

(4)适用于接收兰姆波或同时接收 SH 波和兰姆波[50];

(5)成本效益高。

Li 和 Cho[34]、Cho 等[51]以及 Zhu 等[52]发表了 PVDF 接收非线性导波的情况。

Hong 等[53]已经将黏附在板上的压电晶片用于激励和接收压电信号。需要注意的是,因环状基波的振幅随传播距离而减弱,无指向性的盘状晶片所激励出的环状声波违背了理论公式中的平面波假设。

3.4.4 衍射效应

由换能器产生的超声波束的衍射或扩散取决于换能器的尺寸,极端情况是无限宽声源激励出平面波而点声源激励出环状波。实际中有限几何尺寸的激励器被用于激发所需的导波模式。对于满足内部共振条件的非线性导波,假设这些是平面波并且波导是无损耗的,次级声波的振幅随传播距离而线性增大(见式(3.30))。同样,相对非线性超声参量 β' 也随传播距离的增大而增大。问题在于,该分析是基于基波的振幅保持不变,而不是发生衍射时的情况。因此,为了使用相对非线性超声参量,重点需要在衍射足够小的情况下忽略衍射,否则考虑衍射因素[25],或在没有平面波假设的情况下重新分析问题。

3.5 仪器仪表和信号处理

如前所述,非线性的微弱使得所关心的信号相当小。因此,测量仪器、实验设置和分析技术对于获得有意义的结果至关重要。本节重点介绍非线性导波相关设备和分析技术,其中许多在体波测量中也是通用的,但是由于导波的多模式特性以及不同极性的基波和次级声波,这些技术存在一些重要的区别。

3.5.1 仪器仪表

测试设备对于使用非线性导波对材料进行无损表征至关重要。访问材料的目标信号通过有限振幅波之间的相互作用与弱非线性相关联,且这些目标信号的频率不等于激励信号频率。由于非线性比较微小,目标信号通常比激励信号小 40～

60dB，因此信噪比至关重要。如果增加激励信号的幅度以提高信噪比，那么必须注意不要通过仪器引入畸变。另外，必须产生弹性波且不能引起塑性变形，以满足有限振幅波的需要。

组成非线性导波测量系统的组件如下所述。在许多情况下，使用这些组件的一部分就足够了，当然，在研究中，新的或不同的仪器和方法也在不断开发中，因此，这并不是一份包含所有组件的清单。清单的顺序遵循从产生到存储的信号路径。

1. 大功率信号发生器

大功率信号发生器用于产生电脉冲信号并将其放大到高压。产生窄带长脉冲信号，线性放大以及当大功率信号发生器关闭时脉冲之间没有泄漏，这三点是关键考虑因素。美国 RITEC 公司设计的 SNAP 系统可在 50Ω 负载下提供高达 5kW 的脉冲输出。基于波相互作用的无损检测需要两个激发频率。若相互作用的波是同向的，则可以由一个换能器接收两个频率的波，尽管会发生混频。否则，需要两个通道连接两个不同的激励器。

2. 低通滤波器

模拟大功率低通滤波器可用于过滤大功率信号发生器产生的高次谐波。

3. 阻抗匹配网络

阻抗匹配网络通常由电感器和电容器组成，可用于减少来自激励器的反射波。组件需要与大功率信号兼容。阻抗匹配网络对于压电陶瓷换能器并不常见，但对磁致伸缩换能器非常有益。

4. 激励器

激励器的有源元件将电信号转换为机械扰动，并使其以弹性波的形式传播。传统的压电陶瓷换能器在斜入射换能器或梳状换能器的配置、磁致伸缩换能器和压电晶片在 3.4 节已有介绍。显然，换能器的选择应考虑压电陶瓷的击穿电压。

5. 激励器耦合剂

激发的波必须通过耦合剂传输到测试对象。激励器和测试对象之间的声阻抗匹配是首要考虑因素，但是也应考虑耦合剂的非线性。另外，在激发频率下基波模式的可激发性需要考虑波结构，特别是在激励器耦合表面上的位移分量。最后，不同测试之间耦合剂缺乏重复性可导致测试结果的不可重复性。

6. 测试对象

在实验中，可以设计试件的几何形状，以优化利用换能器、波模式、频率和脉冲波持续时间。通常，需要避免边界反射基波或次级声波造成的干扰。如果激发了多个基波模式，那么它们的波包在接收点不重叠则会比较有利。在进行现场测试时，必须根据测试对象的几何形状选择测试参数。

7. 传感器耦合剂

如果使用空气以外的耦合剂，那么每次测试都必须保持一致。在某些设备中，需要沿着表面扫描传感器以判断次级声波的累积性质或判断局部材料的退化，然后对耦合剂做相应的选择。此外，耦合剂不应使测量中的波场畸变。

8. 传感器

传感器将机械扰动转换为电信号。传感器在 3.4 节已介绍过。传感器的选择应该考虑测试对象区域的大小，是从该区域获得关于波长和局部材料变异性的信号。

9. 匹配网络

类似于用于激发的匹配网络，阻抗匹配网络可以提供更大幅度的电信号。

10. 前置放大器

一旦评估了线性度，便可以使用低噪声、高增益(如 40dB)的前置放大器将电信号放大。

11. 接收器/示波器

最后，电信号被存储或进一步被低噪声接收器/示波器处理。模数转换必须具有高分辨率才能记录弱非线性导波的信号畸变特性。

3.5.2　信号处理

在激励基波信号和接收信号之后执行信号处理。取信号平均值是增加信噪比最简单的方法。在存储时域信号(A 扫描)之前，可以将任一测点下的 32~1000 个信号进行平均[25,54]。

快速傅里叶变换是确定检测信号频谱最常用的方法。但是，只有在导波模式已分离的情况下才能使用快速傅里叶变换，因为不需要的模式会影响结果的有效性。要将感兴趣的导波模式与其他不需要的模式分开，需要选择窗函数的类型和大小。Liu 等[33]研究了不同类型的窗口对频谱的影响，发现相对于其他类型的窗函数，余弦锥度比为 0.9 的 Tukey 窗函数可在基波和次级声波波峰间提供较好的分辨率。无论哪种窗函数，都必须为每组数据提供固定的窗函数大小以使其保持统一性。此外，窗函数大小必须考虑基波和次级声波传播的不同群速度（如果确实不同）。这可能需要对信号进行补零，确保存在足够的数据量，以进行准确的快速傅里叶变换。值得指出的是，存储的波形是以 V 为单位记录的，如果要将其转换为以位移为单位(如 nm)记录，就必须进行系统校准。此外，由于每个类型换能器的激发性和放大率的差异，很难将两种设备的测量结果进行比较。

一些研究人员将传感器接收的信号反馈至两个通道[55]，其中一个通道存储基波信号，在另一个通道中采用前置放大器和高通滤波器以滤除基波信号并保留放大的次级声波信号，然后将其存储。这两种波的信号可在时域或频域中分别进行处理。

导波的多模式特性或具有不同群速度的基波和次级声波可能导致无法将感兴趣的模式从不想要的模式中分离出来，在这种情况下，可以应用短时傅里叶变换(short time Fourier transform, STFT)[15,25]。

反相脉冲技术对于二次谐波的测量非常有用[56]。在发送、接收和存储一个信号后，进行相位反转，再发送、接收和存储新信号。将存储的这两个信号进行简单相加，即可消除奇次谐波(包括基波)，仅留下偶次谐波。原始信号及求和后的信号都可以在频域[56]或时域[57]中处理。

最后，人们研究了利用混沌振荡器从含噪信号中提取微弱的非线性信号的技术[58,59]，读者可以通过引用的参考文献来探讨这种类型的信号处理。下面以连接仪器、信号处理和测量注意事项来结束本节。另外，应当定期拆卸一部分测试装置进行重复测试，以检验非线性测量的可重复性。

3.6　测量注意事项

本节介绍如何将非线性导波用于与材料退化相关的材料非线性的无损表征。如 3.1 节所述，非线性的微弱性意味着次级声波的信噪比相对较低，这意味着测量必须仔细地进行，且要考虑所有其他潜在的非线性源。数值模拟提供了一种在分析中控制非线性源的方法。文献中报道了非线性导波的有限元分析通常包括材料非线性和/或几何非线性，请参阅文献[26]等。这些分析特别排除了与放大器、传感器、耦合剂、滤波器等相关的非线性的影响。但是，非线性导波的最终应用场景还要归结为在实验室和现场进行测量。

3.6.1　测量系统的非线性

当使用非线性导波进行材料的无损表征时，研究人员对所测量的非线性来源非常谨慎。他们必须找到证据证明非线性是来自检测材料，而不是来自其他方面，即测量系统，或者至少他们可以识别与材料有关的非线性变化。评估测量系统非线性的方法之一是将激励器和传感器背对背放置并采集信号。例如，邓明晰等[13]将斜入射换能器的楔块替换为已知具有低材料非线性的玻璃块并进行信号采集。

通过比较从两种材料状态中计算得到的相对非线性超声参量 $\beta' = A_2 / A_1^2$，可以将材料非线性的变化与测量系统的非线性分开。对于每种材料状态，都会进行一系列测量，在这些测量中，激励电压会增加，并且会根据 A_2 随 A_1^2 变化曲线的斜率计算出 β'。假设每次测量时的测量系统状态相同，则系统非线性保持不变。因此，β' 的变化必然归因于材料非线性。Matlack 等[18]更详细地讨论了系统非线性。

对于次级声波的极性与基波不同的情况（即基频 SH 产生 S0 模式次级声波），单胜博等[60]使用凝胶耦合以消除换能器的非线性，因为 S0 模式的次级兰姆波在材料表面具有较大的面外位移，从而导致振动能量泄漏到凝胶中。因此，接收到的信号来源于凝胶以外的材料，并归因于材料的非线性。

可以通过基波的相互作用来产生远离激励频率整数倍的和频及差频信号以避免测量系统的非线性，但是这种方式尚存在一定的争议，因为此时系统非线性可能仍存在。最后，导波（包括瑞利波）相对于体波的优势在于它们传播距离更长，从而更容易量化次级声波的累积性质。累积效应是满足内部共振条件（由式(3.30)可知）的结果。然而，次级声波振幅的线性增加仅限于在无损波导中连续相互作用的平面波，而系统非线性与传播距离无关。通过传感器扫描接收传播不同距离的信号是一种强有力的测量材料非线性的技术。

3.6.2　材料非线性

到目前为止，除了 Landau-Lifshitz 应变能函数（式(3.6)）通过三阶弹性常数 A、B 和 C 表征非线性之外，什么是材料非线性的问题还没有解决。这一公式的前提假设是，波导材料微结构的变化会改变 A、B 和 C 的值，而对线性弹性常数几乎没有影响。非线性导波的诊断能力基于检测非线性参量或相关特征的变化。但是非线性导波的预测能力取决于和当前的材料状态（如位错子结构、连续滑移带、析出相）相关的超声非线性。Matlack 等[18]回顾了这方面的一些研究。最初的建模工作是由 Hikata 及其同事完成的[61]，这里只是简单地介绍一些有影响力和最近的工作[62-67]。

3.6.3　测量材料退化

本节提供了许多示例来说明非线性导波对材料非线性的敏感性，目的是展示已研究的各种方法和各种类型的导波。首先从兰姆波的自相互作用开始，它包括在第一个截止频率以下的内部点 1（S1-S2 模式对）、点 3（S2/A2-S4 模式对）和 S0-S0 模式对，这并不完全满足相位匹配条件。然后进行一组在小直径铝管上的实验。迄今为止，仅进行了几组基于相互作用的实验。最后总结相向传播和同向传播 SH 波的结果，这些 SH 波将产生 S0 模式的次级兰姆波，还介绍 S0 兰姆波的同向混频对局部蠕变退化的影响。

1.　自相互作用：兰姆波

Pruell 等[16]使用 S1-S2 模式对 1.6mm 厚 1100-H14 铝板进行了低周疲劳损伤评估，表明超声非线性随着疲劳循环的增加而降低。Matlack 等[25]展示了 S1 模式兰姆波的自相互作用（表 3.1 中的内部共振点）产生 S2 模式兰姆波的累积过程。他们在没有损坏的 1.6mm 厚合金 Al 6061-T6 板上使用了斜入射换能器。给 2.25MHz 窄带压电换能器施加一个 35 周期、660V_{pp}的脉冲信号作为激励，通过 5MHz 窄带换能器接收信号。传感器的带宽很重要，因为如果带宽太窄，基波振幅就会被降低，从而导致人为地引入一个较高的相对非线性超声参量 $\beta' = A_2/A_1^2$。如果仅关注 β' 的变化（如随传播距离或材料状态的变化），那么这是无关紧要的。在长达 420mm 的传播距离上测量到了线性增加的二次谐波。

Metya 等[68]用表 3.1 中的内部共振点 1 评估回火温度对 9Cr-1Mo 钢的影响，使用油性耦合剂把有机玻璃楔块换能器耦合到 2.5mm 厚的钢板上。由 2.25MHz 窄带换能器激发一个 5 周期、2MHz 中心频率的脉冲信号作为激励，并通过 5MHz 宽带换能器接收该激励信号。典型的 A 扫描和短时傅里叶变换结果如图 3.8 所示。图 3.8（b）中的振幅分别是 A_1 和 A_2，用于计算 β'。作者绘制了 600～1200V_{pp}输入电压下的 β'。对于材料非线性，所要绘制的图中的曲线是线性的，因此应避免非线性的输入电压。还表明，在他们想要使用的范围内，即 50～80mm，β' 随着传播距离线性增加。通过对试件进行显微组织分析，讨论了位错的析出相与 β' 变化之间的关系，比较了回火温度范围内的材料硬度参数和 β' 的变化。如图 3.9 所示，硬度和 β' 遵循相同的非单调变化的总体趋势。

非线性导波对与初期或早期材料退化相关的材料非线性十分敏感，使非线性导波技术非常适用于结构健康监测。但是，要想成功应用，测量方案需要包含能够适应在役工况及环境条件的在位传感器。Cho[69]发现 PVDF 梳状换能器在表 3.1 中的内部共振点 1 处功能良好。3.4.3 节讨论了 PVDF 的接收问题，但 3.4.2 节没有讨论激发问题，因为通常认为它是一种弱激励器，对于非线性导波，强烈建议使用有限的振幅。但是，PVDF 的击穿电压很大，因此若电压足够高，则可以激发合理的振幅。需要注意的是，PVDF 的熔点约为 170℃。换能器的制作非常简

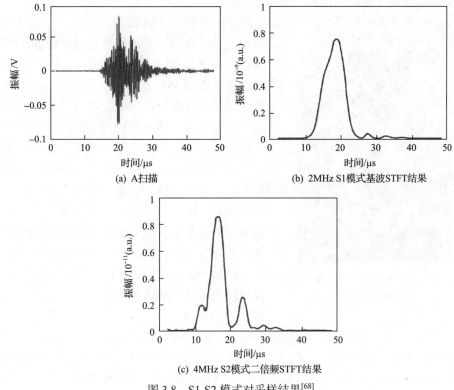

(a) A扫描

(b) 2MHz S1模式基波STFT结果

(c) 4MHz S2模式二倍频STFT结果

图 3.8　S1-S2 模式对采样结果[68]

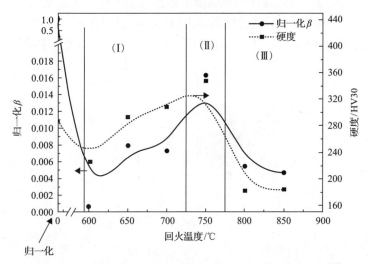

图 3.9　9Cr-1Mo 钢的非线性参量和硬度与回火温度的关系[68]

单：使用氰基丙烯酸酯将 PVDF 薄膜黏合到板上，银电极通过掩膜沉积到 PVDF 薄膜上，然后连接铜引线。五个 41mm×2.7mm、间隔 2.7mm 的电极用于激发，一个 30mm×1mm 的电极用于接收。

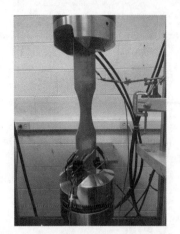

图 3.10　在机械测试台中装有 PVDF
换能器的铝合金[69]

Cho 将 PVDF 换能器以 203mm 的间距安装在 3.2mm 厚的狗骨头型 2024-T3 铝板上，并以 0.011 的疲劳比对该板进行拉伸循环。最大拉伸应力为 308MPa，略高于所列的屈服强度 283MPa。PVDF 薄膜的柔顺性使其能够承受循环载荷，而不会对其自身或接合处造成明显破坏。疲劳测试每 2000 个循环中断一次，在 3MPa 的恒定应力下进行超声探测。在动态机械载荷过程中获得的非线性导波结果已在其他地方报道[70]。超声波探测包括将中心频率为 1.1MHz 的 5 周期 1440V_{pp} 脉冲信号发送到 PVDF 换能器。接收到的信号以 1GHz 的采样频率进行采集，并取 512 个信号的平均值。置于机械测试台中的铝板样本如图 3.10 所示，在试件的狗骨头部分上方和下方的 PVDF 换能器也见图 3.10。

　　图 3.11 为经过 40000 次循环周期后的 A 扫描样本和 A 扫描加窗部分通过快速傅里叶变换得到的频谱。由于 S1 模式兰姆波具有最快的群速度，并且 S2 模式次级声波的群速度与 S1 模式匹配，因此一次快速傅里叶变换就足够了。直到 62530 个循环后试件失效，没有发现明显的疲劳损伤迹象。归一化的基波和次级声波振幅 A_1 和 A_2 以及非线性参量随机械循环次数的变化绘制在图 3.12 中。结果表明，基波振幅保持相对恒定(最终数据点除外)，而次级声波振幅随速率的减小而增加。

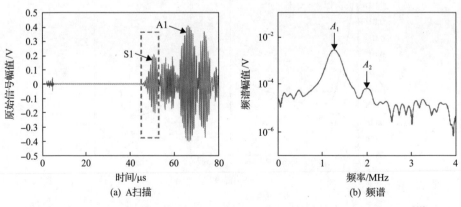

(a) A扫描　　　　　　　　　　　　　(b) 频谱

图 3.11　样本 40000 次循环后的 A 扫描与通过快速傅里叶变换获得的频谱[69]

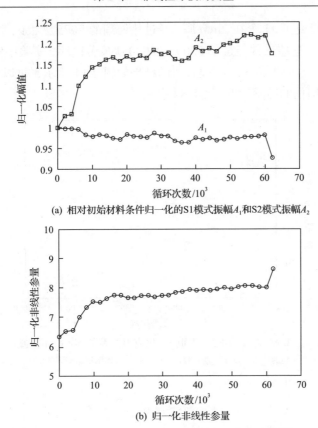

(a) 相对初始材料条件归一化的S1模式振幅A_1和S2模式振幅A_2

(b) 归一化非线性参量

图 3.12　基波和次级声波振幅随疲劳周期的变化[69]

邓明晰和裴俊峰[55]在拉伸疲劳试验中断期间，对模式交叉点(表 5.1 中的内部共振点 3)在 1.85mm 厚的铝板上进行了激励。如前所述，邓明晰等[13]测量了该模式交叉点处的累积次级声波。邓明晰和裴俊峰[55]使用的是内充流体的楔块和直径为 2cm 的传感器。接收到的信号被分开，一个分支被传送到传感器(用于测量基波)，另一分支信号通过高通滤波器和 60dB 的放大器再被传送到接收传感器(用于测量次级声波)。信号处理需要将次级声波的信号变换到频域，绘制频谱振幅的平方随频率变化的曲线，并在频谱中对基波和次级声波之间的成分进行幅值平方后再积分。后者所对应的结果称为应力波因子，为信号频谱提供了一个评价指标。如图 3.13 所示，应力波因子随疲劳循环次数单调减小，这是一异常现象；因为金属疲劳过程包括位错子结构、连续滑移带和微裂纹的形成，这一过程通常会增加材料的非线性，因此机械疲劳损伤通常会增加次级声波的产生。

如 3.3.3 节第一部分末尾所述，相位不一定是完全匹配的，近似匹配就足够了。Zhu 等[71]研究了 11 个在 2mm 厚、经过热处理的 7075 铝板试件中的 300kHz S0 模式兰姆波，这些试件经过了 3000～25000 次疲劳循环。实验中使用了油耦合斜入射换能器。S0-S0 和 S1-S2 模式对的结果如图 3.14 所示，可以观察到 S0-S0 模式对对疲劳损伤的敏感性低于 S1-S2 模式对。

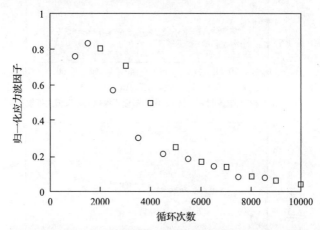

图 3.13　拉伸疲劳循环期间归一化应力波因子(SWF)不断减小
显示的两个实验的数据取自邓明晰和裴俊峰的文献[55]，本图根据知识共享许可重新绘制

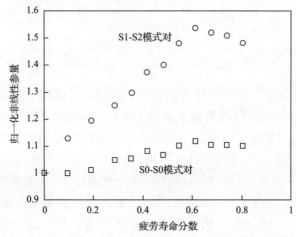

图 3.14　S0-S0 模式对(300kHz 激励)和 S1-S2 模式对(1.81MHz 激励)的归一化非线性参量比较
数据取自 Zhu 等的文献[71]，本图根据知识共享许可重新绘制

2. 自相互作用：管道中的导波

Li 和 Cho[34]指出铝管(外径 10mm、壁厚 3mm)中的热疲劳损伤(从室温到 240℃ 的 5 次和 10 次疲劳循环)与非线性参量存在相关性。作者使用环绕式 PVDF 梳状

换能器发送轴对称的 L(0,6) 基波，然后产生 L(0,10) 次级声波，如表 3.3 所示（尽管半径不同）。次级声波在长达 170mm 的传播距离上呈现出累积效应。尽管对实验细节的描述是有限的，但 β' 与传播距离的关系曲线的斜率随疲劳循环而增大，这表明 L(0,10) 波模式的二次谐波产生对热损伤引起的材料非线性增大很敏感。

管道中的剪切波也已显示出与材料退化相关。在研究中，使用由磁致伸缩换能器在 0.83MHz 处产生的 T(0,1) 模式通过自相互作用产生了 T(0,1) 三次谐波[72]。在这种情况下，研究了内径为 9mm、壁厚为 1.5mm 的铬镍铁合金 617 管道在 850℃ 下由于恒张力和循环剪切的组合载荷而导致的材料退化。三次谐波的归一化非线性参量 A_3/A_1^3 随着损伤分数单调增加。这些管中三次谐波测量使用的是非分散基本 SH0 模式，是板中三次谐波测量的拓展。铝板中三次谐波的产生与塑性变形[54]和疲劳[73]相关。

3. 相互作用：相向传播的 SH0 波

在 7075-O 铝板上，激发出表 3.6 中描述的第三组相向传播 SH0 波，使用斜入射接收器来检测热损伤[40]，使用 PVDF 换能器检测疲劳损伤[51]。在这两组实验中，都采用了减法以尽可能地从相互作用中分离出非线性。所使用的减法基于接收三个连续信号：波 a、波 b、波 a 和波 b。然后，差信号计算为

$$S_{\text{Diff}} = S_{[a+b]} - S_{[a]} - S_{[b]}$$

这种减法基于线性叠加原理，即若信号是线性的，则差为零；但是，若存在相互影响，则它将仅出现在 $S_{[a+b]}$ 信号中，因此减法运算会将其分离出来。此方法类似于针对非线性相控阵成像提出的一种方法[74]。Bruno 等[75]还提出了一种比例减法，如使用两个磁致伸缩换能器分别激励出 1.7MHz 的波 a（向右行进）和 0.31MHz 的波 b（向左行进）。定向接收面外位移分量的 2MHz S0 模式（向右行进）的 2.25MHz 斜入射换能器，接收如图 3.15 所示的信号。由图可知，与噪声相比，差信号相当大。

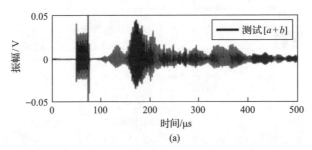

(a)

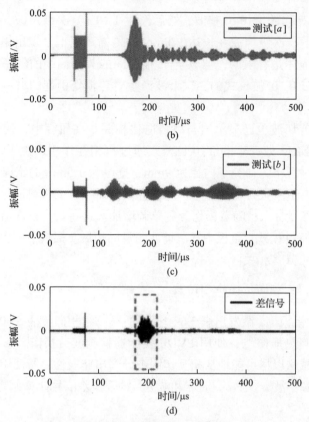

图 3.15　从斜入射换能器接收或计算的信号[40]（磁致伸缩换能器激发的 SH0 波）

图 3.16 给出了测试装置示意图、来自混合区 1 和混合区 2 的差信号的比率以及样本的差信号，可以明显看出局部热损伤（由于温度升高至 327℃）对超声非线性的影响。施加时间延迟以迫使基频 SH0 波在混合区域 1 或混合区域 2 中混合。在混合区域 1 中产生的次级声波必须传播 162mm 才能被斜入射换能器接收，而在混合区域 2 中产生的次级声波到斜入射换能器只需传播 41mm。因此，如果材

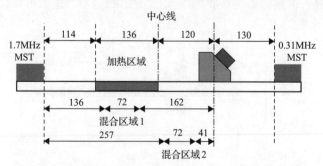

(a) MST、斜入射换能器、混频区域和加热区域的测试装置示意图（单位：mm）

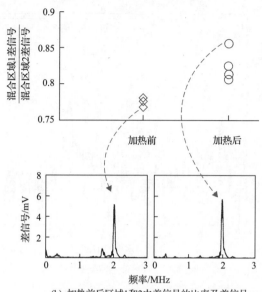

(b) 加热前后区域1和2中差信号的比率及差信号

图 3.16　测试装置示意图、混合区差信号的比率及样本差信号[40]

料的非线性是均匀的，那么由于衰减，从混合区域 1 接收的差信号应小于从混合区域 2 接收的差信号。由于热损伤引起的差信号的增加是明显的。

Cho 等[51]使用了方向为 45°的各向异性 PVDF 薄膜，以便同时接收基频 SH0 波和次级 S0 模式兰姆波，其测试[a+b]的频谱如图 3.17 所示。差信号的频谱绘制在图 3.18 中。将带槽口的 1mm 厚板拉伸至疲劳寿命的 60%，疲劳退化预计会局限在缺口的底部。然后如图 3.19 所示安装换能器，只需交换通电线圈即可切换磁

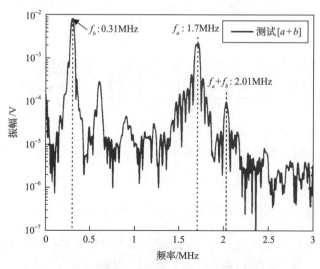

图 3.17　测试[a+b]的频谱[51]

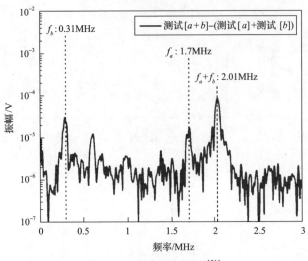

图 3.18　差信号的频谱[51]

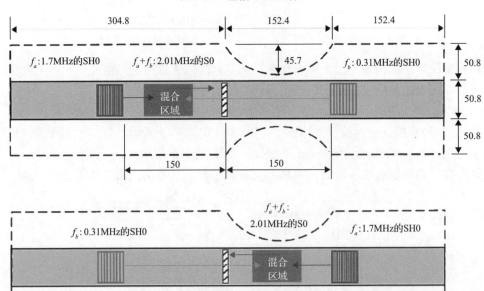

图 3.19　在铝板上相向传播的波相互作用实验示意图[51]（单位：mm）

致伸缩换能器。次级 S0 波在与波 a 相同的方向传播。PVDF 可基于差信号和波 a、波 b 的信号来计算非线性超声参量 $\dfrac{A_{ab}}{A_a A_b}$。将时间延迟应用于发送到磁致伸缩换能器的脉冲信号，以便移动混频区域的位置。非线性超声参量在不同位置的值如图 3.20 所示。在循环加载之前，非线性超声参量是相当均匀的，但是在循环加载之后，其值会在发生疲劳损伤的缺口区域中增加。

4. 相互作用：同向兰姆波

Metya 等[76]研究了同向兰姆波混频以评估 9Cr-1Mo 钢的蠕变退化。使用宽带斜入射换能器在 2mm 厚的平板中激励出 0.43MHz 和 0.71MHz 的 S0 模式双频输入信号，这不是相位匹配的波三元组。群速度的差异使得可以检测局部材料的退化。在板的长度方向上通过施加时间延迟以创建四个不同的有限大小的混频区域。对于每个混频区域，将和频处的频谱振幅随蠕变持续时间/应变作图，如图 3.21 所示。在这些实验中，非线性在约 40%的断裂时间后显著增加，在最终发生断裂的区域最高。

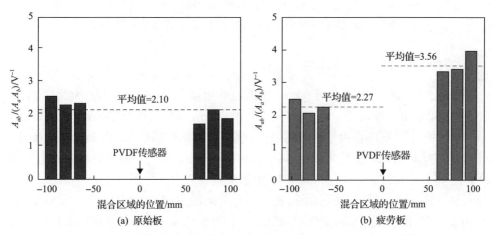

图 3.20　原始板和疲劳板的非线性参量作为板样本中位置的函数[51]

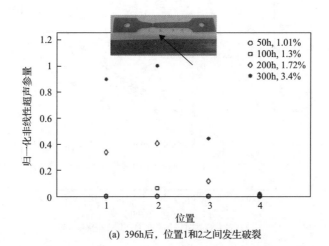

(a) 396h后，位置1和2之间发生破裂

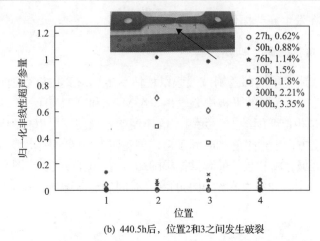

(b) 440.5h后，位置2和3之间发生破裂

图 3.21　中断期间沿蠕变样本在四个位置的总频率处的频谱振幅[76]

5. 相互作用：同向 SH0 波

表 3.5 中的第一组表示两个同向 SH0 波的相互作用在总频厚积 3.34MHz·mm 下产生 S0 模式。实际上，$[f_a+f_b]d=3.34$MHz·mm 的任何组合都满足相位匹配条件。单胜博等[60]发现 f_a 和 f_b 的值越接近，次级声波的振幅越大。用 Landau-Lifshitz 常数描述的材料状态变化可以和非线性参量与传播距离的关系图的斜率找出对应关系。将一组 3.125mm 厚的 2024-T3 铝板分别在张力下循环至疲劳寿命的 25%、50% 和 75%（图 3.22）。使用两个磁致伸缩换能器激励 0.75MHz 和 0.32MHz 的 SH0 波，使用空耦换能器以和频率接收次级 S0 模式波。电磁超声换能器用于接收

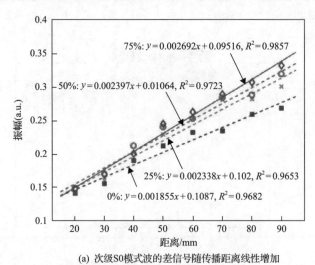

(a) 次级S0模式波的差信号随传播距离线性增加

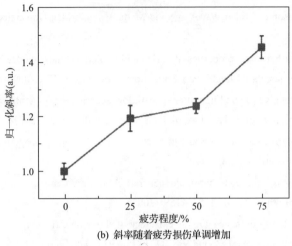

(b) 斜率随着疲劳损伤单调增加

图 3.22　铝板中同向混频的结果[60]

基波。S0 波在传播距离范围内很容易接收到，因为空耦换能器是非接触式的。将减法应用于来自空耦换能器的信号。

在图 3.22(a)中将差信号绘制为传播距离的函数，利用线性回归来确定每个样本的斜率。然后将斜率相对于原始样本进行归一化，并随疲劳程度作图，其结果如图 3.22(b)所示。非线性程度随着疲劳损伤单调增加。在疲劳寿命的前 25%阶段对疲劳损伤的敏感性表明该方法具有很强的应用潜力。这些结果取决于使用凝胶滤波器来减小激励器的非线性。

3.7　结　束　语

本章分析表明，无论是在实验室还是在工业领域，在理解和利用非线性导波进行材料无损表征测试方面都取得了很大进展。但是，要使测量的可行性和可靠性足够达到工业应用的要求，还有很长的路要走。鉴于该领域具有扎实的基础，并且相关研究人员数量在不断增长，可以乐观地认为，在不久的将来就可以实现。

参 考 文 献

[1] W.J.N. de Lima, M.F. Hamilton, Finite-amplitude waves in isotropic elastic plates. J. Sound Vib. 265(4), 819–839 (2003)

[2] M. Hasanian, C.J. Lissenden, Second order ultrasonic guided wave mutual interactions in plate: arbitrary angles, internal resonance, and finite interaction region. J. Appl. Phys. 124(16) (2018)

[3] T. Kundu, Nonlinear Ultrasonic and Vibro-Acoustical Techniques for Nondestructive Evaluation (2018)

[4] J. L. Rose, Ultrasonic Guided Waves in Solid Media. (Cambridge University Press, Cambridge, 2014)

[5] M. Deng, Second-harmonic properties of horizontally polarized shear modes in an isotropic plate. Jpn. J. Appl. Physics, Part 1 Regul. Pap. Short Notes Rev. Pap. 35(7), 4004–4010 (1996)

[6] M. Deng, Cumulative second-harmonic generation accompanying nonlinear shear horizontal mode propagation in a solid plate. J. Appl. Phys. 84(7), 3500–3505 (1998)

[7] M. Deng, Cumulative second-harmonic generation of Lamb-mode propagation in a solid plate. J. Appl. Phys. 85(6), 3051–3058 (1999)

[8] M. Deng, Analysis of second-harmonic generation of Lamb modes using a modal analysis approach. J. Appl. Phys. 94(6), 4152–4159 (2003)

[9] A. Srivastava, F. Lanza di Scalea, On the existence of antisymmetric or symmetric Lamb waves at nonlinear higher harmonics. J. Sound Vib. 323(3–5), 932–943 (2009)

[10] M.F. Müller, J.-Y. Kim, J. Qu, L.J. Jacobs, Characteristics of second harmonic generation of Lamb waves in nonlinear elastic plates. J. Acoust. Soc. Am. 127(4), 2141–2152 (2010)

[11] N. Matsuda, S. Biwa, Phase and group velocity matching for cumulative harmonic generation in Lamb waves phase and group velocity matching for cumulative harmonic generation in Lamb waves. J. Appl. Phys. 109, 094903 (2011)

[12] V. K. Chillara, C. J. Lissenden, Interaction of guided wave modes in isotropic weakly nonlinear elastic plates: higher harmonic generation. J. Appl. Phys. 111(12) (2012)

[13] M. Deng, P. Wang, X. Lv, Experimental verification of cumulative growth effect of second harmonics of Lamb wave propagation in an elastic plate. Appl. Phys. Lett. 86(12), 1–3 (2005)

[14] C. Bermes, J.Y. Kim, J. Qu, L.J. Jacobs, Experimental characterization of material nonlinearity using Lamb waves. Appl. Phys. Lett. 90(2), 1–4 (2007)

[15] C. Pruell, J.Y. Kim, J. Qu, L.J. Jacobs, Evaluation of plasticity driven material damage using Lamb waves. Appl. Phys. Lett. 91(23) (2007)

[16] C. Pruell, J.Y. Kim, J. Qu, L.J. Jacobs, Evaluation of fatigue damage using nonlinear guided waves. Smart Mater. Struct. 18, 035033 (2009)

[17] T.-H. Lee, I.-H. Choi, K.-Y. Jhang, The nonlinearity of guided wave in an elastic plate. Mod. Phys. Lett. B 22(11), 1135–1140 (2008)

[18] K.H. Matlack, J.Y. Kim, L.J. Jacobs, J. Qu, Review of second harmonic generation measurement techniques for material state determination in metals. J. Nondestruct. Eval. 34(1) (2015)

[19] V.K. Chillara, C.J. Lissenden, Review of nonlinear ultrasonic guided wave nondestructive evaluation: theory, numerics, and experiments. Opt. Eng. 55(1) (2016)

[20] W. Bin Li, M.X. Deng, Y.X. Xiang, Review on second-harmonic generation of ultrasonic guided waves in solid media (I): theoretical analyses. Chin. Phys. B 26(11) (2017)

[21] B.A. Auld, Acoustic Fields and Waves in Solids, vol. II（Wiley, 1973）

[22] M. Mazilu, A. Demčenko, R. Wilson, J. Reboud, J.M. Cooper, Breaking the symmetry of momentum conservation using evanescent acoustic fields. Phys. Rev. Lett. 121（24）, 244301（2018）

[23] Y. Liu, V.K. Chillara, C.J. Lissenden, On selection of primary modes for generation of strong internally resonant second harmonics in plate. J. Sound Vib. 332（19）, 4517–4528（2013）

[24] Y. Liu, V.K. Chillara, C.J. Lissenden, J.L. Rose, Third harmonic shear horizontal and Rayleigh Lamb waves in weakly nonlinear plates. J. Appl. Phys. 114（11）（2013）

[25] K.H. Matlack, J.Y. Kim, L.J. Jacobs, J. Qu, Experimental characterization of efficient second harmonic generation of Lamb wave modes in a nonlinear elastic isotropic plate. J. Appl. Phys.109（1）, 1–5（2011）

[26] V.K. Chillara, C.J. Lissenden, Nonlinear guided waves in plates: a numerical perspective. Ultrasonics 54（6）, 1553–1558（2014）

[27] N. Matsuda, S. Biwa, Frequency dependence of second-harmonic generation in Lamb waves. J. Nondestruct. Eval. 33（2）, 169–177（2014）

[28] P. Zuo, Y. Zhou, Z. Fan, Numerical and experimental investigation of nonlinear ultrasonic Lamb waves at low frequency. Appl. Phys. Lett. 109（2）（2016）

[29] V.K. Chillara, C.J. Lissenden, On some aspects of material behavior relating microstructure and ultrasonic higher harmonic generation. Int. J. Eng. Sci. 94, 59–70（2015）

[30] Y. Xiang, W. Zhu, M. Deng, F.Z. Xuan, C.J. Liu, Generation of cumulative second-harmonic ultrasonic guided waves with group velocity mismatching: numerical analysis and experimental validation. Epl 116（3）（2016）

[31] W. Zhu, Y. Xiang, C.J. Liu, M. Deng, F.Z. Xuan, A feasibility study on fatigue damage evaluation using nonlinear Lamb waves with group-velocity mismatching. Ultrasonics 90（June）, 18–22（2018）

[32] V.K. Chillara, C.J. Lissenden, Analysis of second harmonic guided waves in pipes using a large-radius asymptotic approximation for axis-symmetric longitudinal modes. Ultrasonics 53（4）, 862–869（2013）

[33] Y. Liu, E. Khajeh, C.J. Lissenden, J.L. Rose, Interaction of torsional and longitudinal guided waves in weakly nonlinear circular cylinders. J. Acoust. Soc. Am. 133（5）, 2541–2553（2013）

[34] W. Li, Y. Cho, Thermal fatigue damage assessment in an isotropic pipe using nonlinear ultrasonic guided waves. Exp. Mech. 54（8）, 1309–1318（2014）

[35] Y. Liu, C.J. Lissenden, J.L. Rose, Higher order interaction of elastic waves in weakly nonlinear hollow circular cylinders. I. Analytical foundation. J. Appl. Phys. 115（21）（2014）

[36] Y. Liu, E. Khajeh, C.J. Lissenden, J.L. Rose, Higher order interaction of elastic waves in weakly nonlinear hollow circular cylinders. II. Physical interpretation and numerical results. J. Appl. Phys. 115(21)（2014）

[37] W.J.N. de Lima, M.F. Hamilton, Finite amplitude waves in isotropic elastic waveguides with arbitrary constant cross-sectional area. Wave Motion 41(1), 1–11 (2005)

[38] A. Srivastava, I. Bartoli, S. Salamone, F. Lanza di Scalea, Higher harmonic generation in nonlinear waveguides of arbitrary cross-section. J. Acoust. Soc. Am. 127(5), 2790–2796 (2010)

[39] C. Nucera, F. Lanza di Scalea, Higher-harmonic generation analysis in complex waveguides via a nonlinear semianalytical finite element algorithm. Math. Probl. Eng. 2012, 1–16 (2012)

[40] M. Hasanian, C.J. Lissenden, Second order harmonic guided wave mutual interactions in plate: vector analysis, numerical simulation, and experimental results. J. Appl. Phys. 122(8) (2017)

[41] W. Li, M. Deng, N. Hu, Y. Xiang, Theoretical analysis and experimental observation of frequency mixing response of ultrasonic Lamb waves. J. Appl. Phys. 124(4) (2018)

[42] G. Tang, M. Liu, L.J. Jacobs, J. Qu, Detecting localized plastic strain by a scanning collinear wave mixing method. J. Nondestruct. Eval. 33(2), 196–204 (2014)

[43] Y. Ishii, S. Biwa, T. Adachi, Non-collinear interaction of guided elastic waves in an isotropic plate. J. Sound Vib. 419, 390–404 (2018)

[44] Y. Ishii, K. Hiraoka, T. Adachi, Finite-element analysis of non-collinear mixing of two lowest?order antisymmetric Rayleigh-Lamb waves. J. Acoust. Soc. Am. 144(1), 53–68 (2018)

[45] V. Giurgiutiu, Structural Health Monitoring with piezoelectric wafer active sensors. (Elsevier, 2008)

[46] S. Thiele, J.Y. Kim, J. Qu, L.J. Jacobs, Air-coupled detection of nonlinear Rayleigh surface waves to assess material nonlinearity. Ultrasonics 54(6), 1470–1475 (2014)

[47] A. Moreau, Detection of acoustic second harmonics in solids using a heterodyne laser interferometer. J. Acoust. Soc. Am. 98(5), 2745–2752 (1995)

[48] D.C. Hurley, C.M. Fortunko, Determination of the nonlinear ultrasonic parameter β using a Michelson interferometer. Meas. Sci. Technol. 8(6), 634–642 (1997)

[49] B. Ren, C.J. Lissenden, PVDF multielement Lamb wave sensor for structural health monitoring. IEEE Trans. Ultrason. Ferroelectr. Freq. Control 63(1)', 178–185 (2016)

[50] B. Ren, H. Cho, C.J. Lissenden, A guided wave sensor enabling simultaneous wavenumber frequency analysis for both Lamb and shear-horizontal waves. Sensors (Switzerland) 17(3) (2017)

[51] H. Cho, M. Hasanian, S. Shan, C.J. Lissenden, Nonlinear guided wave technique for localized damage detection in plates with surface-bonded sensors to receive Lamb waves generated by

shear-horizontal wave mixing. NDT E Int. 102, 35–46（2019）

[52] Y. Zhu, X. Zeng, M. Deng, K. Han, D. Gao, Detection of nonlinear Lamb wave using a PVDF Comb transducer. NDT E Int. 93, 110–116（2018）

[53] M. Hong, Z. Su, Q. Wang, L. Cheng, X. Qing, Modeling nonlinearities of ultrasonic waves for fatigue damage characterization: theory, simulation, and experimental validation. Ultrasonics 54(3), 770–778（2014）

[54] C.J. Lissenden, Y. Liu, G.W. Choi, X. Yao, Effect of localized microstructure evolution on higher harmonic generation of guided waves. J. Nondestruct. Eval. 33(2), 178–186（2014）

[55] M. Deng, J. Pei, Assessment of accumulated fatigue damage in solid plates using nonlinear Lamb wave approach. Appl. Phys. Lett. 90(12), 1–4（2007）

[56] J.-Y. Kim, L.J. Jacobs, J. Qu, J.W. Littles, Experimental characterization of fatigue damage in a nickel-base superalloy using nonlinear ultrasonic waves. J. Acoust. Soc. Am. 120(3), 1266–1273（2006）

[57] S. Shan, L. Cheng, P. Li, Adhesive nonlinearity in Lamb-wave-based structural health monitoring systems. Smart Mater. Struct. 26(2), 1–17（2017）

[58] X. Liu et al., Detection of micro-cracks using nonlinear Lamb waves based on the Duffing-Holmes system. J. Sound Vib. 405, 175–186（2017）

[59] X. Liu et al., Locating and imaging contact delamination based on chaotic detection of nonlinear Lamb waves. Mech. Syst. Signal Process. 109, 58–73（2018）

[60] S. Shan, M. Hasanian, H. Cho, C.J. Lissenden, L. Cheng, New nonlinear ultrasonic method for material characterization: codirectional shear horizontal guided wave mixing in plate. Ultrasonics 96, 64–74（2019）

[61] A. Hikata, B.B. Chick, C. Elbaum, Dislocation contribution to the second harmonic generation of ultrasonic waves. J. Appl. Phys. 36(1), 229–236（1965）

[62] J.H. Cantrell, Fundamentals and applications of nonlinear ultrasonic nondestructive evaluation, in Ultrasonic Nondestructive Evaluation, ed. by T. Kundu（Boca Raton: CRC Press, 2004）, pp. 363–434

[63] W.D. Cash, W. Cai, Dislocation contribution to acoustic nonlinearity: the effect of orientation-dependent line energy. J. Appl. Phys. 109(1)（2011）

[64] W.D. Cash, W. Cai, Contribution of dislocation dipole structures to the acoustic nonlinearity. J. Appl. Phys. 111(7)（2012）

[65] J. Zhang, F.Z. Xuan, A general model for dislocation contribution to acoustic nonlinearity. Europhys. Lett. 105, 54005（2014）

[66] X. Gao, J. Qu, Acoustic nonlinearity parameter induced by extended dislocations. J. Appl. Phys. 124, 125102（2018）

[67] X. Gao, J. Qu, Contribution of dislocation pileups to acoustic nonlinearity parameter. J. Appl. Phys. 125, 215104 (2019)

[68] A.K. Metya, M. Ghosh, N. Parida, K. Balasubramaniam, Effect of tempering temperatures on nonlinear Lamb wave signal of modified 9Cr-1Mo steel. Mater. Charact. 107, 14–22 (2015)

[69] H. Cho, Toward Robust SHM and NDE of plate-like structures using nonlinear guided wave features. The Pennsylvania State University, 2017

[70] V. Chillara, H. Cho, M. Hasanian, C. Lissenden, Effect of load and temperature changes on nonlinear ultrasonic measurements: implications for SHM. Struct. Health Monit. 2015, 783–790 (2015)

[71] W. Zhu, Y. Xiang, C. Liu, M. Deng, C. Ma, F. Xuan, Fatigue damage evaluation using nonlinear Lamb waves with quasi phase-velocity matching at low frequency. Mater. (Basel) 11(10), 1920 (2018)

[72] G. Choi, Y. Liu, C.J. Lissenden, Nonlinear guided waves for monitoring microstructural changes in metal structures, in Proceedings of the ASME 2015 Pressure Vessels and Piping Conference, 2015, pp. PVP2015–45292

[73] C.J. Lissenden, Y. Liu, J.L. Rose, Use of non-linear ultrasonic guided waves for early damage detection. Insight Non-Destructive Test. Cond. Monit. 57(4), 206–211 (2015)

[74] J.N. Potter, A.J. Croxford, P.D. Wilcox, Nonlinear ultrasonic phased array imaging. Phys. Rev. Lett. 113(14), 1–5 (2014)

[75] C.L.E. Bruno, A.S. Gliozzi, M. Scalerandi, P. Antonaci, Analysis of elastic nonlinearity using the scaling subtraction method. Phys. Rev. B Condens. Matter Mater. Phys. 79(6), 1–13 (2009)

[76] A.K. Metya, S. Tarafder, K. Balasubramaniam, Nonlinear Lamb wave mixing for assessing localized deformation during creep. NDT E Int. 98(April), 89–94 (2018)

符号说明

I	二阶单位张量	P	第一类 Piola-Kirchhoff 应力
tr(·)	张量的迹	S	第二类 Piola-Kirchhoff 应力
Re(·)	复数解的实部	n	单位外法向量
u	位移矢量	ρ	质量密度
$U(Z)$	沿板厚度方向的位移分布(即波结构)	λ_L、μ	拉梅常数
		A、B、C	Landau-Lifshitz 三阶弹性常数
H	位移梯度张量	$\beta' = A_2/A_1^2$	相对非线性超声参量,其中 A_1
E	拉格朗日应变张量		和 A_2 分别是基波和二次谐波的
T	柯西应力张量		幅值

W	应变能函数	θ	两列基波的相互作用角
h	半板厚	γ	次级声波场 a 方向上的波矢量
d	板厚	ω	角频率
λ	波长	f	频率(Hz)
k	波数	c_L、c_T	纵波速度、横波速度
$\boldsymbol{K}$	波矢量	c_p、c_g	相速度(单个波的速度)、群速度
$\boldsymbol{p}$	位置矢量		(一组相似频率波的速度,即波
M_{ab_r}	基波 a 和 b 相互作用形成 r 模式		包传播的速度)
	的混合能量	V_{pp}	电压峰峰值

第二部分
与接触声非线性相关的
非线性超声特性检测

第4章 非线性声学测量在无损评价中的应用：波与振动

工业技术中广泛应用于无损评价(NDE)的声学仪器大多数基于材料的线性弹性响应。非线性超声 NDE 方法关注材料的非线性响应，非线性响应与输入信号的频率变化有内在联系，是一种监测材料性能退化和损伤诊断的新技术。目前，其应用领域包括非线性波动和非线性振动两种模式。前者建立在假设的基础上，适用于分布式材料非线性的案例研究。它利用的是非线性响应沿传播距离的累积效应，并依赖于高次谐波信号。平面缺陷中非键合界面的强非线性响应会引入缺陷区域的局部非线性，导致该区域振动非线性增强。局部缺陷共振(local defect resonance, LDR)的概念及其自身的非线性将材料内部具有非线性的部分视为非线性振荡器，并在非线性振动现象中带来不一样的动态和频率特性。LDR 引起的非线性会产生一种缺陷选择性非线性，为有效甚至非接触式的非线性损伤诊断成像提供了条件。

4.1 引　　言

工业技术中广泛应用于 NDE 和质量评定的声学仪器大多数基于材料的线性弹性响应，其通常会引起输入信号的幅值和相位的变化。非线性超声 NDE 方法利用的是材料的非线性响应，它与输入信号的频率变化存在内在联系。经典的固体非线性声学体系建立于 20 世纪 60～70 年代[1,2]，主要研究非线性与晶格非谐性相关的均匀(几乎无缺陷)材料，并揭示了分子内作用力的非线性行为。在宏观尺度上，非线性材料的动态刚度是应变的函数，它引起波速的局部变化，从而导致波形畸变和高次谐波(higher harmonic, HH)的产生。然而，测量结果表明，在几乎均匀且无缺陷的材料中，即使在约 10^{-4} 的高声应变下，非线性引起的刚度变化也小于 10^{-3}。因此，只有当非线性波动的响应沿传播距离累积(波动分布非线性)时，才产生显著的非线性效应。而且，在实际应用中，只有二次谐波和三次谐波信号(比较少见)才能用于材料表征和 NDE。

然而，在起初的实验研究中就发现存在缺陷的材料中非线性大大增加：在由施加的机械应力产生位错的高纯度单晶铝中测量到的二次谐波信号显著增强[3]。进一步的研究证实，内部边界对疲劳材料中位错[4]和合金中基体-析出相界面[5]的声非线性增加有重要作用。

在此基础上，研究者进行了大量研究，确定了界面非线性的机理和特征[6]。实验表明，由于特定的接触声非线性(contact acoustic nonlinearity, CAN)[7,8]，表面波和体波在非黏合接触的非线性显著增加。CAN 是一个局部振动非线性的例子，这是由界面振动(或裂纹缺陷)对法向("拍击")和切向(微滑移)振动的约束引起的。CAN 区域外的完整材料可以看成声波的线性载体，而非线性仅表现为局部缺陷振动。

进一步发展的局部非线性与局部缺陷共振(LDR)有关[9-11]，它大幅度提高了声波激活损伤的效率并且对超声检测和损伤成像的发展和应用起到了极大的促进作用[12-19]。激励波与缺陷固有频率匹配，并导致驻波在相对较小的激励幅值下选择性地在损伤区域产生共振放大，因此产生 LDR。LDR 方法用于非线性声学的优点主要是：即使在中等声激励水平下，在损伤区域局部产生的高幅值振动也能表现出明显的非线性。与 LDR 结合的 CAN 还可以将材料包含的非线性部分识别为非线性振荡器，并在非线性现象中产生不同性质的动态和频率特性[20]。

与基于非线性波传播的传统非线性检测不同，基于 LDR-CAN 的方法研究非线性非均匀材料中特定区域的非线性振动效应。两种非线性方法(非线性波动和振动)都可以通过多种类型的声波来激励(或产生)：体试件中的体波和/或表面波及板状试件中的导波。本章介绍这两种方法的基本原理和特性，并着重介绍多种声波的表征和非线性 NDE 应用的实验方法。

4.2　非线性声学的基本原理：纵波中高次谐波的产生

在各向同性固体中，有限幅值纵波的运动方程为[21]

$$\rho \frac{\partial^2 u}{\partial t^2} = \frac{\partial \sigma}{\partial x} \tag{4.1}$$

式中，u 为沿 X 传播方向的位移分量；ρ 为未形变材料的密度；(工程)应力 σ 为单位体积形变势能 U 对线性应变($\varepsilon = \partial u / \partial x$)的导数：

$$\sigma = \frac{\partial U}{\partial \varepsilon} \tag{4.2}$$

在 $U(\varepsilon)$ 展开式中保留高阶项(直到四阶 ε)得到非线性应力-应变关系：

$$\sigma = \beta_1 \left(\varepsilon - \frac{\beta_2}{2} \varepsilon^2 - \frac{\beta_3}{3} \varepsilon^3 \right) \tag{4.3}$$

式中，$\beta_1 = \lambda + 2\mu$ 为纵波的线性弹性常数（λ、μ 为拉梅常数）；$\beta_2 = -\left(3 + \dfrac{2A + 6B + 2C}{\beta_1}\right)$

包含三阶弹性常数；$\beta_3 = -\left[\dfrac{3}{2} + \dfrac{6A + 18B + 6C + 12(D + G + H + J)}{\beta_1}\right]$ 包含四阶弹性

常数。

将式(4.3)代入式(4.1)，可得非线性纵波的运动方程：

$$\frac{\partial^2 u}{\partial t^2} = c_0^2 \left[1 - \beta_2 \frac{\partial u}{\partial x} - \beta_3 \left(\frac{\partial u}{\partial x}\right)^2\right] \frac{\partial^2 u}{\partial x^2} \tag{4.4}$$

式中，$c_0^2 = \beta_1/\rho$ 为线波速的平方。

由式(4.3)和式(4.4)可知，在非线性材料中，刚度取决于波幅，而刚度调制的深度 $\sum\limits_n \beta_n \varepsilon^n$ 描述了非线性材料特性的总体特征。

基于扰动理论给出非线性方程(4.4)的解为 $u = u_\omega + u_{2\omega} + u_{3\omega}$，其中，高次谐波的幅值与基波的幅值 $u_\omega \sin(\omega t - kx)$ 相比很小。下面的非齐次近似方程给出了二次和三次谐波幅值的关系（参考文献[22]～[24]）：

$$u_{2\omega} = \frac{\beta_2}{8} k^2 u_\omega^2 x \tag{4.5}$$

$$u_{3\omega} = \frac{\beta_2^2 k^4 u_\omega^3 x^2}{32} \left[1 + \frac{16}{9k^2 x^2}\left(1 - \frac{\beta_3}{\beta_3}\right)^2\right]^{1/2} \tag{4.6}$$

式(4.5)和式(4.6)清楚地说明了高次谐波 $u_{2\omega}$-u_ω^2 和 $u_{3\omega}$-u_ω^3 的幂指数关系。二次谐波幅值随距离 x 线性增大，且与非线性超声参量 β_2 成正比，非线性超声参量取决于材料的二阶和三阶弹性常数。后者可以确定三阶弹性常数的某种组合[25]。值得注意的是，这里（一般来说在非线性固体声学中）的非线性超声参量 β_2 实际上是由运动方程(4.4)中的二次项与线性项之比引入的。另一种方法[26]源于气体和液体的非线性声学(如文献[27])，并利用非线性应力-应变关系式(4.3)的对应比率得到的 β_2 是固体中的一半，因此式(4.5)中的因子就成了 $\beta_2/4$。

式(4.6)中的三次谐波的响应并不像二次谐波那样简单，其通常取决于 β_2 和 β_3[28]。为此，这里首先以 $1+\eta$ 的形式表示式(4.6)中的开方部分。若 $\eta \ll 1$，则可忽略等式括号中的第二项。式(4.6)简化为

$$u_{3\omega} = \frac{\beta_2^2 k^4 u_\omega^3 x^2}{32} \tag{4.7}$$

在这种情况下，三次谐波仅依赖于 β_2，且是传播距离的二次函数。根据公式可知，它可能发生在离激发源很远的地方（$kx \gg 1$）。在较近的距离且当 $\beta_3 > \beta_2$ 时，式(4.6)中的第二项占主导地位，并且三次谐波完全由 β_3 决定，并随距离线性增加：

$$u_{3\omega} = \frac{\beta_3 k^3 u_\omega^3 x}{24} \tag{4.8}$$

式(4.7)和式(4.8)之间的差别表明三次谐波的两种可能的产生机理：随着距离 x 的增加，四波相互作用 $\omega + \omega + \omega \rightarrow 3\omega$ 变为后面的两种三波相互作用，即 $\omega + \omega \rightarrow 2\omega$ 和 $2\omega + \omega \rightarrow 3\omega$。

随着距离 x 的增加，$u_{3\omega}$ 由式(4.8)变为式(4.7)。假定过渡距离的近似条件为 $\eta \approx 1$，则有

$$16\left(1 - \beta_3 \big/ \beta_2^2\right)^2 \approx 9k^2 x_t^2 \tag{4.9}$$

式(4.9)可以通过测量过渡距离 x_t 估算 β_3/β_2，并将在下面的实验研究中使用。

自 1963 年对二次谐波进行了初次实验研究，到目前已经进行了大量的高次谐波研究[3,29]，大多数研究和应用都与二次谐波有关，文献[30]对此进行了总结。对于主要在非线性频移领域内进行研究的三次谐波实验特性，其受到的关注要少得多[31]。下面介绍一些有关高次谐波特性的实验验证结果，以证实上述关系，并证明用材料非线性超声参量进行无损检测评价的潜力。

高次谐波随距离的增长特性是人们最关心的问题，但其测量方法存在一些问题。在透明材料中，可以使用光学衍射，而在其他情况下，可以使用声表面波（surface acoustic wave, SAW）（在各向同性材料中也称为瑞利波）[32]。在非线性应用中，表面波的主要优点是没有速度的频散（允许非线性随距离累积）和近表面区域的非均匀能量分布所提供的高功率密度。它还允许在表面接触到谐波场，方便实验观察。

在实验中[33]，使用有机玻璃楔块换能器在压电石英试件（160mm×60mm×5mm）的 XY 切口中激励基频为 11MHz 的声表面波。将一个幅值高达 200V 的激励脉冲信号通过楔块施加到 X-切割石英石板材上。为了检测和监测沿声表面波传播路径的二次谐波信号，将叉指换能器（周期约为 140μm 的 Al 阵列，孔径为 8mm）贴在玻璃板的底面，玻璃板直接放在基板表面并可以自由移动。在石英的 XY 面中的声表面波表现出波束转向效应，从而使可移动的接收换能器沿着与 Y 轴成 10° 夹角的群速度路径移动。

图 4.1 为在不同输入电压下，二次谐波换能器(22MHz)的接收信号与距离 x 的关系。在 $x \leqslant 90$mm 时，二次谐波幅值线性增加(非线性累积)，此后由于衰减的影响而饱和。这个非线性特性在图 4.2 中得到了二次谐波的动力学证明：其幅值是基波幅值的二次函数，完全符合式(4.5)。

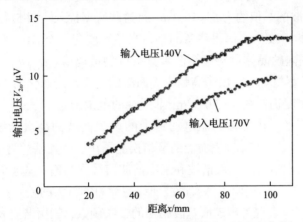

图 4.1　在 XY-石英中的二次谐波输出电压随距离变化

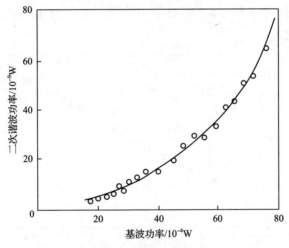

图 4.2　XY-石英中二次谐波信号的动力学响应

为了求得式(4.5)中的非线性超声参量的值，需要得到声表面波的绝对位移。它们可以从输入-输出电信号的测量和计算两个相同换能器将电能和声能相互转化的插入损耗因子 $L_{\text{out}}^{\text{in}} = 10\lg\left(P_{\text{in}}/P_{\text{out}}\right)$ 得到。由于相互作用，该值的一半是声插入损耗因子 $L_{\text{ac}}^{\text{in}} = 10\lg\left(P_{\text{in}}/P_{\text{ac}}\right)$，从而可以估计基波 P_{ac} 的功率流。同理，使用高次谐波频率的插入损耗的一半可以评估其来自电信号输出的声功率：$L_{\text{ac}}^{\text{out}} = 10\lg\left(P_{\text{ac}}^{n\omega}/P_{\text{out}}^{n\omega}\right)$。声表面波的纵向位移(对于任何频率)可以通过下面的关系得到[34]，即 $P_{\text{ac}}^{n\omega} = K(n\omega)WU_{Ln\omega}^2$，其中 W 是声表面波束的孔径，K 是声表面波的功率流常数，最后应用于式(4.5)、式(4.7)和式(4.8)中以估计非线性超声参量。

该方法应用于推导基频及其在 SiO_2 中的二次谐波的纵向位移的绝对值。对于声功率约为 2mW 的声表面波，在图 4.1 中可以看出基波的位移约为 10^{-9}m，并在 10cm 处二次谐波的幅值约为 5×10^{-12}m。将这些数据代入式(4.5)得到 $\beta_2\approx0.8$，这与体波的值基本一致[35]。值得注意的是，当基波应变低至 10^{-5} 左右时，在毫瓦(mW)功率范围内的晶体材料中会产生具有可测量幅值($u_{2\omega}/u_{\omega}\approx0.5\%$)的声表面波二次谐波。尽管如此，由于高频声表面波的近表面局部化的"趋肤效应"，声表面波的功率密度仍在约 $5\times10^3\text{W/m}^2$ 非线性的范围内。

文献[28]研究了在更强的压电材料中的声表面波的高次谐波(包括三次谐波)。贴在基板(YZ-$LiNbO_3$)表面上的叉指换能器用于激发基频为 15MHz 的声表面波并检测其高次谐波。二次谐波和三次谐波信号作为输入基频电压的函数，如图 4.3 所示。对数坐标表明了高次谐波非线性动力学行为的差异：根据式(4.5)和式(4.6)，二次谐波表现为声表面基波幅值的二次函数，三次谐波表现为声表面基波幅值的三次函数。然后，使用上述计算中插入损耗因子的方法来计算声波位移的绝对值，并根据式(4.5)计算非线性超声参量。对于 YZ-$LiNbO_3$，该参量大于石英的参量 $\beta_2\approx4\pm1$。

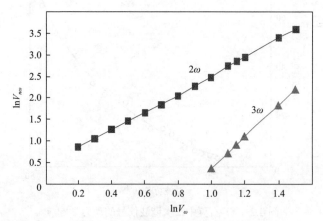

图 4.3　二次、三次谐波作为基频输入电压的函数

为了接收高次谐波信号并检测压电基板中的距离特性，还可以用一种非接触式金属探头来检测由声表面波产生的电场。在实验中，将一块薄钢板(边缘厚度 $d\approx5\mu m$，孔径 1cm)放置在与波前平行的基板表面附近。探头的厚度远远小于 λ，因此它是宽带换能器，可用于研究沿试件长度高次谐波的分布。

二次谐波和三次谐波的结果以对数坐标的形式在图 4.4 和图 4.5 中给出[28]。图 4.4 中的二次谐波曲线的斜率在距离较近(直至约 10mm)时约为 0.9，而在距离较远时约为 2。

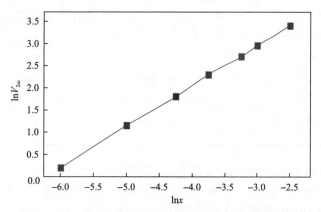

图 4.4　YZ-LiNbO$_3$ 中二次谐波随传播距离的变化

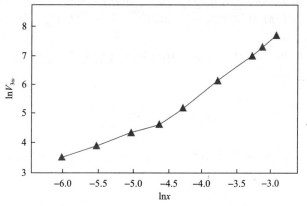

图 4.5　YZ-LiNbO$_3$ 中三次谐波随传播距离的变化

图 4.5 中得到的过渡距离 $x_t \approx$ 10mm 用于式(4.9)以估计材料高阶非线性：$\beta_3 \approx$ 200，$\beta_2^2 \approx 650$。

通过实验得到的 LiNbO$_3$ 的非线性超声参量 β_2 和 β_3 能够估算材料的三阶和四阶弹性常数的组合。通过使用式(4.3)中的值，可以得到三阶常数 $|A + 3B + C| \approx$ 1.3×10^{11} N/m^2 和四阶常数 $|D + G + H + I| \approx 5.5 \times 10^{12}$ N/m^2。因此，非线性弹性常数通常高于传统(线性)材料弹性常数(对于 LiNbO$_3$，$\beta_1 = \rho c_0^2 \approx 5 \times 10^{10}$ N/m^2)。对于三阶非线性常数，其差值在一个数量级内；对于四阶常数，该差值在两个数量级内。这些参数与其他文献中的数据非常吻合[36,37]。

表 4.1 总结了各种晶体材料二次谐波实验的结果。数据证实了"柔软"和"慢

速"材料中的非线性更高这一事实(在文献[35]中也提到过)：$Bi_{12}GeO_{20}$(声表面波速度约为 1.7×10^3m/s)和 α-HJO_3(纵波速度约为 2.5×10^3m/s)中 β_2 较大。

表 4.1　部分晶体材料的非线性超声参量

材料	方向	频率/MHz	非线性超声参量
SiO_2	XY	11	0.8±0.4
$LiNbO_3$	YZ	44	5±2
		15	4±1
$Bi_{12}GeO_{20}$	(001)，[110]	10	6±2
α-HJO_3	(100)，[011]	20	8±3

　　二次谐波幅值与距离的线性关系在基波固定场中(总声功率在毫瓦功率范围内，声强约为 10^{-1}W/cm^2)，依赖的是近似低耗散的材料特性。对于比较高的波强度，二次谐波产生的效率非常高，这对基波有显著的影响。为了研究在这些条件下的非线性，用具有极低声损耗因子 $L_{ac}^{out}\approx4$dB 的叉指换能器在 YZ-$LiNbO_3$ 中激发高强度高频($\omega/(2\pi)$=128MHz)声表面波[38]。总声功率 P_{ac}^{ω} 约为 1W，表层的声强增加到约 10^3W/cm^2。

　　反射模式下的声光拉曼-纳斯衍射用于探测二次谐波场(图 4.6)。高阶衍射最大值的相对强度为[39]

$$I_m/I_0\approx\frac{1}{m!}\left(Df\,P_{ac}^{\omega}\right)^m \tag{4.10}$$

式中，D 为声表面波的能量质量常数，对于 YZ-$LiNbO_3$，D=1.5×10^{-11}c/W。

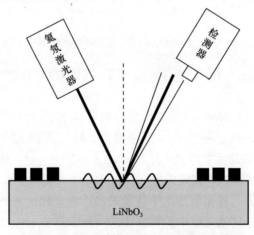

图 4.6　声表面波高次谐波光学检测实验装置

对于所使用的实验条件，根据式(4.10)得基波对二阶衍射的贡献预计为 $I_2/I_1 \approx 10^{-3}$。图 4.7 给出了沿声表面波传播距离的第一、二阶衍射极大值分布。测得的比值 I_2/I_1 高约 2 个数量级，即它完全由二次谐波决定。由式(4.10)，$P_{ac}^{2\omega}/P_{ac}^{\omega} = 2I_{2\omega}/I_{\omega}$，即根据图 4.7，在距激发端 $x = 7\text{mm}$ 处，$P_{ac}^{2\omega} \approx 0.4P_{ac}^{\omega}$。在该距离下，基波表现出与固定场条件下有损耗辐射功率 25%左右的偏差。从图 4.7 可以看出，大约一半的损耗被转入二次谐波。基波的这种非线性损耗会注入二次谐波，其幅值会随着距离而衰减。

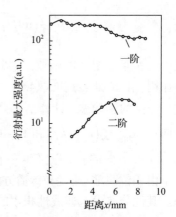

图 4.7 沿声表面波传播距离一阶、二阶衍射极大值分布

4.3 非线性声表面波

4.3.1 非线性声表面波理论

声表面波在非线性应用中的优势已经在 4.2 节中叙述，主要包括能够方便有效地激励、无频散以及高能量密度，所以能在较低输入功率下获得非线性状态。但是，声表面波是由纵波和剪切非均匀波组合成的复杂结构，这使得上面给出的关于纵波非线性的清晰概念变得模糊。在此，声表面波的物理图景与明确的解析描述是为了强调前面的观点[34]。清楚起见，仅考虑二阶近似且材料各向同性的情况，不考虑基波和高次谐波之间的耗散和能量交换。

沿边界自由传播的弹性波(矢状(XZ)-极化)可以看成没有入射波的反射(或透射)波(在各向同性情况下为纵向(L)和横向(T))的组合。如果这个组合的相速度低于材料中的 v_L 和 v_T 速度(瑞利波 $v_R < v_{L,T}$)，则反射角为虚数，波逐渐消失，幅值从表面衰减。"反射"的 L-$\left(U_{L\omega} = \text{div}\bar{U}_R\right)$ 和 T-$\left(U_{T\omega} = \left(\text{rot}\bar{U}_R\right)_y\right)$ 部分波的幅值通过边界条件在自由表面上耦合，从而形成基频(线性)瑞利波的位移模式如下：

$$\bar{U}_R = U_{L\omega}\bar{R}(\omega)\exp\left[i(\omega t - kx)\right] \tag{4.11}$$

式中，复数矢量 $\bar{R}(\omega)$ 的分量表征了根据纵波的幅值定义的与厚度相关的波形[34]。

在微扰方法中，二阶波场的纵波和横波是非齐次运动方程的解：

$$\rho\frac{\partial^2}{\partial t^2}\left(\text{div}\bar{U}_{L2\omega}\right) - (\lambda + 2\mu)\Delta\left(\text{div}\bar{U}_{L2\omega}\right) = \text{div}\bar{F} \tag{4.12}$$

$$\rho \frac{\partial^2}{\partial t^2}\left(\mathrm{rot}\bar{U}_{\mathrm{T}2\omega}\right)_y - \mu\Delta\left(\mathrm{rot}\bar{U}_{\mathrm{T}2\omega}\right)_y = \left(\mathrm{rot}\bar{F}\right)_y \tag{4.13}$$

式中，$\bar{F}$ 是一个二次函数，它考虑了基频分波 $U_{\mathrm{L}\omega}$ 和 $U_{\mathrm{T}\omega}$ 的自相互作用和交叉相互作用。由式 (4.12) 和式 (4.13)，二次谐波场包括自由分波 (齐次方程的解) 和由右侧项产生的驱动波。计算结果[34,40]表明，驱动波场包含由 L_ω-L_ω 相互作用 (沿 $2\bar{k}_{\mathrm{L}}$ 方向)、L_ω-$\mathrm{T}_\omega\left(\bar{k}_{\mathrm{L}}+\bar{k}_{\mathrm{T}}\right)$ 和 T_ω-$\mathrm{T}_\omega\left(2\bar{k}_{\mathrm{T}}\right)$ 产生的三个纵波，如图 4.8 所示，同时沿着 $\bar{k}_{\mathrm{L}}+\bar{k}_{\mathrm{T}}$ 方向的 L_ω-T_ω 产生一个横波。然而，图 4.8 中自由波和驱动波的总和展示了由相位匹配 (速度和传播方向相同) 的自由波和驱动波的叠加引起的唯一共振项。其他分波没有非线性积累的振动模式，对二次谐波场没有显著的贡献。

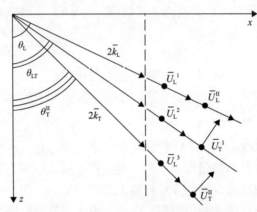

图 4.8　二次谐波 SAW 波场的反射模型

类似于上面考虑的纵波情况，这种"共振"的通解为纵向分波的二次谐波提供了随着距离的增大而增长的条件。根据图 4.8，对于波沿着表面的增长，可以得到

$$U_{\mathrm{L}2\omega} = \left(\beta_2/8\right)xk_{\mathrm{L}}^2 U_{\mathrm{L}\omega}^2 \sin\theta_{\mathrm{L}} \tag{4.14}$$

式中，θ_{L} 是与沿边界的声平面波相位匹配的共振分波 (图 4.8) 的反射角，因此 $\sin\theta_{\mathrm{L}}=v_{\mathrm{L}}/v_{\mathrm{R}}$。

与上述线性情况类似，纵向分波的边界上不能单独存在形变：沿着表面的每个点都会激发横向分波的二次谐波分量以满足边界条件。因此，两者结合形成二次谐波瑞利波的位移模式：

$$\begin{aligned}
\bar{U}_{\mathrm{R}2\omega} &= U_{\mathrm{L}2\omega}\bar{R}(2\omega)\exp\left[2\mathrm{i}(\omega t - kx)\right] \\
&= \left(\beta_2/8\right)\left(v_{\mathrm{L}}/v_{\mathrm{R}}\right)k_{\mathrm{L}}^2 U_{\mathrm{L}\omega}^2 x\bar{R}(2\omega)\exp\left[2\mathrm{i}(\omega t - kx)\right]
\end{aligned} \tag{4.15}$$

根据式 (4.14) 和式 (4.15)，二次谐波由声表面波的纵向分波激发。由于边界上非线性形变的弹性耦合(耦合边界非线性)而产生了互补的横向分波，从而完成了 $\overline{R}(2\omega)$ 的结构。整体非线性的发展类似于均质(体)波的情况：声表面波幅值随距离线性增加，并且是基波幅值和波数的二次形式。但是，声表面波的低速会导致非线性的额外积累，从而使二次谐波幅度增大 (v_L/v_R) 倍。

　　非线性波传播引起的谐波积累导致声表面波畸变并形成类冲击波。上述解仅与波畸变的初始阶段有关，但可以预测稳态非线性波发展的趋势。与体波不同，声表面波非线性畸变是二维的，因此必须使用两分量表示，并将垂直和水平位移的畸变分开。为此，式(4.15)(高次谐波)和式(4.11)(线性)的解写在一起可表示为

$$U_{Rn\omega}^x = U_{Ln\omega} R_{n\omega}^x (n\omega) \exp\left[in(\omega t - kx)\right]$$
$$U_{Rn\omega}^z = U_{Ln\omega} R_{n\omega}^z (n\omega) \exp\left[in(\omega t - kx)\right] \tag{4.16}$$

当 $n=1,2$ 时，非线性不均匀波场模式可以通过式(4.16)的相应分量的总和得到。当 $n=1$ 时，可以使用式(4.11)和式(4.15)；对于 $n=2$，所有线性和非线性超声参量均由实验条件确定。图 4.9 是声表面波波形畸变的例子，其中假定二次谐波的幅值 $U_{Ln\omega}$ 为基波幅度的 30%，并且添加了大约 10% 的三次谐波以消除在非线性声表面波波形中不希望出现的振荡。由此产生的非线性声表面波场表明，声表面波齿形垂直位移轮廓可以产生弱周期性冲击波。

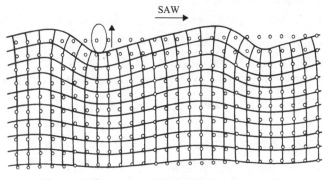

图 4.9　根据式(4.16)计算的非线性声表面波波场

4.3.2　非线性声表面波实验

　　4.2 节研究的声表面波高次谐波是非线性波畸变的隐式证明。但是，首先它们的幅度通常太小而不会引起明显的畸变；其次，需要对高次谐波的相位进行精确测量，以构成频谱测量中的畸变非线性场。

　　为了直接观察非线性声表面波波形畸变[41]，建议使用电动换能器：一个放置在处于磁场 $\overline{B}$ 中基板表面上的窄金属电极(图 4.10)。声表面波引起的电极振动

导致输出电压与换能器的振动速度成比例：

$$V=\left[\,\overline{v}\cdot\overline{B}\,\right]l \tag{4.17}$$

式中，$\overline{v}$ 为振动速度；l 为电极长度。

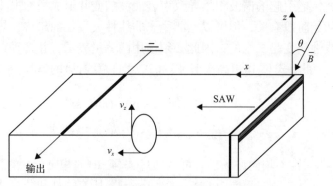

图 4.10　非线性声表面波波形畸变观测装置

当电极宽度 $W\ll\lambda$ 时，它是一种适用于检测含有高次谐波的非线性振动的宽带换能器。通过改变磁场方向，可以分离出振动速度的不同分量。在实验时，$W=50\mu m$，$\lambda=600\mu m$，声表面波频率为 $1/T=5MHz$。宽带接收（带宽为 50MHz，放大 20dB）后，在示波器上观察到了信号。

玻璃试件中的声表面波被边缘换能器激发：粘贴在基板表面上的垂直极化的压电陶瓷板。压电陶瓷板的一侧已全部带有金属电极，而另一侧仅在基板上边缘附近有一条窄的金属电极条（图 4.10）。因此，压电效应的应变仅局限在其近表面区域。高压下（75Ω负载下 150V）长度为 3μs、频率为 5MHz 的脉冲加载到换能器上。考虑到 10dB 的插入损耗，声功率估计为 14W，近表面区域的声强高达 300W/cm^2。

换能器处的声表面波谐波（图 4.11(a)）沿传播路径发生畸变，图 4.11(b)、(c) 是在距离换能器 $x=80mm$ 处测得的波形。图 4.11(b) 对应于垂直 $\overline{B}$ 位置（面内速度分量 v_x 处于激活状态），而在图 4.11(c) 中，$\theta=\pi/2$ 表示了面外速度分量 v_z 的振动模式。如图 4.10 所示，追踪范围内的正相位与速度 $v_x,v_z>0$ 匹配。图 4.11(b)、(c) 中的结果表明，非线性畸变导致在 v_x 方向出现锯齿状波（前缘与后缘之间 $\Delta t\approx0.12T$ 的不对称性），并且在 v_z 方向上产生"倒钟形"波形（正负相之间的持续时间差异约为–0.18T）。后者表明谐波的垂直运动在图 4.9 的锯齿状非线性畸变表面特征上方的短暂"飞溅"处发生变化。

面内分量的畸变（图 4.11(b)）与液体中的非线性波畸变相似，为了量化这个现象，使用文献[1]确定的 v_x 最大值的偏移关系：

$$\Delta x = \frac{\beta_2}{4} Mx \qquad (4.18)$$

式中，$M=v/c_0$ 是马赫数。

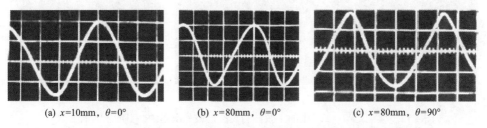

(a) $x=10\text{mm}$, $\theta=0°$　　　　(b) $x=80\text{mm}$, $\theta=0°$　　　　(c) $x=80\text{mm}$, $\theta=90°$

图 4.11　与波源不同距离 x 和磁场取向的非线性声表面波的示波器图像

在实验中，输出电压 $V=1\text{mV}$，$B=8\times10^{-2}\text{T}$，由式(4.17)得 $v_x\approx1\text{m/s}$，$M\approx3\times10^{-4}$。根据图 4.11(b)，$\Delta x/\lambda\approx3.6\times10^{-2}$，由式(4.17)可以得到 $\beta_2\approx3.6$，即其值比类似的晶体材料(SiO_2，表 4.1)稍高。

4.4　非黏合界面的局部非线性

上述得到的结果具有普遍性：通过引入不同阶的晶格缺陷(位错、晶界、微裂纹等)来破坏材料高度有序的微结构会导致其更大的非线性超声参量。非线性的明显增大是因为在存在"软"缺陷时，由声振动引起的刚度调制的深度会增加。对于无损检测评价应用，平面缺陷是尤其重要的，如裂纹、分层、脱胶、冲击和疲劳损伤等。弱黏合界面区域的振动伴随着强烈的局部刚度变化：受压缩时界面的刚度明显高于受拉应力时的刚度。因此，局部刚度调制的深度可能大大超过经典非线性 $\beta_{2\varepsilon}$ 的值，即最大应变下的 $10^{-4}\sim10^{-3}$。与前面考虑的分布式非线性相反，这使得 CAN 成为仅在缺陷区域(缺陷选择性)产生的有效振动非线性。

经过两个光学抛光的金属试件在外部压力挤压下界面之间的低频振动(约300Hz)实验证实了 CAN 的特性[8,42]。实验证明了界面"拍击"和接触振动的阈值畸变之间的相关性，并表明这种相关性伴随有多个高次谐波的产生。CAN 的一个显著特征是与非单调(振荡)谱有关：高次谐波幅度调制与正弦函数相似(图 4.12(a))。从物理上讲，这是由于界面弹性的脉冲调制：驱动振动使得界面由打开到闭合的循环变化导致接触刚度的变化。随着驱动幅值的增加，振动变得不稳定：可观察到多个次谐波产生的级联过程，最终以混沌振动模式结束(图 4.12(b)、(c))。

接触非线性的局域性也体现在声波遇到 CAN 区域时的非线性反射效应。在实验中[43]，玻璃试件中的一个 20MHz 频率的 SV 波以 45° 入射到接触(玻璃-玻璃)界面上(图 4.13)，反射场的频谱通过上述宽带电动换能器进行分析。图 4.14所示的结果显示，随着接触压力的增加，基波反射减小(由于透射增加)，而高次谐波在过渡压力区域达到最大值。它们的幅值仅比基波低一两个数量级，即比在分布式非线性情况下观察到的高得多。

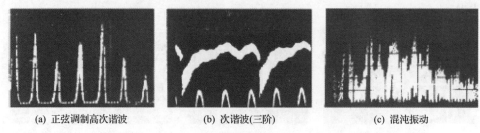

(a) 正弦调制高次谐波　　　　　(b) 次谐波(三阶)　　　　　(c) 混沌振动

图 4.12　模拟 CAN 实验中的正弦调制高次谐波、次谐波(三阶)和混沌振动

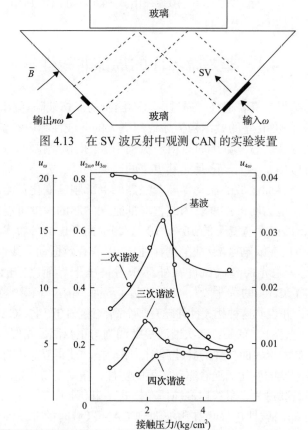

图 4.13　在 SV 波反射中观测 CAN 的实验装置

图 4.14　玻璃-玻璃界面处的高次谐波幅度(10^{-10} m)随接触压力的变化

这种强局部非线性还表现在明显的波形畸变中，且不随距离的增加而累积。

在实验中[44]，使用压电-陶瓷换能器在熔融石英样品（5mm×5mm×47mm）中激发 1.5MHz 的纵波。非线性接触是在试件的抛光表面和由相同材料制成的缓冲之间形成的。为了观察通过接触面传播的声波频谱，使用一个 20MHz 输出换能器，其宽带（平坦）频率响应高达 15MHz。在适当的接触压力下，可以观察到异常强的正弦整流型非线性畸变（图 4.15），这完全符合文献[7]中提出的二极管模型的理论预期。

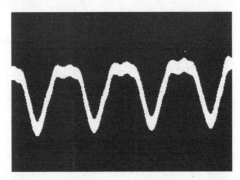

图 4.15　纵波通过接触界面传播的非线性波形畸变

类似地，在声表面波的传播过程中也观察到了强非线性效应，并且可以用经典的非线性超声参量来评估 CAN 效率[45]。基频为 15MHz 的声表面波在经过将光学抛光的玻璃试件压在 LiNbO$_3$-基板上所形成的 5mm CAN 区域传输，并测得其高次谐波的幅值。在最优接触压力（1MPa）下，基波幅值为 $u_\omega = 16\text{Å}$，二次谐波和三次谐波的幅值为 $u_{2\omega} = 1.2\text{Å}$ 和 $u_{3\omega} = 0.32\text{Å}$。使用式（4.5）和式（4.8）计算的非线性超声参量值为 $\beta_2 \approx 100$，$\beta_3 \approx 1.5 \times 10^6$。因此，CAN 表现出异常高的二阶和三阶非线性，尤其是三阶非线性。

由于表面加载仅使波速改变几个百分点，因此人们预计接触区域产生的线性声表面波反射不明显，而 CAN 会产生较大的向后传播（反射）的高次谐波[8]。图 4.16 示出了距 LiNbO$_3$-玻璃接触界面 4mm 区域反射的 15MHz 声表面波结果。与体波情况类似，声表面波谐波在中等接触压力下达到峰值，在这样有效的一个方法中，反射波的非线性频谱发生了反转：$u_{3\omega} > u_{2\omega} > u_\omega$（图 4.16）。这些数据说明了对断裂缺陷进行高度灵敏且选择性的非线性检测的可能性：当线性声学对比度（阻抗不匹配）较低而非线性响应由于 CAN 可能极高的情况下，它尤其有用[46]。

实验还证明了 CAN 与试件共振相结合的非经典特性[44]。实验设置（图 4.17）用幅值高达 20V、频率范围 200～800kHz 的输入 CW-电压在钢谐振器中生成一个较高固有频率的驻波模式。非线性是通过与谐振器相连的玻璃缓冲器的非线性接触引入的。为了调节接触压力（和非线性），将直流偏置电压 V_B 施加到电磁调节线圈上。对于中等接触压力（$V_B \approx 5\text{V}$），类似于上述实验，观察到伴随基波模式损耗的有效高次谐波产生（图 4.18(a)）。对于较弱接触压力（$V_B < 1\text{V}$），振动变得不稳定：随着输入电压的增加，观察到了多个次谐波产生的阈值级联

过程(图 4.18(b))。驱动振动周期 n 倍的周期性连续分叉是非线性系统过渡到混沌振动的主要原因，这也在模拟实验[8]和复合材料的实际断裂缺陷中观察到[47]。

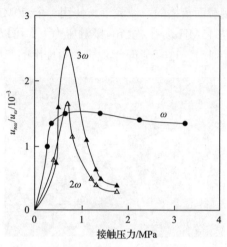

图 4.16　接触界面的反射高次谐波随接触压力的变化

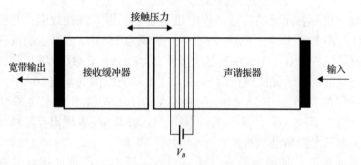

图 4.17　在声谐振器中观察 CAN 效应的装置

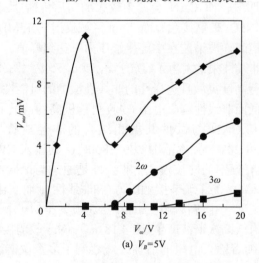

(a) V_B=5V

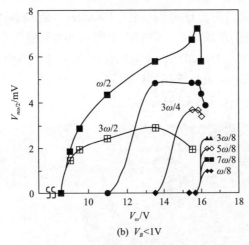

图 4.18　不同接触压力下非线性接触界面声谐振腔的高次谐波
和次谐波幅值随输入电压的变化

4.5　用于监测粘接质量的局部非线性

针对非黏合界面的强非线性，提出了采用非线性方法对不完全粘接接头进行无损检测评价的可行性问题。在这种情况下，黏合材料借助于黏合剂层进行黏合，该黏合剂层在材料和黏合剂之间形成两个完美的界面。此时，接头可以表示为非线性弹簧，其应力-应变响应取决于黏合剂本身的弹性特性以及黏合剂和被黏物之间的薄边界层（微米量级大小）[48]。其非线性响应预期将随着粘接质量的下降而增加，并在缺乏粘接的极端情况下最大化。

在汽车和航空工业的高性能复合材料部件的制造和维护中，连接和加固技术至关重要。在生产和维护/修理过程中，即使是很小的偏差也可能会降低粘接强度，并明显增加接头的非线性响应。监测复合材料层压板中分布式非线性的常规方法是基于传播兰姆波模式的二次谐波测量[49-51]。但是，要得到某一模式兰姆波的累积二次谐波，必须满足两个关键条件：基波和二次谐波模式的相速度必须相等，以及它们之间的能量流必须不为零。由于兰姆波的频散，第一个条件导致要严格选择频率和相位匹配的模式（相关内容可参阅文献[51]）。需要选择精确的实验参数条件致使非线性兰姆波技术几乎不能应用于工业环境（各种叠层、厚度、弯曲的试件等）。相反，基于材料局部振动非线性响应的方法能够识别和评估粘接质量的差异[52]。

4.5.1　方法

该技术基于局部产生高幅值振动并检测激励区域中的高次谐波。通过使用德国 ISI-SYS GmbH 公司制造的压电激励器，可以得到更高的激励幅值，其频率响应范围从低 kHz 扩展到高 kHz 范围(高于 100kHz)。激励器真空连接到试件上,可用于大型航空部件的现场测量。它们由 HP33120A 任意波形发生器产生的连续波电压激励。该发生器与 HVA-B100 放大器连接在一起,可为压电激励器提供 10~40V 的输入幅值。激励器真空连接到试件的一侧, 在试件的另一侧测量在激励区域局部产生的非线性振动(图 4.19)。

图 4.19　碳纤维增强基复合材料(CFRP)试件中的振动激励和检测

　　为了接收和分析在激励区域局部振动的频率成分, 使用以振动速度模式工作的扫描激光测振仪(SLV, Polytec300), 其最大频率带宽为 1.5MHz(图 4.20)。SLV测量的动态范围(100~120dB)远远超出了非线性频率分量的范围。为避免反射对激发区域局部振动产生影响, 样品的边缘覆盖有耗散材料, 并选择较高的振动频率(49kHz)。在不涉及板波传播的中心(源)区域(半径约为 5mm 的圆)中测

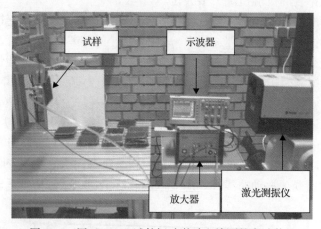

图 4.20　用于 CFRP 试件振动激励和检测的实验装置

量振动的频谱和时间模式。对于 20V 的输入电压，在 49kHz 处测得的振动速度幅值在 130～150mm/s。因此，位移幅度在 $(4～5) \times 10^{-8}$m 的范围内，在激励区域中产生的局部应变为 $10^{-5}～10^{-4}$。这种形变足以表现出复合材料中明显的局部非线性。

利用检测区域所测得的基波振动速度 (v_0) 和高次谐波分量 (v_n) 的值来估计非线性比，即 $N_i = \sum_n v_n^2 / v_0^2$。然后计算检测区域内非线性比的平均值，即 $N = \sum_{i=1}^{m} N_i / m$ （其中 m 为测量次数）并估计结果的标准差 ΔN。在试件中心的不同位置重复测量以使得测量结果相对误差 $\Delta N / N$ 在 10%～20%。

非线性比 N_i 是转化为高次谐波的振动能量的一部分，因此它可以清晰地量化材料的非线性。为了避免幅值依赖效应的影响，换能器的输入电压在测量过程中保持恒定 (20V)。结果表明，所有试件的基频振动幅值基本保持不变，偏差在 10% 以内。

4.5.2　试件

对一组具有不同黏合条件的复合材料试件进行检测，试件 (10cm×10cm) 根据空客批准的复合材料制造标准 (AIPS 03-02-019) 制造，包括两块 8 层 CFRP 层和 Cytec® 环氧树脂黏合层 FM300k。HexcelM21E® 是按照给定的 [0,0,45,−45,−45,45,0,0] 叠层顺序的复合层压板材料。

在结构部件的使用寿命中，有两个典型的阶段会降低粘接接头的粘接性能：生产过程和维护/修理过程。对于生产过程，研究了三种污染物：脱模剂 (release agent, RA)、指纹 (fingerprint, FP) 和水分 (moisture, MO)。对于维修方案，仅使用一种污染物：除冰液 (de-icing fluid, DI)。另外，还研究了可能由黏合过程中的外部影响或错误而导致黏合损耗的其他两个过程：热降解 (thermal degradation, TD) 和不良固化 (faulty curing, FC)。有关试件制备的更多详细信息请参阅文献[52]。

对于两种情况下的每种污染类型，准备了每组污染水平的三个试件集，以进行可靠的统计。与每种情况下的其他三个 (未污染) 参考试件 (修复场景中参考试件 (reference repair, REFR) 和生产场景中参考试件 (reference production, REFP)) 一起，要测试的试件总数为 60 个。

4.5.3　测量结果

在图 4.21～图 4.28 中绘制了测量结果，表示跟踪特定试件号 (-1,-2,-3) 受到不同污染程度 (污染后标记数字 (1,2,3)) 的影响。根据图 4.21 和图 4.22，参考试件 (没有黏附层的污染) 表明 N 的最小值约为 3 ($\times 10^{-3}$，下同)。对于每种类型的破坏(图 4.23～图 4.28)，N 值会随着污染程度的变化而显著变化，这表明它对黏合剂与被黏物之间薄边界层变化的敏感性。

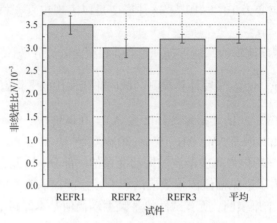

图 4.21　修复场景中参考试件的非线性比

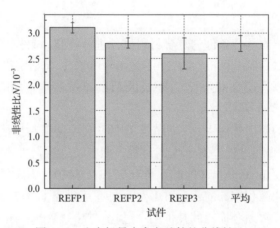

图 4.22　生产场景中参考试件的非线性比

在 TD3-2 试件中得到最大非线性比 N(N=50±6，在图 4.23 的标度之外)。在该试件中，发现 N_i 值取决于测量点的位置。上述现象和异常高的 N 值表明试件中存在由 TD 引起的分层。

对于污染类型 TD、RA、DI、FP 和 FC，材料的非线性随污染程度的加深而上升(图 4.23～图 4.27)。由于非线性会因为材料的弱化而增强，N 的增加表明粘接性能下降。从这个角度来看，粘接强度下降的最大值是由 3 级 TD 污染引起的。MO 情况(图 4.28)不是很有说服力：除了 MO1-1 样品的突变，非线性没有明显变化，因此所有污染程度的平均 N 近似为 5。

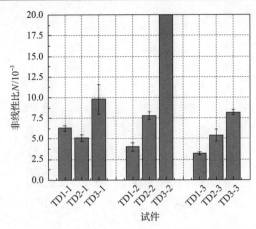

图 4.23　三个样品(-1,-2,-3)的非线性比随 TD 污染水平的变化

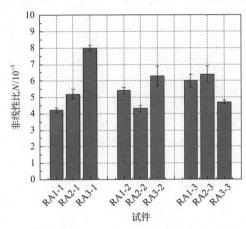

图 4.24　三个样品(-1,-2,-3)的非线性比随 RA 污染水平的变化

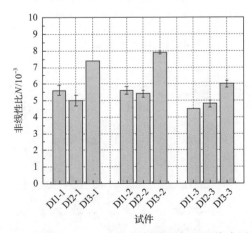

图 4.25　三个样品(-1,-2,-3)的非线性比随 DI 污染水平的变化

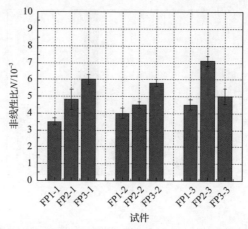

图 4.26　三个样品(-1,-2,-3)的非线性比随 FP 污染水平的变化

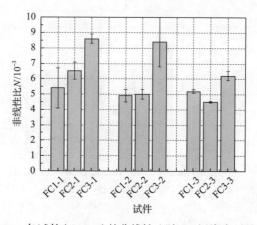

图 4.27　各试件(-1,-2,-3)的非线性比随 FC 污染水平的变化

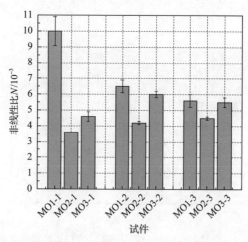

图 4.28　破坏试件(-1,-2,-3)的非线性比与 MO 污染水平的关系

4.5.4 实际航空部件粘接质量的评价

4.5.3 节的实验涉及局部激发振动的非线性材料响应。另一种基于试件中驻波激励的方法可以探测整个试件区域（节点线除外）的振动非线性响应。该方法适用于大型复合材料零件中受污染的黏附区域的测绘和成像。

图 4.29 检测的大型试件是实际飞机部件[53]。组件 N1 在生产过程中其下部纵梁被污染（除冰液+少量指纹，DI+FP）。组件 N2 中的 CFRP 贴片说明的修复情形是其中一部分贴片以类似方式被污染。在进行实验测试（"盲测"）之前，尚不清楚受污染区域的确切位置。

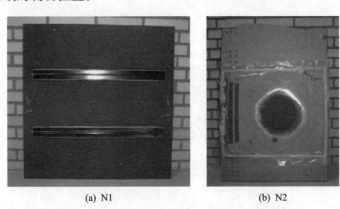

(a) N1   (b) N2

图 4.29 实验试件：含 2 根纵梁的 80cm×80cm CFRP 组件（N1）（生产方案）和
100cm×80cm CFRP 组件（N2）（带补片（直径 20cm））

堆栈式压电换能器和大功率电源（Branson Ultrasonics）在源区域（非线性状态）以 20kHz 的基波提供了微米（μm）范围内的位移。根据上述分析，在被污染区域应有效地产生高次谐波（组件 N1 中纵梁和组件 N2 中补片的未知部分）。为了可视化非线性区域，用激光测振仪探测试件表面局部振动的频谱，并绘制了高次谐波的着色分布图。

在对组件 N1 进行的实验中，激发换能器对称地放置在待测纵梁上，如图 4.30 所示，这样的位置提供了所考虑的纵梁 20kHz 的对称共振场。如图 4.31 所示，在组件 N1 中测得的二次谐波呈现完全不同的分布：在纵梁左侧可以看到较高的局部非线性生成，并且可以识别出粘接质量较低的受污染区域。

在组件 N2 中，图 4.32 所示的基波场在修复补片的整个区域内呈现出一种较为常规的驻波模式。与之相反，在图 4.33 补片中测量到的高次谐波场呈现出截然不同的非线性场分布。它们揭示了非线性的剧烈增加，因此对于二次和三次谐波，补片的右侧和下部的粘接质量较低（图 4.33）。

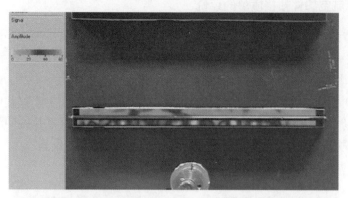

图 4.30　组件 N1 中基频(20kHz)超声振幅沿纵梁的分布

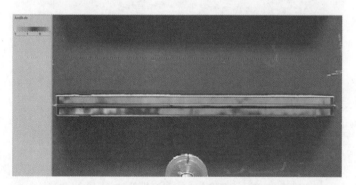

图 4.31　组件 N1 中二次谐波(40kHz)超声振幅沿纵梁的分布

图 4.32　组件 N2 修复补片中激励的基频场

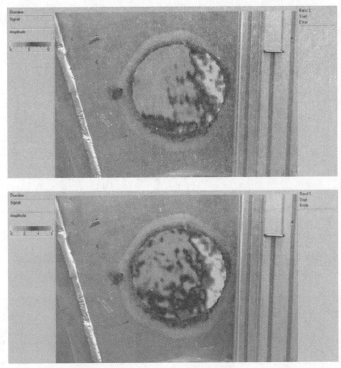

图 4.33　组件 N2 修复补片中二次谐波(40kHz，顶部)场和三次谐波(60kHz，底部)场分布

4.6　局部缺陷共振和局部非线性

增强特定区域局部非线性响应的一个有效方法是增加其振动幅值。最近出现的一种用于无损检测评价和损伤成像的新方法[10,11]利用了缺陷区域的机械共振。它是基于 LDR 的原理，当缺陷被频率与其固有振动频率相匹配的声波/超声激励激活时会产生 LDR。在频率匹配条件下，输入能量被选择性地传递和捕获到缺陷区域中，该缺陷区域的振动幅度会大大增加。与涉及非线性波传播的传统(经典)非线性检测不同，基于 LDR 的方法研究非线性非均匀材料中特定区域的非线性振动效应。

实验上揭示 LDR 的一种直接方法是在很宽的频率范围内测量样品每个点在整体振动响应中的贡献。在实验中，由宽带(400Hz～100kHz)压电换能器激励试件振动，用扫描式激光测振仪(Polytec 300，振动速度模式)检测样品的频率响应。扫描模式可以检测和发现试件每个点在振动频谱中所有可能的共振。然后，通过以相应的频率对振动模式进行成像来验证每个最大值的来源。这种方法的一个应用实例如图 4.34 所示，用于聚甲基丙烯酸甲酯(polymethyl methacrylate,

PMMA）板中（厚度为 4.3mm）的圆形平底孔（flat-bottomed hole, FBH，厚度为 1mm，半径为 1cm 的圆盘）（图 4.35）。

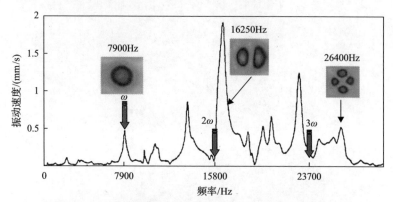

图 4.34　FBH 中基频和部分高阶 LDR 的振动谱和振动场
（箭头表示在基频 LDR 7900Hz 处激发的高次谐波位置）

图 4.35　实验试件：压电换能器（左）和圆形 FBH（右）

　　得到的频谱表明感兴趣的共振频率如下：基频 LDR 为 ω=7900Hz（缺陷的同相振动），伴有 16250Hz 的二阶正常模式（一个节点直径）和 26400Hz 的三阶共振（两个节点直径）。另一个最大值表明试件共振；所有峰值都由激发换能器的频率响应调制（最大值在 10～24kHz 范围内）。

　　局部缺陷振动的“放大”取决于 LDR 品质因子 Q。如图 4.36 所示，针对 CFRP 样品中不同缺陷测得的一对 LDR 频率响应证明了经典的共振频率行为，并表明 LDR 可以表现出高 Q 共振。在各种材料中，针对其他类型的实际缺陷所测量的 Q 值在 10～100 的范围内，因此观察到 LDR 引起的局部振动放大高达 20～40dB。

　　用扫描激光测振仪（以及热超声和/或剪切超声）可以很容易地检测到试件的其余部分在低幅值振动下损伤振动的局部增大，并清晰显示损伤（图 4.36）。与预期的一样，它还增强了其非线性响应：随着缺陷以 LDR 频率激发，高次谐波会增加。然而，由于存在频散，平面非线性谐振器在基本模式下所激发产生的高次谐波与高阶共振并不匹配(图 4.34)，阻碍了谐振器的最大高次谐波响应。为了优化 LDR 高次谐波响应，必须更改激励频率，以便高谐波频率与高阶共振相匹配。

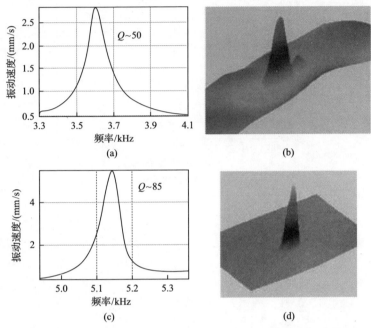

图 4.36　在 280mm×40mm×1mm CFRP 板材中，冲击引起的纤维损伤(a)、(b)和
冲击损伤(c)、(d)的 LDR 频率响应和振动模式

LDR 谐波的产生效率可以用比值来表示：$\beta_2' = u_{2\omega}/(u_\omega^2\beta)$ 和 $\beta_3' = u_{3\omega}/u_\omega^3$ （u 是位移幅值）。这些比值表征的是局部非线性，不同于经典的非线性超声参量 β_n，后者在 4.1 节中已经讨论，其高次谐波的积累与距离相关。如图 4.34 所示，非线性超声参量 β_n' 在各种激励模式下由 FBH 谐振器测得。LDR 基频(7900Hz)激励 (非匹配模式)的数据如图 4.37 所示。然后将激励频率更改为 8125Hz 和 8800Hz，以使谐波与图 4.34 中的二阶和三阶共振相匹配。得到的 β_2'、β_3' 数值(图 4.38)表明高次谐波产生效率明显提高：二次谐波非线性增加了一个数量级以上，而匹配则使得三次谐波效率增加了近三个数量级。

由于对高阶 LDR 频率的了解较少，当基频 LDR 选择为输入频率的整数倍时，基频 LDR 模式也可以用来匹配高次谐波。在这种情况下，HH 与基本正常模式匹配，并利用了超谐波共振(super-harmonic resonance, SHR)提供的共振增益。在实验中，将 SHR 应用于二次谐波，以便将输入频率置于 3950Hz 的基本 LDR 次谐波附近。结果由图 4.39 表示，β_2' 进一步增加，二次谐波的振动速度增大到基波的 10% 以上，使缺陷振动明显呈非线性(图 4.40)。

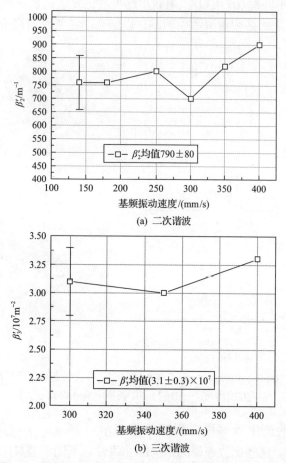

(a) 二次谐波

(b) 三次谐波

图 4.37　基频 LDR 激励的二次和三次谐波非线性超声参量

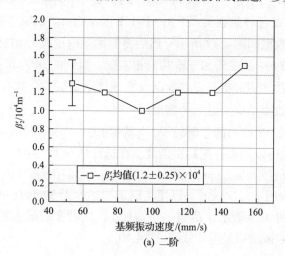

(a) 二阶

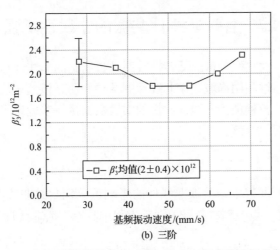

(b) 三阶

图 4.38　匹配的高次谐波生成的二阶和三阶非线性超声参量

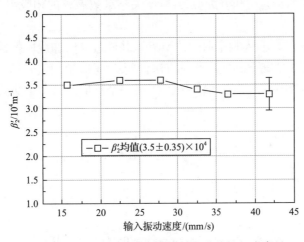

图 4.39　与 SHR 匹配的二次谐波的非线性超声参量

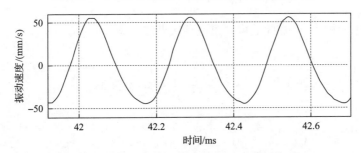

图 4.40　与 SHR 匹配的二次谐波的 FBH 振动模式

4.7　各种非线性共振的非线性增强

从基频到非线性频率分量的低转换效率是长期制约非线性声学 NDE 应用的瓶颈问题。上述通过利用局域共振非线性的结果表明，该领域已经取得了明显的进展。下面给出的各种类型非线性共振的实验数据进一步验证了该方法在提高非线性效应效率方面的价值。

4.7.1　超谐波共振

在唯象描述的框架中，共振非线性的影响可以用集总非线性振荡器(固有频率 ω_0)模型来描述，该模型在其强迫振动方程中具有三阶非线性[54]：

$$\ddot{x} + 2\lambda\dot{x} + \omega_0^2 x + \alpha x^2 + \beta x^3 = F_0\cos(\nu t) \tag{4.19}$$

式中，λ 为耗散因子；α 和 β 为应力-应变关系级数展开的相应因子(非线性超声参量)。

对于超谐振[20]，输入频率取为约 ω_0/n，并通过 n 阶非线性振荡器转换为 ω_0。以下例子是 $n=2,3$ 情况下，使用微扰方法得到式(4.19)的解。

对于驱动频率 $\nu=\omega_0/2+\varepsilon$ 和较小的 λ，第一个近似解是一个非共振线性驱动振动：

$$x_1 = \frac{4F_0}{3\omega_0^2}\cos\left[(\omega_0/2+\varepsilon)t\right] \tag{4.20}$$

在第二个近似中，共振驱动力将通过二阶非线性直接得到：

$$x_2^{2\omega} = -\frac{4\alpha F_0^2}{9\omega_0^5\sqrt{4\varepsilon^2+\lambda^2}}\cos\left[(\omega_0+2\varepsilon)t\right] \tag{4.21}$$

类似地，输入 $\nu=\omega_0/3+\varepsilon$ 得到第三高次谐波的解：

$$x_2^{3\omega} = -\frac{\beta\left(x_1^0\right)^3}{8\omega_0\sqrt{9\varepsilon^2+\lambda^2}}\cos\left[(\omega_0+3\varepsilon)t\right] \tag{4.22}$$

式中，$x_1^0 = 9F_0/(8\omega_0^2)$。

共振的解即式(4.21)和式(4.22)都在 $(\varepsilon,\lambda)\to 0$ 处增大，这表明共振有利于产生高次谐波。

图 4.41 和图 4.42 给出了 LDR 约为 5140Hz 的冲击损伤 CFRP 试件的三阶谐振的缺陷中的超谐波谐振的例子。当输入电压增加到 80V 时，选择 LDR 频率的三分之一（1714Hz）进行激励。在缺陷区域中测得的频谱（图 4.41）说明三次谐波振动（比基波高 25dB）的优势，相当"纯净"的三次谐波（5142Hz）振动模式（图 4.42 中周期约 0.19ms）也证明了这一点。

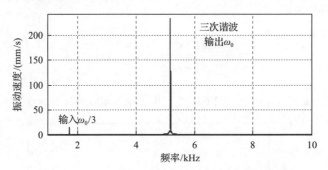

图 4.41　冲击损伤 CFRP 板中的三次谐波 LDR 谱

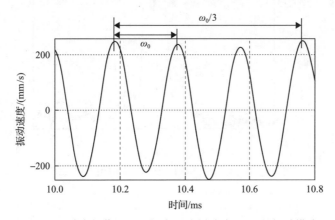

图 4.42　冲击损伤 CFRP 板中三阶超谐波 LDR 的振动模式

4.7.2　组合频率共振

在混频非线性 NDE 中，LDR 的高品质因数也可用作共振"放大器"。该方法基于不同频率（ν_1、ν_2）的超声波的非线性相互作用，从而产生组合频率输出：$\nu_\pm = \nu_1 \pm \nu_2$。对于非线性缺陷的双频激励，运动方程为

$$\ddot{x} + 2\lambda\dot{x} + \omega_0^2 x + \alpha x^2 + \beta x^3 = F_1 \cos(\nu_1 t) + F_2 \cos(\nu_2 t) \tag{4.23}$$

一阶（线性）解为

$$x_1 = x_1^{v_1} \cos(v_1 t) + x_1^{v_2} \cos(v_2 t) \tag{4.24}$$

式中，$x_i^{v_i} = \dfrac{F_i}{v_i^2 \left[\left(\omega_0^2 / v_i^2 \right) - 1 \right]}$，$i = 1, 2$。

式 (4.23) 中的二阶项产生组合频率的驱动力，从而给出频率匹配的条件 $v_1 \pm v_2 = \omega_0 + \varepsilon$ 下的共振解：

$$x_2^{\pm} = -\frac{\alpha x_1^{v_1} x_1^{v_2}}{2\omega_0 \sqrt{\varepsilon^2 + \lambda^2}} \cos\left[(\omega_0 + \varepsilon) t \right] \tag{4.25}$$

在图 4.43 和图 4.44 中，CFRP 板 (280mm×40mm×1mm) 的冲击造成损伤

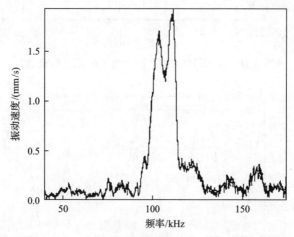

图 4.43　CFRP 板受冲击损伤时的 LDR 频率响应

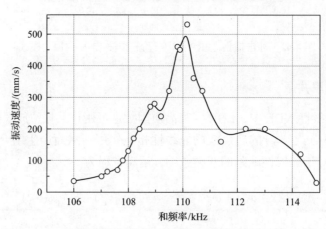

图 4.44　CFRP 板受冲击损伤时 LDR 在和频振动下的放大效应

(面积约为 5mm×5mm)说明了用于实际缺陷的 LDR 作为谐振"混频放大器"的作用。冲击的线性 LDR 频率响应显示，在 110kHz 左右有一个明确的双峰结构(图 4.43)。其中一个相互作用的弯曲波频率固定在 f_1=77.5kHz，而另一个从 f_2=28.5～37.5kHz 扫频，以提供 LDR 频率附近的和频变化。

用激光测振仪在图 4.44 所示的和频下测量的幅值频率响应清楚地表明了共振的效果：当和频与 LDR 频率匹配时，输出增加了 20dB 以上。

4.7.3　次谐波和参量共振

参量效应表现为由驱动信号引起 LDR 频率与幅度相关的偏移(调制)。由驱动信号引起的频移导致振荡器固有频率的周期性调制，从而激活参量共振效应。参量方法可以进一步揭示非线性共振现象的其他特征。

可以通过将扰动方法应用于方程(4.19)来揭示参量共振效应的非线性来源。对于接近共振 $\nu=\omega_0+\varepsilon$ 的驱动频率，第一个近似解是线性振动：

$$x_1 = \frac{F_0}{2\omega_0\sqrt{\varepsilon^2+\lambda^2}}\cos(\nu t) \tag{4.26}$$

在下一个近似解中，式(4.19)中的二阶非线性明显产生了三阶交互项 $2\alpha x_1 x_2$。通过使用式(4.26)并仅考虑这一项，可以得出

$$\ddot{x}_2 + 2\lambda\dot{x}_2 + \omega_0\left[1+\frac{\alpha F_0}{\omega_0^3\sqrt{\varepsilon^2+\lambda^2}}\cos(\nu t)\right]x_2 = 0 \tag{4.27}$$

式(4.27)为 Mathieu's 型方程，其通式为

$$\ddot{x} + \omega_0^2\left[1+h\cos(\gamma t)\right]x = 0 \tag{4.28}$$

众所周知，该式揭示了参量共振和不稳定现象[55,56]。

式(4.27)对应于 $\nu\approx\omega_0$ 处的二阶参量共振。在这种情况下，式(4.28)的解的频率包括输入信号的高次谐波：$\omega=n\nu$ $(n=1,2,\cdots)$[57]。超出输入阈值后，它们的幅度将随时间呈指数增长(不稳定)。

类似地，对于 $\nu\approx2\omega_0$ 驱动，式(4.7)得到二阶近似值[54]：

$$\ddot{x}_2 + 2\lambda\dot{x}_2 + \omega_0^2\left[1-\frac{2\alpha F_0}{3\omega_0^4}\cos(2\omega_0+\varepsilon)t\right]x_2 = 0 \tag{4.29}$$

这是次谐波(基本参量)共振的一个条件。在这种情况下，式(4.29)的解包含不稳

定的超次谐波输出：$\omega = mv/2$ $(m=1, 2, \cdots)$。

  图 4.46 和图 4.47 给出了 CFRP 板中一个真实热损伤缺陷(300mm×300mm×4mm，图 4.45)的高次谐波(二阶参量共振)不稳定参量动力学的实验证明。局部加热会导致近表面损伤(环氧树脂和纤维烧毁)，并在 CFRP 的几个层之间引起分层。

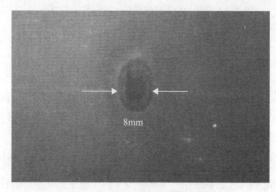

图 4.45 CFRP 板的热损伤

  热致(8mm×12mm)分层的 LDR 频率为 10500Hz(图 4.46，顶部)，被用于试件中板波的激发。

  这种不稳定性表现在振动谱上(图 4.46)：在 20～40V(不稳定性阈值)范围内高次谐波成分的急剧增加揭示了缺陷非线性和共振共同作用下参量共振的发展。

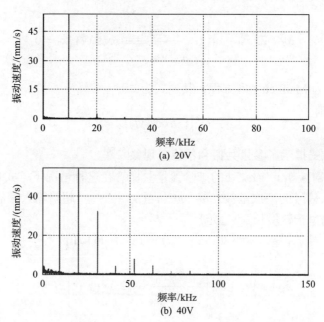

(a) 20V

(b) 40V

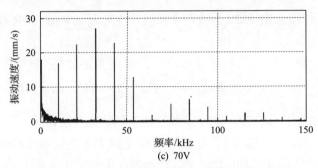

(c) 70V

图 4.46　不同输入电压下 CFRP 热损伤的 LDR 频谱

图 4.47 为针对不同的宽带输入电压(LDR 频率附近几千赫兹带宽的线性调频信号)缺陷的频率响应(frequency response, FR)，由图可见，频移较小，但 LDR 幅

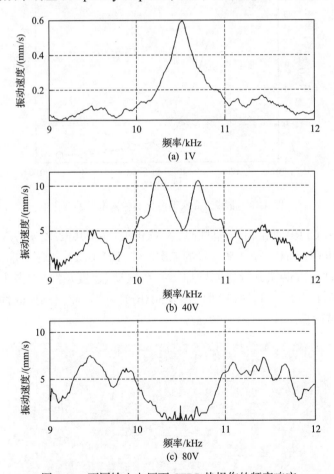

图 4.47　不同输入电压下 CFRP 热损伤的频率响应

度衰减很大。在输入电压 20～40V 时突然发生衰减，导致 LDR 在 80V 时几乎完全衰减。

　　图 4.48 绘制了基频振动能量与高次谐波能量的比值（非线性高次谐波比）$E/E_{HH} = v_0^2 / \sum_n v_n^2$（其中 v 为振动速度）随输入电压的变化，量化了输入信号整个 LDR 衰减范围内的频谱转换。由于非线性能量转移到高次谐波，图 4.48 中基频成分的急剧下降（大约 4 个数量级）显然是 LDR 衰减和崩溃的主要原因。当然，总振动能量是守恒的，因此 LDR 衰减对其在无损评价的非线性或/和热共振方法中的使用不会产生不利影响。

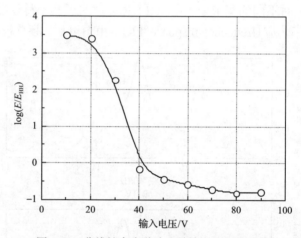

图 4.48　非线性高次谐波比随输入电压的变化

　　图 4.50 为 CFRP 冲击损伤试件的基本（次谐波）参量共振（图 4.49）。激励频率选择为基频 LDR（5140Hz，图 4.50(b)）的二次谐波（10280Hz）。共振的阈值约为 45V。超过该阈值时，次谐波分量急剧增加，并在振动（速度）频谱中占主导地位：在 10280Hz 输入下为 $V_{\omega/2}/V_{\omega} \approx 30$dB（图 4.50(b)）。这在超出阈值的冲击区域内符合纯正弦次谐波振动模式（图 4.50(a)）。

图 4.49　CFRP 板的冲击损伤

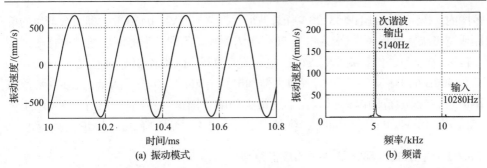

图 4.50　CFRP 板冲击损伤的次谐波 LDR：超过阈值输入电压 45V 的振动模式和频谱

4.8　线性和非线性局部缺陷共振用于缺陷非接触式诊断成像

基于 LDR 概念的缺陷声选择性激活能够显著增强缺陷振动强度，并使输入声功率降低到非接触无损检测允许的水平成为可能。对于复合材料中厘米级尺寸的缺陷，LDR 频率处于较低的千赫兹范围，共振非接触激发在一个可听到的频率范围，并且可以通过常规声波设备提供[58]。

4.8.1　实验方法

两组压电扬声器（CTS 公司的型号 232（N1）和 Kemo Electronic GmbH 公司的P5123（N2））分别组合成约 20cm×20cm 的阵列（图 4.51），以保持试件的较大声波区域。用 ACU 激光振动计技术检测由阵列产生的声场[59]。扫描式激光测振仪Polytec PSV 300 还用于对空气中声波远程激励的损伤进行成像。

(a) 232 CTS　　　　　　　　　(b) P5123 Kemo

图 4.51　实验用扬声器阵列

当用激光测振仪测量空气中的辐射，总频率响应（FR）覆盖了 2～45kHz 的范围，阵列 N1 和 N2 分别具有 4～5kHz 和 8～10kHz 两个不同的最大值。在此频率范围内，扬声器通过 HP 33120A 任意波形发生器与 HVA 3/450 放大器组合产生的单频或宽带线性调频模式（输入电压 20～40V）激励。阵列产生的声压通过放置在试件定位区域的半英寸（1 英寸=2.54cm）电容式麦克风（B&K 4130，灵敏度为 6mV/Pa）结合 40dB 的 B&K 2642 型前置放大器和电源 B&K 2810 进行测量。大多数测量在距离 1～1.5m 范围内进行。在上述最大频响范围这些距离处测得的最大声压级（SPL）在 10～20Pa（≤120dB），到整个 FR 的边缘逐渐下降 30～40dB。

4.8.2　非接触式局部缺陷共振的成像结果

图 4.52（a）为用于单侧通道空耦激活的 CFRP 板中圆形人工分层的基本 LDR（3750Hz）图像。分层是一个圆形夹层（自修复的 PV5414 离聚物薄膜（直径为 5cm，厚度为 500μm）），压在两块缎纹编织碳纤维板（10cm×10cm）之间（由 TU Delft 提供）。在空气传输模式下，在靠近试件的位置获得了相似的图像（图 4.52（b））。通过追踪 LDR 幅度和频率变化（在高温下随时间变化），非接触式空耦成像对于监测离聚物的自修复过程至关重要[60]。

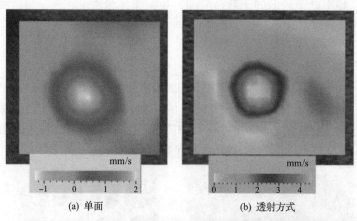

(a) 单面　　　　　　　　　　　(b) 透射方式

图 4.52　CFRP 板中自修复离子夹层在单面和透射方式下的远程成像

热诱导分层的 CFRP 试件（300mm×300mm×4mm）类似的基频 LDR 情况如图 4.53 所示。基频 LDR（9500Hz）远程图像（图 4.53（b））揭示了比样品表面大得多的次表面分层均匀振动（图 4.53（a））。

LDR 频率的单频激励会激活一个基本的振动模式，该模式通常仅可视化缺陷的一些基本特征。需要宽带模式来重构缺陷形状及其实际大小的所有细节。图 4.54（a）是 CFRP 板（5mm×290mm×330mm）中模拟分层（正方形 20mm×20mm 的聚四氟乙烯插入物）的基频（8500Hz）图像，显示出圆形振动模式。随着输入频率的增加，还可以看到带有附加节点线和缺陷定位的边界线附近的高阶 LDR 图像（图 4.54（b）、（c））。宽带激励模式（5～30kHz）下各种阶次振动模式的叠加可再现缺陷的整个正方形(图 4.54(d))。

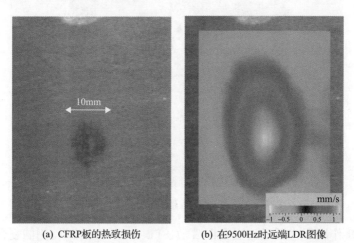

(a) CFRP板的热致损伤   (b) 在9500Hz时远端LDR图像

图 4.53 CFRP 板的热致损伤及其在 9500Hz 时远端 LDR 图像

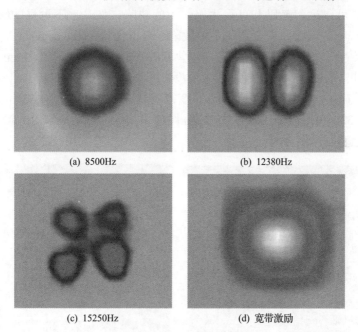

(a) 8500Hz   (b) 12380Hz

(c) 15250Hz   (d) 宽带激励

图 4.54 CFRP 板在 8500Hz、12380Hz、15250Hz、宽带激励下的
不同阶 LDR 图像(20mm×20mm)

图 4.55 给出了大尺寸(390mm×390mm×2.2mm)CFRP 板中更复杂形状缺陷
(直径为 55mm 的聚四氟乙烯环)在宽带模式下进行的全尺寸远程缺陷选择性成像
的图像。在 10～35kHz 频带中获得的图像再现了缺陷形状的所有细节。

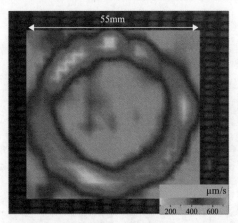

图 4.55　CFRP 板中下表面插入环的宽带（10～35kHz）远程图像

在 LDR 作用下，通过远程空耦激励（SPL 100～120dB）检测的复合试件中产生的应变在常规接触超声 NDE 的典型范围内（10^{-7}～10^{-6}）。下面给出的一些案例研究表明，可以远程激励和可视化比较小的缺陷，如几乎不可见的缺陷（barely visible damage, BVID），甚至看不见的缺陷（virtually invisible damage, VIND）。

图 4.56 所示的 BVID 是在无卷曲织物 CFRP 板材（150mm×100mm×3mm）中受到 20J 冲击后的结果。由于缝线几乎没有明显的褪色现象（图 4.56（a）中虚线区域内），损伤在内部和反面（图 4.56（a））变得明显。远程图像（图 4.56（b））显示非均匀损伤，在 32200Hz 处显示分段式 LDR。图像中最大的振动区域沿上粗纱层排列，表示织物近表面损伤。

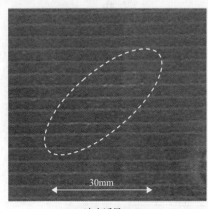

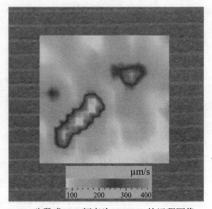

(a) 冲击诱导BVID　　　　　　　(b) 分段式LDR频率为32200Hz的远程图像

图 4.56　20J 非卷曲纤维 CFRP 板材的冲击诱导 BVID 及其
分段式 LDR 频率为 32200Hz 的远程图像

图 4.57 为由较低能量冲击引起的 VIND 的一个例子：在 CFRP 板的背面

（170mm×50mm×2mm）几乎看不见的损伤（图 4.57（a）的虚线区域）。但是，远程声波处理显示出沿纤维表层 0°方向延伸的相当广泛的损伤区域（图 4.57（b））。LDR 图像出现在相当低的频率（4500Hz）处，并表现出出乎意料的高幅值（请参见图 4.57（b）中的缩放比例），这可能表明其是由整个试件的共振导致的。

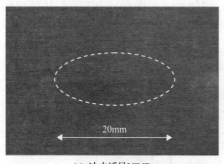

| (a) 冲击诱导VIND | (b) 4500Hz远程LDR图像 |

图 4.57　CFRP 板中的冲击诱导 VIND 及其在 4500Hz 远程 LDR 图像

4.8.3　非线性局部缺陷共振的诊断成像

非线性声学 NDE 是一种很有前景的基于频率转换（如产生高次谐波、混频等）的损伤诊断技术。LDR 的使用可以放大局部缺陷的振动，从而增强输入输出频率的转换，并实现高效接触式甚至非接触式的非线性 NDE 和缺陷成像。之前曾有研究报道过接触式和非接触式（传输中）的成像结果[58]。本节介绍单面空耦模式的缺陷远程非线性成像的一些最新成果[61]。尽管非线性 LDR 很难达到线性 LDR 成像的高质量和灵敏度，但非线性 LDR 公认可以敏感显示微弱/早期损伤。

高次谐波远程模式检测玻璃纤维增强复合材料（GFRP）中椭圆分层的可行性如图 4.58 所示。线性 LDR 图像（20100Hz，图 4.58（a））清楚地表明了分层的松散部分，这也已被二次谐波图像（图 4.58（b））所证实。

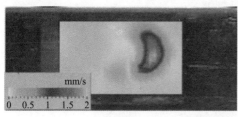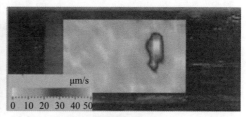

| (a) 线性 | (b) 二次谐波 |

图 4.58　线性和二次谐波 LDR 在 GFRP 分层中的成像

在清晰可见的（强）真实损伤中，根据所引起的损伤的结构，发现 LDR 表现为两种不同的方式。如果损伤主要导致其碎片的紧密结构或者与此相反，形成完全松散的图案，则 LDR 在整个损伤区域以单一频率被激活为同相振动(类似于上述缺陷)。如果损伤结合了多个紧密和松散的单元(具有不同的刚度)，则它们的弱耦合共振将在不同的频率处发生，因此 LDR 将是多个分段式共振的组合。

图 4.59 显示了在 CFRP 薄板(280mm×45mm×1.1mm)中由冲击引起的松散裂纹的分段式 LDR。裂纹包括将其分为两个不同部分的纤维断裂(图 4.59(a)中的

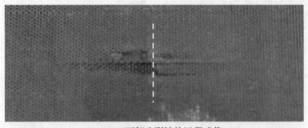

(a) CFRP两部分裂缝的远程成像

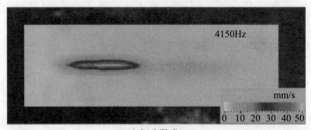

(b) 左侧分段式LDR

(c) 右侧分段式LDR

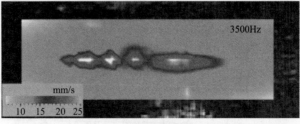

(d) 总受损区域LDR

图 4.59　CFRP 两部分裂纹的远程成像、左侧和右侧分段式 LDR 及总受损区域 LDR

虚线）。损伤的远程图像（图 4.59(b)、(c)）显示了缺陷两个部分各自独立的 LDR 频率(4150Hz 和 5300Hz)。它们之间存在弹性耦合，还可以在较低的 3500Hz 频率下为整个受损区域提供 LDR（图 4.59(d)）。

　　缺陷分段式共振的远程激励(5300Hz，图 4.59(c))产生了一个非线性频谱，该频谱具有多个由正弦函数调制的高次谐波（图 4.60(a)）。二次谐波图像（图 4.60(b)、(c)）验证了对应断裂 LDR 的缺陷部位。

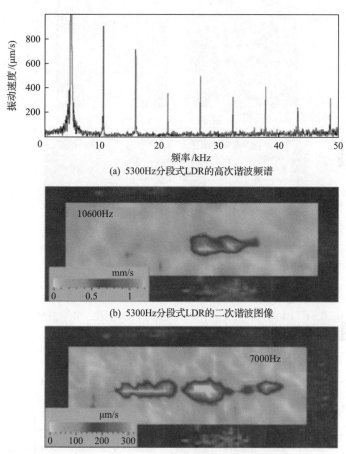

(a) 5300Hz分段式LDR的高次谐波频谱

(b) 5300Hz分段式LDR的二次谐波图像

(c) 3500Hz时总损伤LDR的二次谐波图像

图 4.60　5300Hz 分段式 LDR 的高次谐波频谱和二次谐波图像，
3500Hz 时总损伤 LDR 的二次谐波图像

　　采用组合频率共振模式对无卷曲纤维 CFRP 板材(250mm×180mm×1.1mm，图 4.61(a))的冲击损伤进行非线性成像，表现为 21600Hz 的单频 LDR（图 4.61(b)）。
　　对于双频空耦激励(11600Hz 和 10000Hz)，损伤振动的频谱表现出与多个混频分量的强烈非线性相互作用（图 4.62）。图 4.62 中的每个旁瓣频率都是缺陷存在及其位置的指示器，如图 4.61 所示给出了混合频率图像的几个示例。值得注意的是，根据图 4.61(c)、(d) 中的图像，缺陷的非线性部分可能表示总损伤区域的不同片段。

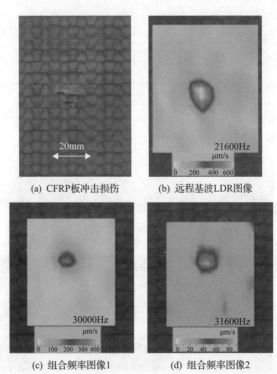

(a) CFRP板冲击损伤　　　(b) 远程基波LDR图像

(c) 组合频率图像1　　　　(d) 组合频率图像2

图 4.61　CFRP 板冲击损伤、远程基波 LDR 图像、组合频率图像

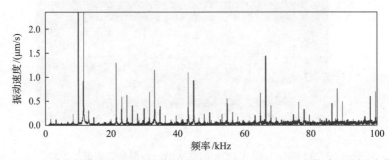

图 4.62　冲击损伤(图 4.61(a)) 在双频(11600Hz 和 10000Hz) 激励下的振动谱

事实证明，远程激励具有足够的能量来激活紧密缺陷中的分段式 LDR。在图 4.63(b) 所示的 CFRP 试件(170mm×50mm×2mm) 中，冲击损伤的振动谱(图 4.63(a)) 在 18～36kHz 频率范围内可以清楚地看到多个缺陷共振。在该频率范围的末端处(18200Hz 和 33400Hz，图 4.63(c) 和(d)) 获得的远程图像表明，不同

的共振会伴随并显现损伤区域的不同部分。

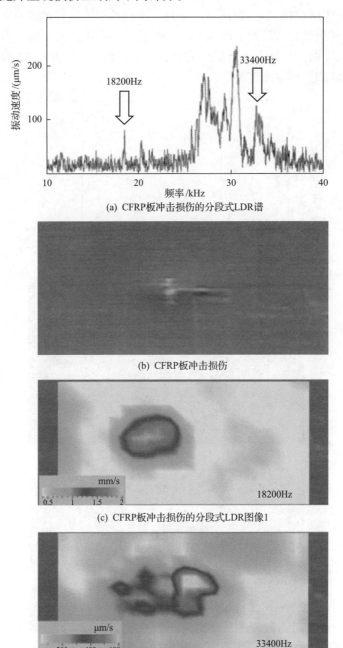

(a) CFRP板冲击损伤的分段式LDR谱

(b) CFRP板冲击损伤

(c) CFRP板冲击损伤的分段式LDR图像1

(d) CFRP板冲击损伤的分段式LDR图像2

图 4.63 CFRP 板冲击损伤及其分段式 LDR 谱和分段式 LDR 图像

为了测试超谐波成像的可行性，选择的激励频率为 16700Hz，它是分段式 LDR 在 33400Hz 时的次谐波(图 4.64(a))。测得的非线性频谱表明在缺陷的超谐波共振中存在高效频率转换。图 4.64(b)和(c)中的图像证实了这一点：非线性图像(图 4.64(c))的信号具有更高的幅值(见色标)，而线性图像(图 4.64(b))完全没有共振，与缺陷图像完全无关。

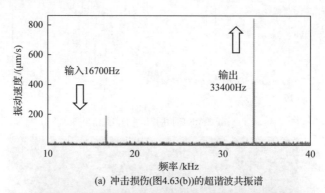

(a) 冲击损伤(图4.63(b))的超谐波共振谱

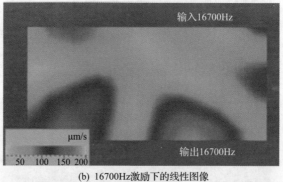

(b) 16700Hz激励下的线性图像

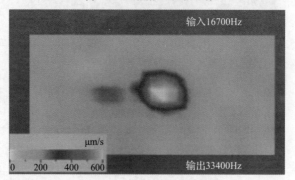

(c) 16700Hz激励下的非线性图像

图 4.64　冲击损伤(图 4.63(b))的超谐波共振谱，以及在 16700Hz 激励下的线性和非线性超谐波共振图像

4.9　结　　论

在过去的 50 多年中，被相关领域专家看成一种精密固态物理学方法的固体中的非线性声学，已发展成为一种用于监测和诊断材料性能退化及损伤的新技术。目前该技术的应用领域包括非线性波动和非线性振动模式。前者是基于假设的，适用于分布式材料非线性（由疲劳、热处理等引起的变化）的案例研究。它得益于波非线性响应沿传播距离的累积，且实际上仅依赖于二次谐波和三次谐波。对于不同类型的声波，高次谐波产生的理论已经得到很好的发展和证明，而非线性测量则需要一些实验准备措施和特定的大功率仪器。

平面缺陷中非黏合界面（如裂纹、分层、脱胶等）的强烈非线性响应会引起缺陷区域的局部非线性，并且非线性会逐步加剧。在入射声波的作用下，它表现出异常高的二次和三次非线性，并且在透射和反射模式下都产生严重的非线性畸变，可用来得到缺陷非线性（与重力有关）。驻波模式能够探测整个试件区域的振动非线性响应，并适用于大型复合材料部件中受污染黏附区域的测绘和成像。

LDR 的概念及其非线性将非线性夹杂物定义为非线性振荡器。对于面缺陷，常规的非线性基波激励效率很低。当高次谐波与振荡器的高阶模式匹配时，它们的非线性响应会显著提高。LDR 还带来了振动非线性现象中动态和频率（非线性和参量共振）的定量和定性差异。特别地，参量谐振提供了将频率转换成次谐波或高次谐波的极高效率。在后一种情况下，LDR 会由于能量泵入高次谐波而引起的非线性损耗而崩溃（效果类似于非线性波动情况）。

LDR 引起的缺陷区域非线性的接收有其优缺点。驱动波对缺陷非线性的直接声学读取几乎是不可能的，必须使用像激光测振仪或热像机来代替。另外，它会生成缺陷选择非线性和用于诊断损伤的成像条件。通过对损伤的空耦传播激活，LDR 带来的效率激增为非接触式非线性成像提供了支撑。它使用商用仪器，适用于对不同材料和各种尺寸的组件进行远程声波检查。

参 考 文 献

[1] L.K. Zarembo, V.A. Krasilnikov, Vvedenie v nelineinuyu akustiku（Introduction to Nonlinear Acoustics）（Nauka, Moskva, 1966）

[2] M.A. Breazeale, J. Ford, J. Appl. Phys. 36, 3488（1965）

[3] A.A. Gedroitz, V.A. Krasilnikov, Sov. Phys. JETP 16, 1122（1963）

[4] W.T. Yost, J.H. Cantrell, Rev. Progr. Quant. Nondestr. Eval. 9, 1669（1990）

[5] J.H. Cantrell, W.T. Yost, W.T.J., Appl. Phys. 81, 2957（1997）

[6] K.S. Len, F.M. Severin, IYu. Solodov, Sov. Phys. Acoust. 37, 610（1991）

[7] I. Solodov, N. Krohn, G. Busse, Ultrasonics 40, 621（2002）

[8] I.Yu. Solodov, Ultrasonics 36, 383（1998）

[9] I. Solodov, J. Bai, S. Bekgulyan, G. Busse, Appl. Phys. Lett. 99, 211911（2011）

[10] I. Solodov, J. Bai, G. Busse, J. Appl. Phys. 113, 223512（2013）

[11] I. Solodov, G. Busse, Appl. Phys. Lett. 102, 061905（2013）

[12] J. Hettler, M. Tabatabaeipour, S. Delrue, K.V.D. Abeele, J. Nondestr. Eval. 36, 2（2017）

[13] M. Rahammer, M. Kreutzbruck, NDT E Internat. 86, 83（2017）

[14] G.P.M. Fierro, D. Ginzburg, F. Ciampa, M. Meo, J. Nondestr. Eval. 36, 4（2017）

[15] L. Pieczonka, L. Zietek, A. Klepka, W.J. Staszewski, F. Aymerich, T. Uhl, Damage imaging in composites using nonlinear vibro-acoustic wave modulations. Struct. Contr. Health Monit. 25, 2e2063（2018）

[16] J. Segers, M. Kersemans, S. Hedayatrasa, J.A.C. Tellez, W. Van Paepegem, NDT E Internat. 98, 130（2018）

[17] B. Roy, T. Bose, K. Debnath, J. Sound Vibr. 443, 703（2019）

[18] Ch. Andreades, P. Mahmoodi, F. Ciampa, Characterisation of smart CFRP composites with embedded PZT transducers for nonlinear ultrasonic applications. Comp. Struct.（2018）. https://doi.org/10.1016/j.compstruct.2018.08.083

[19] F. Ciampa, G. Scarselli, M. Meo, J. Acoust. Soc. Am. 141, 2364（2017）

[20] I. Solodov, J. Nondestr. Eval. 33, 252（2014）

[21] R.N. Thurston, in Physical acoustics, vol. 1, chap. 1.（Academic, New York, 1964）

[22] J. Na, M. Breazeale, J. Acoust. Soc. Am. 95, 3213（1994）

[23] K. Van Den Abeele, M. Breazeale, J. Acoust. Soc. Am. 99, 1430（1996）

[24] Ch. Kube, A. Arquelles, J. Acoust. Soc. Am. 142, EL224（2017）

[25] D. Gerlich, M. Breazeale, J. Appl. Phys. 67, 3278（1990）

[26] K. Naugolnykh, L. Ostrovskii, Nonlinear Wave Processes in Acoustics.（Cambridge University Press, 1998）

[27] R. Beyer, J. Acoust. Soc. Am. 32, 719（1960）

[28] E.M. Ballad, B.A. Korshak, V.G. Mozhaev, I. Solodov, Moscow Univ. Bull. Phys. 3, 44（2001）

[29] M. Breazeale, D. Thompson, Appl. Phys. Lett. 3, 77（1963）

[30] K. Matlack, J.-Y. Kim, L. Jacobs, J. Qu, J. Nondestr. Eval. 34, 273（2015）

[31] V.E. Nazarov, Akust. Zh. 37, 150（1991）

[32] P. Hess, A. Lomonosov, A.P. Mayer, Ultrasonics 54, 39（2014）

[33] V.A. Krasilnikov, V.E. Ljamov, I. Solodov, Izv. AN SSSR Phys. 35, 944（1971）

[34] Y. Shui, I. Solodov, J. Appl. Phys. 64, 6155（1988）

[35] Y. Zheng, R. Maev, I. Solodov, Can. J. Phys. 77, 927（1999）

[36] A.V. Porubov, Lokalizacija nelinejnyh voln deformacii（Localisation of Nonlinear Deformation Waves）（Fizmatgiz, Moscow, 2009）

[37] B.A. Konyukhov, G.M. Shalashov, J. Appl. Math. Theor. Phys. 4, 125（1974）

[38] I. Solodov, D. Sci. Dissertation, Moscow State University, 1987

[39] I.B. Yakovkin, D.V. Petrov, Difrakcija sveta na poverkhnostnykh akusticheskikh volnakh（Light Diffraction on Surface Acoustic Waves）（Nauka, Novosibirsk, 1979）

[40] Y. Shui, I.Yu. Solodov, in Proceedings II WESTPA.（Polytech. Institute Hong Kong, 1985）, pp 188

[41] A.P. Brysev, V.A. Krasilnikov, A.A. Podgornov, IYu. Solodov, Fiz. Tverd. Tela 26, 2204（1984）

[42] I.Yu. Solodov, C. Wu, Acoust. Phys. 39, 476（1993）

[43] K. Sel Len, F.M. Severin, I.Yu. Solodov, Sov. Phys. Acoust. 37, 610（1991）

[44] R. Maev, I. Solodov, Rev. Progr. Quant. Nondestr. Eval. 19, 1409（2000）

[45] R. Maev, I. Solodov, IEEE Ultrason. Symp. Proc. 707（1998）

[46] I. Yu. Solodov, A.F. Asainov, K. Sel Len, Ultrasonics 31, 91（1993）

[47] I. Solodov, B.A. Korshak, Phys. Rev. Lett. 88, 014303（2002）

[48] J.D. Achenbach, O.K. Parikh, Rev. Progr. Quant. Nondestr. Eval. 10B, 1837（1991）

[49] C. Bermes, J.Y. Kim, J. Qu, L.J. Jacobs, Appl. Phys. Lett. 90, 021901（2007）

[50] T.-H. Lee, I.-M. Choi, K.-Y Jhang, Mod. Phys. Lett., B. 22（11）, 1135（2018）

[51] J. Zhao, V.K. Chillara, B. Ren, H. Cho, J. Qiu, C.J. Lissenden, J. Appl. Phys. 119, 064902（2016）

[52] I. Solodov, D. Segur, M. Kreutzbruck, Res. Nondestr. Eval. 30, 1（2019）

[53] I. Solodov, D. Segur, M. Kreutzbruck, in Proceedings of 12th ECNDT, Gothenburg,（2018）

[54] L.D. Landau, E.M. Lifshitz, Mechanics（Pergamon Press Ltd., Oxford-London-Paris, 1960）

[55] N.W. McLachlan, Theory and Applications of Mathieu Functions（University Press, Oxford, 1951）

[56] N. Minorsky, Nonlinear Oscillations（D. Van Nostrand Co., Inc., Princeton, 1962）

[57] F.K. Kneubuehl, Oscillations and Waves（Springer, Berlin, 1997）

[58] I. Solodov, M. Rahammer, N. Gulnizkij, M. Kreutzbruck, J. Nondestr. Eval. 35, 47（2016）

[59] I. Solodov, D. Döring, G. Busse, Appl. Optics 48, C33（2009）

[60] W. Post, M.Kersemans, I. Solodov, K.VanDen Abeele, S.J.Garsia, S. van der Zwaag, Compos. Part A: Appl. Sci. Manuf. 101, 243（2017）

[61] I. Solodov, M. Kreutzbruck（2019）. https://doi.org/10.1016/j.ndteint.2019.102146

第5章　用于测量闭合裂纹深度的非线性超声相控阵

本章将对用于测量闭合裂纹深度的非线性超声相控阵(phased array，PA)方法进行全面综述。各类非线性超声 PA 方法可分为四类：①次谐波；②并行和顺序发射；③全阵元、奇数阵元和偶数阵元发射；④热应力的利用。每类方法将按原理、实验条件和成像结果、关键特征的顺序进行介绍。

5.1　引　言

为确保老化结构、机械零件、制造材料的安全性和可靠性，通过无损检测(NDT)进行可靠的裂纹检测及其精确测量十分重要。具体来说，裂纹深度是决定材料强度的关键因素之一。裂纹深度定义为沿厚度方向的表面开口裂纹的尺寸。在各类 NDT 方法中，超声检测(ultrasonic testing, UT)因其使用方便和对裂纹的高敏感性而被广泛使用[1-3]。当超声波发射至裂纹时，会在带有气隙的裂纹尖端发生强烈的散射，如图 5.1(a)所示，这样的裂纹可以称为张开型裂纹。UT 可以通过使用整体式换能器进行波形测量，并根据裂纹尖端回波的传播时间、波速和几何关系估算裂纹深度，实现张开型裂纹深度的无损测量[1-3]。

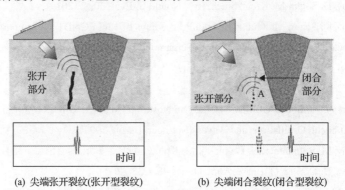

(a) 尖端张开裂纹(张开型裂纹)　　　(b) 尖端闭合裂纹(闭合型裂纹)

图 5.1　针对尖端张开裂纹和尖端闭合裂纹的超声检测示意图

另外，作为实时超声成像方法，超声 PA 已被广泛用于 NDT[4,5]。PA 最初被提出用于人体医学诊断[6]。PA 通常使用一个线性(一维)阵列换能器。一个线性阵列换能器通常由多个(16～128)矩形独立阵元组成。使用设计得当的阵列换能器[7,8]，PA 可通过电子扫描而无须进行阵列换能器机械扫查实时得到 B 扫描图像，即被测样品的横截面图像[9]。此外，一种称为全矩阵捕获(full matrix capture, FMC)的数据采集法能够从每个发射-接收阵元对中获取包含信号矩阵的数据集，针对FMC 所得数据集进行处理的后处理算法如全聚焦法(total focusing method, TFM)等目前也实现了商业化[10]。PA 的一个突出优点是可以提供超声检测图像，NDT从业人员可以直观地从中识别缺陷。此外，由于 NDT 从业人员能够相对容易地向非专业人员解释检测结果，以图像作为检测结果的判定依据会比常规 UT 获得的A 扫描波形更有价值。因此，尽管 PA 的硬件成本仍高于常规 UT，但在 NDT 工程领域已被广泛应用。

前述包括 PA 在内的 UT 方法已被广泛应用于张开型裂纹的深度测量。另外，各种机制[11]和/或在裂纹面之间的氧化物碎屑[11,12]产生的残余压应力，常常导致裂纹闭合。当裂纹闭合时，超声波会直接穿透裂纹[13-15]。这会导致一些严重的问题的出现，如漏检或错误估计裂纹深度，最终引起灾难性事故的发生。

应当指出的是，UT 中闭合裂纹的定义可能与断裂力学领域 Elber[16]在 1970 年首次发现的裂纹闭合现象的定义不同。由于裂纹闭合应力是影响裂纹扩展速率的因素之一，故在发现裂纹闭合现象后，科研人员进行了大量研究。裂纹闭合主要由三种机制解释，即塑性、粗糙度和氧化物引起的裂纹闭合(分别为 PICC、RICC 和OICC)[11]。PICC、OICC 和 RICC 分别是由疲劳裂纹扩展后残留的塑性应变[16]、裂纹面之间产生的氧化物碎屑[17,18]和粗糙(不一致)裂纹面之间的接触[19]而引起的。裂纹闭合可以降低裂纹扩展速率的原因是闭合应力可以减轻反复施加于裂纹的拉应力[15]。因此，在断裂力学中，当有压应力作用于裂纹面上时，裂纹被认为是闭合的。

接下来以另一种方式分析裂纹闭合现象。从微观的角度来看，即使当裂纹闭合时，裂纹面也并非完全彼此接触。这意味着压应力是通过裂纹面之间的多个接触点作用在裂纹面上的。也就是说，断裂力学中定义的闭合裂纹应该在裂纹面之间存在大量的微小气隙。注意，超声波会在这种气隙处发生散射。因此，可将 UT应用于测量断裂力学中定义的闭合裂纹。但另一方面，UT 无法测量在 UT 中定义的闭合裂纹，因为超声波会穿透裂纹。换句话说，在 UT 中定义的闭合裂纹应具有基本上相互接触从而不会产生可测散射波的裂纹面。UT 中的闭合裂纹定义可能与断裂力学中的定义有部分重叠。为避免对该定义造成任何混淆，本章后面使用的术语"闭合裂纹"均为根据 UT 定义的。

根据上述定义，UT 无法测量闭合裂纹。那么如何确定裂纹是否闭合？一种简单的方法是在利用 UT[13-15]测量裂纹的同时，向闭合的裂纹施加拉应力，如图 5.2 所示。其中，两个换能器分别用于衍射时差(time-of-flight diffraction, TOFD)法的声波发送和接收。在 A7075 铝合金试件中，以最大应力强度因子 $K_{max} = 4.3\text{MPa} \cdot \text{m}^{1/2}$ 和最小应力强度因子 $K_{min} = 0.6\text{MPa} \cdot \text{m}^{1/2}$ 的疲劳条件预制了疲劳裂纹。通过施加载荷的方式在裂纹上施加拉伸弯曲应力时(图 5.2(b))，能测得裂纹尖端回波；而当未施加任何载荷时(图 5.2(a)),裂纹尖端回波在图 5.2(c)的下方波形中是无法测得的,图中虚线椭圆所包围的时间区域对应于裂纹尖端回波的到达时间。另外,当施加拉应力时,裂纹尖端回波出现在图 5.2(c)的上方波形中,这是因为裂纹因施加拉伸载荷而开裂,也就是说裂纹最初是闭合的。

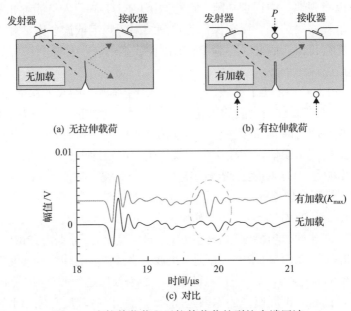

图 5.2　有拉伸载荷和无拉伸载荷的裂纹尖端回波

　　利用 PA 也可以确定裂纹是否闭合,图 5.3 给出了 PA 方法的实验配置和成像结果[15]。如图 5.3(a)所示,实验设备采用法国 Imasonic 公司的 32 阵元阵列换能器(5MHz,阵元间距 0.5mm)和日本 KJTD 公司的商品化 PA 设备(PAL),将换能器置于试件上表面。在 A7075 铝合金紧凑拉伸(compact tension,CT)试件中,以 $K_{max} = 9.0\mathrm{MPa \cdot m}^{1/2}$ 和 $K_{min} = 0.6\mathrm{MPa \cdot m}^{1/2}$ 的疲劳条件预制疲劳裂纹。分别在 $K = 0\mathrm{MPa \cdot m}^{1/2}$ 和 $K = 7.0\mathrm{MPa \cdot m}^{1/2}$ 的加载条件下对裂纹区域进行实时成像。当 $K = 0\mathrm{MPa \cdot m}^{1/2}$ 时(图 5.3(b)),裂纹不可见但预制裂纹槽可见,而在 $K = 7.0\mathrm{MPa \cdot m}^{1/2}$ 时(图 5.3(c)),裂纹尖端清晰可见。这是因为裂纹由于施加拉伸载荷而开裂了,如图 5.3(d)、(e)所示,也说明裂纹最初是闭合的。

　　此外,在相同的实验设置下,使用 PA 实时监测了闭合裂纹在正弦载荷($K = 0 \sim 7.0\mathrm{MPa \cdot m}^{1/2}$、频率 0.1Hz)下的动态变化。图 5.4(b)为以 0.25s 时间间隔绘制的裂纹尖端处响应强度曲线,而与施加到裂纹上的拉应力成比例的 K 也同样绘制曲线在图 5.4(a)中给出。当 $K \leqslant 0.5\mathrm{MPa \cdot m}^{1/2}$(区域 I)时,强度保持不变;当 $K = 0.5 \sim 2.4\mathrm{MPa \cdot m}^{1/2}$(区域 II)时,强度随 K 线性增加;当 $K = 2.4\mathrm{MPa \cdot m}^{1/2}$ 以

上(区域 III)时，强度达到饱和。这表明裂纹在区域 I 中闭合，在区域 II 中逐渐张开(部分闭合)，在区域 III 中已完全张开。因此，通过常规的 UT 可以测量区域 III 中的裂纹，而通过常规 UT 测量区域 I 和 II 中的裂纹时，则可能出现漏检或低估裂纹尺寸。

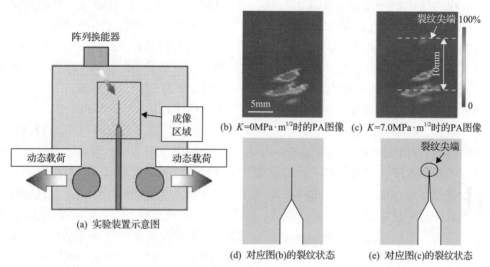

(a) 实验装置示意图

(b) $K=0MPa·m^{1/2}$时的PA图像　(c) $K=7.0MPa·m^{1/2}$时的PA图像

(d) 对应图(b)的裂纹状态　　　　(e) 对应图(c)的裂纹状态

图 5.3　无拉伸应力和有拉伸应力的裂纹尖端超声相控阵成像结果

使用了 32 阵元阵列换能器(5MHz)，本图来自文献[15]，有修改，经 Elsevier 许可

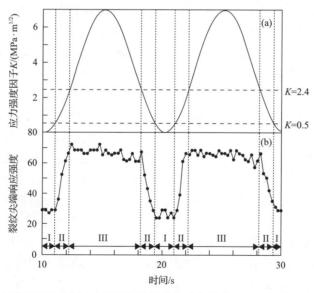

图 5.4　伺服液压疲劳试验机测力计测得的动态载荷及裂纹尖端的响应强度

本图来自文献[15]，有修改，经 Elsevier 许可

因此，可以通过伺服液压疲劳试验机等对裂纹施加外部拉伸载荷，并结合 UT 来判断闭合裂纹存在与否。但是，这种试验机只适用于实验室，无法用于结构和材料的实际应用。所以，需要一种不使用该类试验机的 UT 方法来解决闭合裂纹问题。

作为解决该问题最有前途的方法，非线性超声得到了广泛研究，如综述文献[20]~[22]和专著[23]所述。首先简要介绍一下固体中非线性超声的研究。在传统意义上，非线性超声的研究首先是为了测量均匀的弹性非线性，如三阶弹性常数[24]，这与原子间相互作用的非谐性产生的热膨胀系数有关。这种非线性主要通过测量频率为 f 的入射波在固体中传播时产生的频率为 $2f$ 的二次谐波进行研究，因为二次谐波的幅值与之前提到的"经典"非线性成正比[23]。

另外，Buck 等在 19 世纪 70 年代后期做出了一项划时代的突破[25]。他们发现，接触界面(如由裂纹面组成的接触界面)由于超声波的入射，会出现类似"鼓掌"一样的拍击效应，因此可以产生二次谐波。这意味着裂纹可以通过与超声之间的非线性相互作用而表现出局部弹性非线性。自该现象被发现以来，用于无损检测的非线性超声技术就受到了广泛研究。迄今为止，出现了各种非线性现象的报道，包括与经典非线性完全不同的现象[20-23]。因此，这种由界面的接触振动引起的非线性称为"非经典"非线性[26-30]或接触声非线性(contact acoustic nonlinearity，CAN)[26,27]。

就如何引起界面的接触振动而言，非经典非线性的研究方法可分为方法 A 和方法 B 两种。方法 A 是在兆赫兹(MHz)级频率范围内发射高幅值的超声波，以引起接触振动并测量其响应。方法 B 则是以千赫兹(kHz)级(或更低)频率的大位移泵浦波(或振动)来引起接触振动，并通过小振幅高频探测波来测量接触振动的响应。方法 A 和方法 B 将分别在下面进行更详细的说明。

方法 A：高幅值探测波。

正如前文所述，Buck 等在 19 世纪 70 年代后期发明了该方法。由于闭合裂纹可以表现出很强的弹性非线性，故频率为 f 的高幅值入射波会产生频率为 $2f$ 的二次谐波[25]，包括二次谐波在内的非线性分量的产生原理可以解释如下。使高幅值的超声波射向封闭裂纹，可以引起裂纹面的接触振动，从而导致波形畸变。时域中的波形畸变对应于高次谐波分量的产生，这些高次谐波分量的频率是基波频率的整数倍(如 $2f$、$3f\cdots$)，基波频率对应于入射波的中心频率[25,31-33]。目前已经在拍击、摩擦、爆裂等现象的假设下，从理论上解释了接触振动的产生[23]。有趣的是，接触振动不仅会导致高次谐波的产生，还会导致其他非线性成分的产生。例如，通过增大入射波的振幅，除高次谐波外，还可以产生频率为 $f/2$ 的次谐波。高次谐波可以通过经典和非经典非线性生成，而次谐波只能通过非经典非线性生成。需要注意的是，由于其产生机理不同，次谐波比高次谐波具有选择性更强的优势[34-38]。

方法 B：小振幅探测波和大位移泵浦波（或振动）。

方法 B 基于探测波和泵浦波(或振动)的组合[39-42]。该方法既利用探测波的高频又利用泵浦波的低频，探测波具有较高的空间分辨率，而泵浦波具有较大的振动位移。使用泵浦波激励可引起裂纹面的接触振动，这可能导致探测波的透射和反射系数发生变化。因此，在探测波的响应中会发生振幅调制。此处，时域中的振幅调制对应于频域中边带(即和频与差频)的生成。

上述关于非线性超声的研究是基于波形观察和频率分析的。鉴于非线性超声的实际应用性和 PA 等成像技术的发展，它们的组合应用非常有前景。在此前提下，Ohara 等提出了一种将非线性超声与 PA 结合的新型闭合裂纹成像技术[43]，且该领域研究人员最近也提出了类似的其他三种技术[44-46]。这些技术可以称为非线性超声 PA。每种技术对于闭合裂纹成像的有效性都得到了验证。但同时，每种技术也都有其优缺点。尽管了解这些技术的基本原理和特性对于将其用于研究和实际应用很重要，但由于这些技术的复杂性，要从相似性、差异性、优势、劣势、易用性、可实现性等方面理清所有的技术也并非易事。

本章将全面回顾迄今为止已发表的非线性超声 PA 方法。为此，首先将它们分为四种方法：

(1)次谐波(5.2 节)；

(2)并行和顺序发射(5.3 节)；

(3)全阵元、奇数阵元和偶数阵元传输(5.4 节)；

(4)热应力的利用(5.5 节)。

方法(1)是基于对特定非线性分量(如次谐波)的测量，该非线性成分是利用高能量超声波入射产生的[43]。方法(2)和(3)都是基于基频分量的测量，从而间接测量所有非线性分量，但(2)和(3)两种方法利用了不同的数据采集模式和后处理算法[44,45]。方法(4)是基于泵浦波(即由冷却喷雾引起的热应力)和探测波(即 PA)的组合应用[46]。总之，方法(1)～(3)和(4)分别属于方法 A 和方法 B。

本章首先在 5.1 节简要概述非线性超声、PA、闭合裂纹的定义和非线性超声PA。5.2 节将按基本原理、实验条件和成像结果的顺序，对非线性超声 PA 方法(1)进行介绍。5.3 节和 5.4 节分别介绍非线性超声 PA 方法(2)和(3)，它们利用了不同的数据采集模式和后处理算法对基频分量进行分析处理。最后在 5.5 节介绍利用热应力的非线性超声 PA 方法(4)。

5.2　次　谐　波

非线性超声的测量对象通常是由高幅值超声波入射引起的裂纹面接触振动

所产生的特定非线性分量之一。在各类非线性分量中，由频率为 f 的高幅值入射波产生的高次谐波（$2f$、$3f$ 等）得到广泛研究[20-23]。但是，高次谐波不仅可以在闭合裂纹处产生，同样也会在耦合剂、换能器、电路等处产生。这导致高次谐波的来源难以识别，也难以实现闭合裂纹的高选择性成像。另外研究表明，频率为 f 的高幅值入射波可以在闭合裂纹处产生次谐波（$f/2$、$f/3$、$\cdots$）[34,37,38]。值得注意的是，次谐波的产生机理似乎可以用接触振动和共振现象来解释，而高次谐波的产生机理只能用接触振动来解释。由于存在这种差异，在耦合剂、换能器或电路上是无法产生次谐波的。因此从原理上讲，与使用高次谐波相比，使用次谐波的方法可以实现更高选择性的闭合裂纹成像。在使用次谐波方法的基础上，研究者提出了第一种非线性超声 PA 方法。这种方法称为用于裂纹评估的次谐波PA（sub-harmonic phased array for crack evaluation，SPACE）方法[12,43,47-61]。SPACE 方法是基于高幅值短脉冲激励生成次谐波和具有频率滤波功能的 PA 算法实现的。

对于 SPACE 方法的实现，应考虑以下几点：①在 SPACE 方法中建立一种产生高幅值短脉冲波的方法至关重要，因为产生次谐波所需的入射波振幅通常高于产生高次谐波的振幅[62]；②确保入射波不包含任何次谐波分量也很重要；③短脉冲的长度应该是适当的，因为必须在滤波时处理短脉冲的带宽，以分别提取基频分量（线性）和次谐波分量（非线性）。本节首先介绍 SPACE 方法的基本原理及其成像算法。在阐述 SPACE 入射波选择合理性的同时会介绍实验设置。最后，以几个闭合裂纹试件的成像结果作为范例进行讨论。

5.2.1　基本原理

SPACE 方法的示意图如图 5.5 所示。图 5.5（a）示出了 SPACE 的第一种实现方法：使用 LiNbO$_3$ 单晶换能器（简称 LN 换能器）作为发射器并使用阵列换能器作为接收器。为了确保闭合裂纹处产生次谐波所需的高能超声波，制作了带有聚酰亚胺楔块的 36°Y 形 LN 换能器。选择 LN 作为换能器的压电材料，因为它具有很高的介电击穿电压，可以承受实现高幅值入射波所需的高激励电压。由函数发生器生成频率为 f 的正弦波，并使用门控放大器放大。随后将该信号输出到 LN 换能器，以向裂纹入射高幅值的短脉冲。当裂纹具有张开部分和尖端闭合部分时，在基频（f）和次谐波（$f/2$）频率处的线性和非线性散射信号将分别出现在张开部分和尖端闭合部分。线性和非线性散射信号选用带宽覆盖基频和次谐波频率的压电阵列换能器接收。当发射器和接收器由不同的设备操作时，应注意其同步问题。在执行PA 成像算法的延迟求和（delay-and-sum, DAS）处理[4-6,9]之前，需要先使用带通滤波器（band-pass filter, BPF）将接收到的信号分为基频分量和次谐波分量，再分别进行处理。由于散射波的带宽与入射波的周期数成反比，BPF 和入射波的带宽都应进

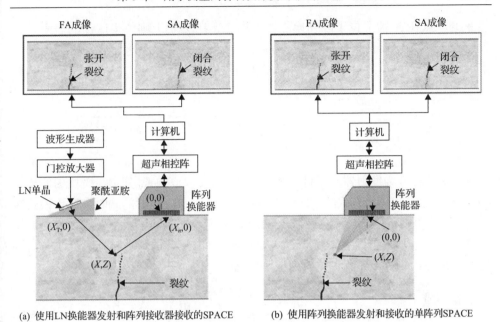

(a) 使用LN换能器发射和阵列接收器接收的SPACE　　　(b) 使用阵列换能器发射和接收的单阵列SPACE

图 5.5　SPACE 方法示意图

行优化处理。关于 BPF 的选择，尽管传统上一般选用模拟滤波器，但目前在很多情况下还是采用灵活的数字滤波器[9]。要在现场可编程门阵列(field programmable gate array, FPGA)这种快速实时成像的 PA 硬件中实施滤波，可以考虑使用有限冲激响应(finite impulse response, FIR)滤波器或无限冲激响应(infinite impulse response, IIR)滤波器，因为这类滤波器可以在模数转换器(analog-to-digital converter, ADC)运行后立即在 FPGA 上实现带通滤波。另外，由于近年来 PA 硬件和计算机之间的数据传输速度大大提高，也可以在数据传输到计算机之后，再使用数字滤波器进行后处理。许多类型的滤波器都是可以使用的，如快速傅里叶变换滤波器、小波滤波器、FIR 滤波器和 IIR 滤波器。随后，对基频分量和次谐波分量进行接收聚焦的 DAS 处理，DAS 处理细节将通过下面的公式进行描述。在目标成像区域即感兴趣区域(region of interest, ROI)上重复后处理操作，得到基频阵列(fundamental array, FA)和次谐波阵列(sub-harmonic array, SA)成像结果，这些结果分别显示了裂纹的张开部分和闭合部分。以上就是图 5.5(a)中使用 LN 换能器发射和阵列接收器接收的 SPACE 的基本原理，也称为 LN SPACE[43,47-51,59-61]。作为另一种选择，有研究者提出了将单阵列换能器同时作为发射器和接收器的 SPACE 方法(图 5.5(b))，称为单阵列 SPACE[12,52-55,57,58,60]。单阵列 SPACE 与 LN SPACE 相似，但是在高电压脉冲激励下，单阵列 SPACE 通过发射聚焦产生大振幅入射波。以下是两种方法的成像算法，其中部分包括了非线性的模式转换[61]。

根据图 5.5(a)所示 LN SPACE 示意图，可编制成像算法。图中，XZ 直角坐

标系的原点在 X 轴上位于阵列换能器的中心，在 Z 轴上则位于试件的表面。假设待测试件是均质且各向同性的，那么根据几何关系和声速，从发射器到聚焦点 $F(X,Z)$ 处散射的纵波 (LL) 再到阵列换能器的第 n 个阵元 $E_n(X_n,0)$ 接收的总传播时间为

$$t_{\mathrm{L}}(X,Z,n) = \frac{L_{\mathrm{W}}}{V_{\mathrm{W}}} + \frac{\sqrt{(X_{\mathrm{T}}-X)^2 + Z^2}}{V_{\mathrm{L}}} + \frac{\sqrt{(X_n-X)^2 + Z^2}}{V_{\mathrm{L}}} \tag{5.1}$$

式中，$T(X_{\mathrm{T}},0)$ 为发射器与试件界面上的入射点；L_{W} 和 V_{W} 分别为楔块中的传播距离和纵波波速；V_{L} 为试件中的纵波波速。除纵波外，散射的同时会发生模式转换，产生可用于成像的剪切波[60,61]。因此，研究者还编制了用于模式转换的剪切波成像算法。从发射器到聚焦点 $F(X,Z)$ 处散射出现模式转换的剪切波 (LS) 再到阵列换能器的第 n 个阵元 $E_n(X_n,0)$ 的总传播时间为

$$t_{\mathrm{S}}(X,Z,n) = \frac{L_{\mathrm{W}}}{V_{\mathrm{W}}} + \frac{\sqrt{(X_{\mathrm{T}}-X)^2 + Z^2}}{V_{\mathrm{L}}} + \frac{\sqrt{(X_n-X)^2 + Z^2}}{V_{\mathrm{S}}} \tag{5.2}$$

式中，V_{S} 为试件中的剪切波波速。LL 和 LS 散射波的第 1 个和第 n 个阵元之间的传播时间差 $\Delta t_{\mathrm{L}}(X,Z,n)$ 和 $\Delta t_{\mathrm{S}}(X,Z,n)$ 由下列公式给出：

$$\Delta t_{\mathrm{L}}(X,Z,n) = t_{\mathrm{L}}(X,Z,n) - t_{\mathrm{L}}(X,Z,1) \tag{5.3}$$

$$\Delta t_{\mathrm{S}}(X,Z,n) = t_{\mathrm{S}}(X,Z,n) - t_{\mathrm{S}}(X,Z,1) \tag{5.4}$$

上述公式对应于延迟法则。假设在第 n 个阵元处接收到信号，并分别滤波得到基波和次谐波信号 $u_{n,f}(t)$ 和 $u_{n,f/2}(t)$，通过 DAS 方法利用式 (5.1) 和式 (5.3) 对 LL 模式进行处理，得到的基频和次谐波信号可以分别表示如下：

$$U_{f,\mathrm{L}}(X,Z,t) = \frac{1}{N} \sum_{n=1}^{N} u_{n,f}(t - \Delta t_{\mathrm{L}}(X,Z,n)) \tag{5.5}$$

$$U_{f/2,\mathrm{L}}(X,Z,t) = \frac{1}{N} \sum_{n=1}^{N} u_{n,f/2}(t - \Delta t_{\mathrm{L}}(X,Z,n)) \tag{5.6}$$

式中，N 为阵列换能器的阵元总数。基频和次谐波的散射强度可以分别取为式 (5.5) 和式 (5.6) 的均方根 (root-mean-square, RMS) 值：

$$I_{f,\mathrm{L}}(X,Z) = \left(\frac{1}{\Delta \tau} \int_{t_{\mathrm{L}}(X,Z,1)}^{t_{\mathrm{L}}(X,Z,1)+\Delta \tau} U_{f,\mathrm{L}}^2(X,Z,t)\mathrm{d}t \right)^{1/2} \tag{5.7}$$

$$I_{f/2,\mathrm{L}}(X,Z) = \left(\frac{1}{\Delta\tau} \int_{t_{\mathrm{L}}(X,Z,1)}^{t_{\mathrm{L}}(X,Z,1)+\Delta\tau} U_{f/2,\mathrm{L}}^2(X,Z,t)\mathrm{d}t \right)^{1/2} \tag{5.8}$$

式中，$\Delta\tau$ 为 RMS 计算的时间窗宽。

同理，通过 DAS 方法利用式 (5.2) 和式 (5.4) 对 LS 模式进行处理，得到的基频和次谐波信号可以分别表示如下：

$$U_{f,\mathrm{S}}(X,Z,t) = \frac{1}{N}\sum_{n=1}^{N} u_{n,f}(t - \Delta t_{\mathrm{S}}(X,Z,n)) \tag{5.9}$$

$$U_{f/2,\mathrm{S}}(X,Z,t) = \frac{1}{N}\sum_{n=1}^{N} u_{n,f/2}(t - \Delta t_{\mathrm{S}}(X,Z,n)) \tag{5.10}$$

基频和次谐波的散射强度可以分别取为式 (5.9) 和式 (5.10) 的均方根值：

$$I_{f,\mathrm{S}}(X,Z) = \left(\frac{1}{\Delta\tau} \int_{t_{\mathrm{S}}(X,Z,1)}^{t_{\mathrm{S}}(X,Z,1)+\Delta\tau} U_{f,\mathrm{S}}^2(X,Z,t)\mathrm{d}t \right)^{1/2} \tag{5.11}$$

$$I_{f/2,\mathrm{S}}(X,Z) = \left(\frac{1}{\Delta\tau} \int_{t_{\mathrm{S}}(X,Z,1)}^{t_{\mathrm{S}}(X,Z,1)+\Delta\tau} U_{f/2,\mathrm{S}}^2(X,Z,t)\mathrm{d}t \right)^{1/2} \tag{5.12}$$

通过在成像区域 (即 ROI) 中的每个像素点绘制 $I_{f,\mathrm{L}}(X,Z)$、$I_{f/2,\mathrm{L}}(X,Z)$、$I_{f,\mathrm{S}}(X,Z)$ 和 $I_{f/2,\mathrm{S}}(X,Z)$，可得到 LN SPACE 中以 LL 和 LS 散射波为基础的 FA 和 SA 成像结果。

通过同样的计算方法，如图 5.5(b) 所示的单阵列 SPACE 的成像算法计算公式如下。从 $E_n(X_n,0)$ 到 $F(X,Z)$ 的传播时间可表示为

$$t_{\mathrm{T}}(X,Z,n) = \frac{\sqrt{(X-X_n)^2 + Z^2}}{V_{\mathrm{L}}} \tag{5.13}$$

第 1 个和第 n 个阵元之间的传播时间差 $\Delta t_{\mathrm{T}}(X,Z,n)$ 可表示为

$$\Delta t_{\mathrm{T}}(X,Z,n) = t_{\mathrm{T}}(X,Z,n) - t_{\mathrm{T}}(X,Z,1) \tag{5.14}$$

上述公式对应于发射聚焦的延迟法则。与高电压脉冲激励配合使用，将超声聚焦于 $F(X,Z)$ 以实现高幅值入射。

LL 散射波从坐标为 $(0,0)$ 的阵列换能器中心穿过 $F(X,Z)$ 到 $E_n(X_n,0)$ 的传播时间为

$$t_{\mathrm{R}}(X,Z,n) = \frac{\sqrt{X^2 + Z^2} + \sqrt{(X-X_n)^2 + Z^2}}{V_{\mathrm{L}}} \tag{5.15}$$

因此，第 1 个和第 n 个阵元之间的传播时间差可表示为

$$\Delta t_R(X,Z,n) = t_R(X,Z,n) - t_R(X,Z,1) \tag{5.16}$$

该式对应于接收聚焦的延迟法则。通过 DAS 方法利用式 (5.15) 和式 (5.16) 对 LL 模式进行处理，得到的基波和次谐波信号可以分别表示为

$$U_{f,L}(X,Z,t) = \frac{1}{N}\sum_{n=1}^{N}u_{n,f}(t - \Delta t_R(X,Z,n)) \tag{5.17}$$

$$U_{f/2,L}(X,Z,t) = \frac{1}{N}\sum_{n=1}^{N}u_{n,f/2}(t - \Delta t_R(X,Z,n)) \tag{5.18}$$

基波和次谐波的散射强度可以分别取为式 (5.17) 和式 (5.18) 的 RMS 值：

$$I_{f,L}(X,Z) = \left(\frac{1}{\Delta\tau}\int_{t_R(X,Z,1)}^{t_R(X,Z,1)+\Delta\tau} U_f^2(X,Z,t)\mathrm{d}t\right)^{1/2} \tag{5.19}$$

$$I_{f/2,L}(X,Z) = \left(\frac{1}{\Delta\tau}\int_{t_R(X,Z,1)}^{t_R(X,Z,1)+\Delta\tau} U_{f/2}^2(X,Z,t)\mathrm{d}t\right)^{1/2} \tag{5.20}$$

通过在 ROI 中的每个像素点绘制 $I_f(X,Z)$ 和 $I_{f/2}(X,Z)$，可得到单阵列 SPACE 的 FA 和 SA 成像结果。

5.2.2　实验配置

本节总结四个实验配置，以验证在 5.2.3 节由 LN SPACE 和单阵列 SPACE 获得的成像结果。首先，为了评估 SPACE 的基本性能，通过三点弯曲疲劳试验，制作了两个具有清晰疲劳裂纹的 A7075 铝合金（$V_L = 6230\mathrm{m/s}$）试件（图 5.6）。为了生成张开和闭合的疲劳裂纹，选择的疲劳条件分别为 $K_{\max} = 5.3\mathrm{MPa\cdot m^{1/2}}$ 和 $K_{\min} = 0.6\mathrm{MPa\cdot m^{1/2}}$，以及 $K_{\max} = 4.3\mathrm{MPa\cdot m^{1/2}}$ 和 $K_{\min} = 0.6\mathrm{MPa\cdot m^{1/2}}$。每个裂纹从预制裂纹槽的顶部向内延伸大约 20mm 的深度。制作了带聚酰亚胺楔块的 LN 发射器，其中 LN 的中心频率为 7MHz。所用的激励波形是频率为 7MHz 的三周期脉冲，由美国 RITEC 公司的门控放大器 GA5000 对该激励信号进行放大。接收器方面，选用了 32 阵元阵列换能器（5MHz，阵元间距 0.5mm）接收基频（7MHz）和次谐波（3.5MHz）分量，并使用日本 KJTD 公司的 PA 硬件 PAL 进行操作。实验采样率为 50MS/s。DAS 处理的深度和角度步长分别为 1mm 和 1°。在 FPGA 上实现了带宽为 6～8MHz 和 2.5～4.5MHz 的无限冲激响应带通滤波器，以分别过滤信号中的基频和次谐波分量。

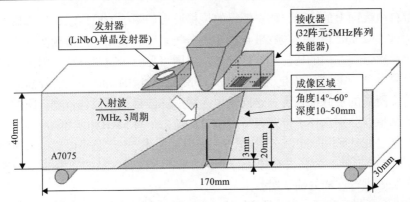

图 5.6　用于对张开及闭合疲劳裂纹样本进行成像的 LN SPACE 实验配置（A7075）

　　对于本实验，这里以检查 SPACE 入射波的适用性为例对其方法进行说明。对于 SPACE，使用具有高幅值、适当带宽（脉冲长度）和单频激励（无任何非线性分量）的入射波是至关重要的。为了确认入射波是否满足要求，应在其穿过流体耦合剂后在试件中测量入射波，最好在入射波将要传播到裂纹之前对其进行测量。然而，在疲劳裂纹试件的裂纹位置处测量入射波实际上是不可行的。为实现上述测量，将相同材料（A7075）的一块试件制成倾斜表面，如图 5.7（a）所示，以便可以通过激光多普勒测振仪在裂纹位置测量纵向入射波，它能够以非常宽且平坦的带

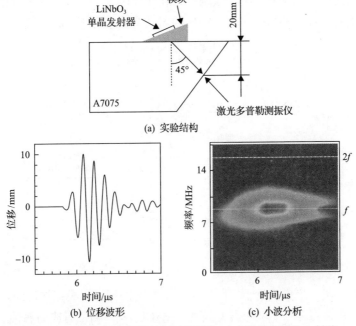

图 5.7　使用激光多普勒振动仪测量图 5.6 中裂纹位置的入射波

宽测量自由表面上的离面位移。测得的位移波形如图 5.7(b) 所示，位移振幅的峰峰值达到了 20nm 以上。位移波形的小波分析表明，正如理论所预测的，入射波不含包括次谐波在内的任何非线性分量。由图可见，带宽足够窄，因而可以在将接收信号分离为基频(7MHz)和次谐波(3.5MHz)分量的同时，保留较高的成像空间分辨率所需的短脉冲长度。这同时也为频率滤波提供了最佳带宽。根据以上初步实验结果，分别选择了带宽为 6～8MHz 和 2.5～4.5MHz 的无限冲激响应带通滤波器来过滤基频和次谐波分量(图 5.7)。根据上述方法，是可以确认入射波是否适合于 SPACE 的。为获得有意义的研究结果，不仅对 SPACE，还应对所有非线性超声实验进行这样的确认实验。

在进行了张开和闭合疲劳裂纹的基本实验后，在厚度为 40mm 的 SUS316L 奥氏体不锈钢($V_L = 5940\text{m/s}$)疲劳裂纹试件中研究了 SPACE 成像结果的裂纹闭合依赖性，该试件用于核电站的循环管道。在 $K_{\max} = 18.6\text{MPa} \cdot \text{m}^{1/2}$ 和 $K_{\min} = 0.6\text{MPa} \cdot \text{m}^{1/2}$ 的疲劳条件下，裂纹从预制裂纹槽延伸了约 8mm 深度。为了对单个试件中具有不同闭合应力的闭合裂纹进行成像，需在进行成像的同时向试件施加静载荷，该载荷会在裂纹上产生拉伸弯曲应力以释放原始的闭合应力，如图 5.8 所示。其中，在无裂纹梁条件下，根据施加的静载荷、弹性常数、密度和几何形状等条件估算了其名义弯曲应力。由于裂纹周围应力场的复杂性，很难对闭合应力进行严格的计算，故将该名义弯曲应力作为度量闭合应力所释放的应力大小。在保证其他实验条件(如发射器、阵列换能器、激励电压和成像区域)与之前(图 5.6)相同的情况下，分别在 19MPa、84MPa 和 112MPa 的名义弯曲应力下进行了测量。

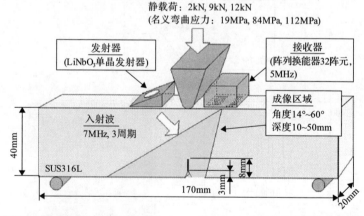

图 5.8 模拟各种裂纹闭合应力并使用 LN SPACE 对 SUS316L 疲劳裂纹试件进行成像的实验配置

下述实验在一个更接近于实际应用的试件上进行，以模拟核反应堆中的实际工程检测。在该实验中，将使用单阵列 SPACE 来检测带有应力腐蚀裂纹(stress corrosion cracking, SCC)的试件。在高压釜中 280℃高温加压水中的残余应力作用下，在敏化 SUS304 不锈钢（$V_L = 5900\text{m/s}$）管的热影响区域（HAZ）产生 SCC。在形成 SCC 超过一年后，将试件切割并加工成适用于 UT 的长方体。需要注意的是，该试件不仅存在焊缝，而且存在粗晶粒母材，这将导致在粗晶粒边界处发生强烈的线性散射，也就是说对该试件的检测将极具挑战性。实验配置如图 5.9 所示。选用了 32 阵元阵列换能器（5MHz，阵元间距 0.5mm）用于发射和接收，并通过法国 M2M 公司的 PA 硬件（MultiX LF）进行操作。激励波形为频率 7MHz 的三周期脉冲信号，选择该激励频率是为了使阵列换能器可以同时有效接收到基频（7MHz）和次谐波（3.5MHz）分量。分别使用了带宽为 6～8MHz 和 2.5～4.5MHz 的快速傅里叶变换带通滤波器，来过滤接收信号中的基频和次谐波分量。阵列换能器的合适位置将通过手工扫描来查找。

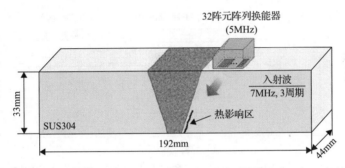

图 5.9　SUS304 奥氏体不锈钢试件（在 280℃高温高压水中）的热影响区（HAZ）所形成应力腐蚀开裂的单阵列 SPACE 成像实验配置

最后，再次选用了 LN SPACE 来探索多模式 SPACE 成像的可行性。这里通过一种加速形成方法制备了复杂分支的 SCC[46,47,56]。由于其低生长速率，在实验室中很难形成深度超过 10nm 的复杂分支的 SCC。为解决该问题，首先在 SUS600 奥氏体不锈钢（$V_L = 5800\text{m/s}$，该材料在 4h 的 600℃温度下已敏化）试件中切割了预制裂纹槽，并进行了三点弯曲疲劳实验使其疲劳预裂纹扩展至约 10mm 的深度，疲劳条件为 $K_{\max} = 28\text{MPa} \cdot \text{m}^{1/2}$ 和 $K_{\min} = 0.6\text{MPa} \cdot \text{m}^{1/2}$。随后，将试件浸没在腐蚀性环境中，在静态弯曲应力下疲劳预裂纹的尖端形成了 SCC。腐蚀性环境是在 90℃下使用质量分数 30%的 $MgCl_2$ 溶液，且为了形成复杂分支的 SCC，在裂纹上施加了 1300h（即 54 天）的 124MPa 名义弯曲应力。实验配置如图 5.10 所示。以 220V_{pp} 的 7MHz 三周期脉冲信号激励 LN 发射器。接收器方面，使用 64 阵元阵列换能器（5MHz，阵元间距 0.5mm）接收来自 SCC 的直接散射波和底面散射波，通过法国 M2M 公司的 PA 硬件（MultiX LF）进行操作。SCC 处的成像区域为 50mm×12mm，步长为 0.2mm。使用带宽为 2.5～4.5MHz 的快速傅里叶变换带通滤波器提取接收信号中的次谐波分量（3.5MHz）。此外，为模拟实际工程中的检测环境，实验分别以从裂纹左侧入射（图 5.10（a））和从裂纹右侧入射（图 5.10（b））两种方式进行。

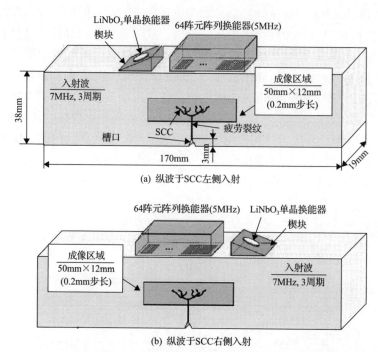

图 5.10   用于对分支 SCC 成像的多模式 SPACE 的两个实验配置

本图来自文献[61]，有修改，版权属日本应用物理学会(2019)

5.2.3   成像结果

为了评估 LN SPACE 的基本性能，分别使用该方法检测存在张开和闭合疲劳裂纹的两类 A7075 疲劳裂纹试件。使用图 5.6 中所示的实验设置，其入射波的适用性已在图 5.7 中得到验证。其成像结果如图 5.11 所示。在张开裂纹试件中，裂纹尖端在 FA 图像中清晰可见(图 5.11(a))，而 SA 图像中无任何显示(图 5.11(b))。此外，FA 图像中的裂纹尖端位置与照片所示的实际裂纹尖端位置一致(图 5.11(c))，

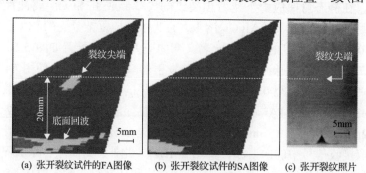

(a) 张开裂纹试件的FA图像   (b) 张开裂纹试件的SA图像   (c) 张开裂纹照片

 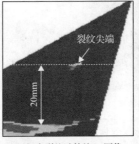 

(d) 闭合裂纹试件的FA图像　　(e) 闭合裂纹试件的SA图像　　(f) 闭合裂纹照片

图 5.11　　A7075 张开及闭合裂纹试件的裂纹尖端 SPACE 成像结果比较

本图来自文献[43]，有修改，版权属美国物理研究所(2007)

这表明对应于线性 PA 成像的 FA 成像可以用于检测张开型裂纹。在闭合裂纹试件中，图 5.11(d)中的 FA 图像无法显示如图 5.11(a)中显示的裂纹尖端图像，而在 SA 图像中裂纹尖端清晰可见(图 5.11(e))。在 SA 图像中显示的裂纹深度与实际裂纹深度非常吻合(图 5.11(f))，因此该实验证明了 SPACE 对于可视化常规 UT(线性)无法实现的闭合裂纹检测是有效可行的。

在评估了 SPACE 对张开和闭合疲劳裂纹检测的基本性能后，下面对 SPACE 成像结果的裂纹闭合依赖性进行研究，实验对象是用于核反应堆容器的 SUS316L 奥氏体不锈钢疲劳裂纹试件。在如图 5.8 所示的实验配置中，裂纹闭合应力的控制是通过施加不同的名义弯曲应力来实现的。图 5.12 显示了在施加 19MPa、84MPa 和 112MPa 的名义弯曲应力时获得的疲劳裂纹 FA 和 SA 成像结果。

在 19MPa 的弯曲应力下，FA 图像(图 5.12(a))仅显示了预制裂纹槽的 C 部分(图 5.12(c))。这表明预制裂纹槽和闭合裂纹之间的边界 C 具有明显的不连续性，因此 C 成为线性散射源。另外，SA 图像(图 5.12(b))不仅显示了 C，还显示了裂纹尖端 A 和中间部分 B。这表明进行的 SPACE 可以成像裂纹的各个部分，包括闭合的裂纹尖端。

当弯曲应力增加到 84MPa 时，FA 图像(图 5.12(d))可以显示出中间部分 B。这表明 B 是张开和闭合区域之间的明显边界，因此成为线性散射源。另外，SA 图像(图 5.12(e))可同时显示出 A 和 B 部分，而 B 处的强度低于其在图 5.12(b)中所显示的强度。这表明，此处所用的 SPACE 可以使裂纹尖端成像，且与闭合应力无关。

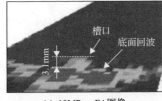 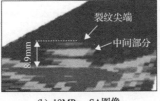 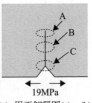

(a) 19MPa，FA图像　　　　　　(b) 19MPa，SA图像　　　　　(c) 用于解释图(a)、(b)

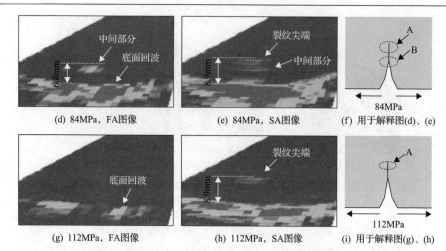

图 5.12　裂纹可视化程度取决于施加到 SUS316L 疲劳裂纹试件上的名义弯曲应力

图(c)、(f)和(i)中，A、B、C 分别表示裂纹尖端、中间部分、槽口部分，它们是基频和/或次谐波的散射源。
本图来自文献[43]，有修改，版权属美国物理研究所(2007)

　　随着弯曲应力进一步增加到 112MPa，FA 图像中开始无法显示裂纹(图 5.12(g))。
这样的结果出乎人们意料，因为与图 5.12(d)相比，图 5.12(g)中的 B 处裂纹张开
程度更大了，却无法观察到。以下假设可以解释这种现象，那就是 B 处的张开和
闭合区域之间的边界随着弯曲应力的增加而变得模糊，因此线性散射源减少。相
反，SA 图像(图 5.12(h))能够显示 A。这表明此时 A 仍处于闭合状态，能够产生
次谐波。

　　上述发现中最引人注目的是裂纹具有非常高的闭合应力，在施加超过 100MPa
的弯曲应力后，也只能部分释放该闭合应力。然而，实验中也成功显示了在各种
闭合应力下裂纹状态的变化。此外，SA 成像始终能够给出准确的裂纹深度，相反，
FA 成像则低估了裂纹深度。因此，该实验证明了所使用的 LN SPACE 作为一种针
对核电站材料和结构件可靠性的检测技术具有很好的应用前景。

　　SCC 是核电站的关键问题之一，因此下述实验是在更接近实际情况的 SCC 试
件上进行的[52]。本实验将在图 5.9、图 5.13(a)和图 5.13(b)实验设置下，通过单阵
列 SPACE 检测 HAZ 中的 SCC。在 FA 图像(图 5.13(c))中，成像区域出现了许多
其他响应，因此无法显示 SCC，而这些响应源于母材中粗晶粒边界处的强线性散
射。另外，在 SA 图像(图 5.13(d))中，SCC 被选择性地可视化为两个亮点(图中
白色椭圆虚线圈出)。这表明 SCC 是闭合的，其原因可能是高温加压水引起腐蚀
从而在裂纹面之间产生了氧化膜[12]。

　　在该实验中，还进一步进行了频率分析，以另一种方式证明了 SCC 处次谐波
的产生；针对 FA 和 SA 图像中具有较强响应的 A 点和 B 点，其 DAS 波形将分别

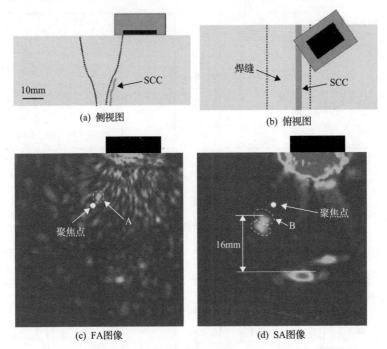

(a) 侧视图　　　　　　　　　　　　　(b) 俯视图

(c) FA图像　　　　　　　　　　　　(d) SA图像

图 5.13　SCC 试件上的阵列换能器位置以及 FA 和 SA 成像结果

侧视图和俯视图显示出换能器位置。对阵列换能器进行机械扫查以优化其位置。通过在图(a)和(b)中所示的阵列
换能器位置获得 SCC 的 FA(c)和 SA(d)单阵列 SPACE 成像结果

利用快速傅里叶变换进行分析。图 5.14 显示了 DAS 波形及其在 A 处的功率谱，A 处是具有强线性散射的位置(图 5.13(c))。在 5.5～6μs 的时间范围内，DAS 波形中未观察到波形畸变(图 5.14(a))，该波形被用于成像处理中 A 点的像素值计算。在 5.5～6μs 时间范围内 DAS 波形的功率谱中(图 5.14(b))，仅在基频(7MHz)附近观察到一个清晰的峰值。该现象是合理的，因为在 A 处的响应是粗晶粒边界的线性响应，同时这也暗示了该实验中使用的入射波不包含任何非线性成分。

接下来，图 5.15 显示了 DAS 波形及其在 B 处的功率谱，B 是具有次谐波强散射的位置(图 5.13(d))。与图 5.14(a)相比，8.5～9μs 的时间范围内，在 DAS 波形中清晰观察到了畸变(图 5.15(a))，该畸变被用于成像处理中 B 点的像素值计算。在 8.5～9μs 时间范围内 DAS 波形的功率谱中(图 5.15(b))，除了基频(7MHz)附近的多个峰值外，在次谐波频率(3.5MHz)附近也出现了一个清晰的峰值，其原因可能是来自多个粗晶粒的散射波出现了复杂的相互干扰现象。重点是，虽然线性散射发生在整个成像区域内，但次谐波的生成则位于闭合的 SCC 处。因此，以上结果表明，即使在粗晶粒材料中，也可通过单阵列 SPACE 实现高选择性的闭合裂纹成像。

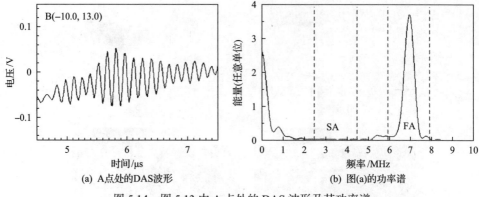

(a) A点处的DAS波形　　　　　　　(b) 图(a)的功率谱

图 5.14　图 5.13 中 A 点处的 DAS 波形及其功率谱

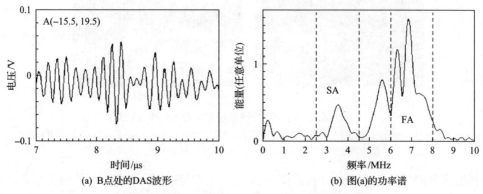

(a) B点处的DAS波形　　　　　　　(b) 图(a)的功率谱

图 5.15　图 5.13 中 B 点处的 DAS 波形及其功率谱

　　最后一个例子，再次选用了 LN SPACE 来讨论多模式 SPACE 成像在复杂分支 SCC 检测中的可行性，复杂分支 SCC 损伤常见于核电厂老化容器中。尽管上述实验已经涉及了次谐波纵波的测量，但已知非线性散射会产生模式转换，从而产生次谐波剪切波和纵波。多模式 SPACE 利用纵波(LL)和纵波入射模式转换产生的剪切波(LS)，从而为 SA 图像提供 LL 和 LS 两种模式。在如图 5.10(a) 实验设置下，分别获得了 LL 和 LS 模式的 SA 图像，如图 5.16(a) 和 (b) 所示。成像结果是根据式(5.1)～式(5.12)计算得出的。在 LL 模式的 SA 图像中(图 5.16(a)) 可以看到两处响应。出现多处响应意味着 SCC 损伤已产生了分支结构。而在 LS 模式的 SA 图像中(图 5.16(b))，清晰地出现了比图 5.16(a) 中更多的响应。这表明实际上 SCC 的分支范围比 LL 模式的 SA 图像所显示的范围更大。为检验入射方向对检测结果的影响，调换 LN 发射器和阵列换能器位置，再次进行实验 (图 5.10(b))，分别获得了 LL 和 LS 模式的 SA 图像，如图 5.16(d)、(e) 所示。在 LL 模式的 SA 图像中(图 5.16(d))可以看到两处响应，而在 LS 模式的 SA 图像中(图 5.16(e))清晰地出现了比图 5.16(d)中更多的响应,这些趋势是相似的,与入射方向无关。另外,对于相反的入射方向,每个成像结果中出现的响应位置也几乎是相反的,这表明复杂分支 SCC 的响应对入射角度的改变比较敏感。

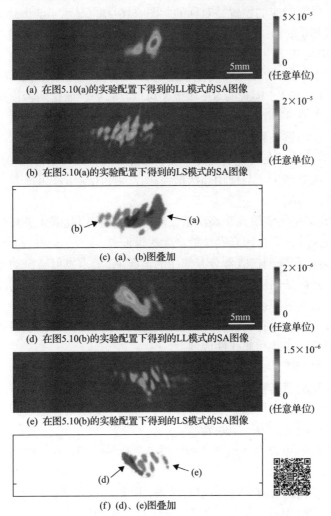

(a) 在图5.10(a)的实验配置下得到的LL模式的SA图像

(b) 在图5.10(a)的实验配置下得到的LS模式的SA图像

(c) (a)、(b)图叠加

(d) 在图5.10(b)的实验配置下得到的LL模式的SA图像

(e) 在图5.10(b)的实验配置下得到的LS模式的SA图像

(f) (d)、(e)图叠加

图 5.16　复杂分支 SCC 的 LL 模式和 LS 模式的 SA 成像结果(彩图请扫二维码)

图(c)中定义最大为蓝色和红色,最小为白色;图(f)中定义最大为蓝色和红色,最小为白色。

本图来自文献[61],有修改,版权属日本应用物理学会(2019)

　　更重要的是,在两组不同配置的实验中,LS 模式的 SA 成像(图 5.16(b)、(e))分辨率均优于 LL 模式的 SA 成像(图 5.16(a)、(d))分辨率。该结果是合理的,因为空间分辨率与波长成正比,而在相同频率下剪切波的波长仅为纵波波长的一半。这可以补偿由次谐波频率只有基频一半而引起空间分辨率降低的缺点。

　　为了更详细地比较每种配置下 LL 和 LS 模式的 SA 成像结果,将图 5.16(a)、

(b)和图 5.16(d)、(e)分别叠加,得到结果分别如图 5.16(c)、(f)所示,图像的调色模式被转换为蓝色和红色分别对应 LL 和 LS 模式中的像素最大值,白色对应像素最小值。图 5.16(c)清晰显示了 LL 和 LS 模式的 SA 图像对分支 SCC 不同部分的检出情况。尽管响应的位置是对称的,图 5.16(f)也显示了与上述相同的特征。对于裂纹深度测量,LL 模式的 SA 成像已能够满足该试件的检测需求,因为深度最深 SCC 响应是几乎位于同一位置的。另外一个重点是,在两组不同配置的 SA 成像实验中,许多在 LL 模式下未能检出的 SCC 分支部分都在 LS 模式下被检出。该结果表明,LL 和 LS 模式的 SA 成像是可以互补的,而这两种模式的结合使用将令 LN SPACE 在实际应用中的可靠性大大增加。

  最后,本节的重点和在应用方面需考虑的要点总结如下:

  (1)高次谐波不仅在闭合裂纹处产生,也会在换能器和耦合剂中产生,而次谐波仅在闭合裂纹处产生。与使用高次谐波相比,使用次谐波可以避免换能器和耦合剂中非线性的影响。

  (2)次谐波产生的阈值高于高次谐波产生的阈值,因此需要更高幅值的入射波使裂纹面接触振动,以在闭合裂纹处产生次谐波。

  (3)在发射器和阵列接收器分开使用的情况下,要求发射器振动元件具备高介电击穿电压,并配备高功率放大器使用,以实现高于次谐波产生阈值的高幅值入射,且需要注意发射和接收两组设备间的同步问题。

  (4)用于接收的阵列换能器需要具备较宽的带宽,以同时接收基频分量和次谐波分量来分别进行线性和非线性成像。

  (5)FA(线性)和 SA(非线性)成像之间的相互比较,对于阐明非线性超声 PA 研究的必要性和洞悉其物理意义都非常重要。

  (6)单阵列 SPACE 相比于 LN SPACE,可用于更小的接触表面,但该方法的最大入射波幅可能会受到一定限制。

  (7)LN 发射器可以由输出更高的发射器来代替[56,63],这可以拓展该方法的适用领域。

  (8)进行检测前应先对入射波进行检查,以确认其具有足够大的振幅、适当的带宽(即脉冲长度)以进行频率滤波和单频激励(在到达裂纹前不包含任何非线性成分)。为此,应使用能够以较大带宽测量位移的激光多普勒测振仪,并选择合适的激励电压和带通滤波器带宽。

5.3 并行和顺序发射

5.3.1 基本原理

  非线性超声中的大多数技术,都是基于对裂纹面接触振动产生的特定非线性分量进行测量的。非线性分量可以是高次谐波、次谐波等分量中一种。这种测量只针对其中一种特定分量，所以会丢失许多其他非线性分量中包含的缺陷信息。如果能够测量所有的非线性分量，将能够实现非常高的闭合裂纹检测敏感度。但是，压电阵列传感器不可能直接测得所有不同频率的非线性分量(如 $f/2$、$f/3$、$f/4$、$2f$、$3f$、$4f$等)，因为阵列传感器在其中心频率附近的带宽是有限的。此外，高频的高次谐波可能会因较高的衰减而无法被阵列换能器接收到。

另外，有研究者提出了一种利用基频响应的幅值依赖性间接测量所有非线性分量的方法。该概念提出是基于整体式换能器的基础波形测量，简称标度减少法(scaling subtraction method, SSM)[64-67]。接触界面(如闭合裂纹)的基频响应与入射波幅值可以呈现非线性关系，其主要原因是裂纹面的接触振动会消耗部分基频能量，而产生与入射波振幅相关的非线性分量。换言之，产生的非线性分量的能量都是由基频的能量提供的。目前，该原理已在混凝土之类的高衰减材料中得到了验证，而由于其声波的高衰减，几乎不可能直接从此类材料中测得高次谐波。

近来，研究者提出了一种利用基频分量对入射波幅值依赖性的非线性超声PA，以提高闭合裂纹检测的选择性。该方法称为基波幅值差分(fundamental wave amplitude difference, FAD)法[68,69]，还提出了非线性也可能源于基波的阈值行为。除了产生非线性分量外，基频分量的能量损失还可以归因于接触振动和/或裂纹面摩擦发热而导致的能量耗散[70-74]。基频处的响应不仅是从闭合裂纹获得的，而且还可以从其他线性散射体(如试件底面、粗晶粒、张开型裂纹等)获得。而值得注意的是，这些现象与入射波幅值呈非线性关系，而线性散射现象与入射波幅值线性相关。因此，通过利用基频响应对入射波幅值的关系，可以推断出由裂纹面接触振动引起的非线性响应，这是因为在闭合裂纹处消耗的基频能量随着入射波幅值的增加非线性变化，而线性散射体的基频响应随入射波幅值线性变化。该方法不是基于非线性分量的测量，而仅需测量基频分量。如此一来，尽管在 5.2 节中提到在测量特定非线性分量时必须仔细考虑阵列换能器的带宽，但这里仅需利用阵列换能器中心频率附近的带宽进行信号发射和接收即可。

要在实验中实现这一想法，最简单的方法是通过激励电压的变化来改变入射波幅值。通过选择两种(或更多种)不同的激励电压，可以很容易地改变入射波幅值。该方法已在 SSM[64-67]和 FAD 得到了应用，称为电压差分 FAD[68,69]。但是，由于换能器和液体耦合剂的存在，激励电压的变化会影响高次谐波的产生。尽管在高度非线性的材料(如砂岩、岩石和混凝土)中该影响可以忽略不计，但在金属试件中，可能会掩盖由裂纹引起的非线性响应[64-67]。

是否有可能在不改变激励电压的情况下调节入射波振幅？答案是肯定的。最近，文献[44]中提出了一种非常巧妙的方法，该方法利用具备多个独立阵元的阵列换能器实现了两种聚焦方法[44,75-78]。第一种聚焦方法采用顺序发射方式，其中阵列换能器的每个阵元都按顺序激励超声波并传入试件，同时所有阵元都用于接收。这种采集方式称为全矩阵捕获（FMC）[4,10]。随后，根据发射聚焦的延迟法则，对每个发射-接收阵元对的信号阵列数据集进行后处理，即不对试件进行物理聚焦。该聚焦方法需小振幅入射。第二种聚焦方法采用并行发射方式，其中阵列换能器的所有阵元都遵循用于顺序发射后处理的延迟法则进行激励，并且所有阵元都用于接收。同时，实验中还进行物理聚焦，以与顺序聚焦的情况进行对比。因此，并行发射方法中，在试件焦点处的实际入射波振幅要大于顺序发射的实际入射波振幅。重要的是，这两种聚焦方法在线性上是等效的，但由于在焦点处的绝对入射波振幅不同，它们在非线性上并不等效。因此，当闭合裂纹位于焦点附近时，与顺序发射相比，并行发射时从基波分量传输到其他非线性分量的能量更大。需注意，由于激励电压是固定的，对于两种类型的发射形式，压电阵元和液体耦合剂的非线性效应是相同的。本节将介绍使用并行和顺序发射的非线性超声 PA。

第一种并行和顺序发射非线性超声 PA 的实现方式基于对扩散场的测量，以推断出焦点处的非线性现象[44]，测量焦点处散射场内基频附近的相对能量，进行并行聚焦和顺序聚焦。如图 5.17 所示，试件在进行并行和顺序发射后的声场随时间推移，从相干场过渡到扩散场。尽管大多数 PA 基于相干场中的背散射波进行成像，但是它们无法利用从阵列换能器传播出去的透射波和散射波等其他模式的波。在文献[44]所提出的方法中，由于在任何点采样的能量都与系统在散射场中的总能量成比例，因此使用了扩散场。这意味着该技术可以间接推断出所有波模式中的全部非线性分量。故该方法对闭合裂纹有望达到非常高的敏感性。

另外，在大型结构和吸声材料中可能无法观察到扩散场，因为只有在可以限制声能的试件中才可形成可观察到的扩散场。因此，提出了第二种实现方式，即利用相干场进行并行和顺序发射[77]。它的优点是适用于无法形成扩散场的大型结构，而实现此方法要求 PA 硬件中的数模转换器有足够高的动态范围，以接收不同程度差异较大的相干散射波以进行并行和顺序发射。

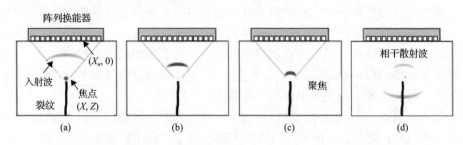

阵列换能器

入射波
裂纹
(X_n, 0)
焦点
(X, Z)

聚焦

相干散射波

(a)　　　　　(b)　　　　　(c)　　　　　(d)

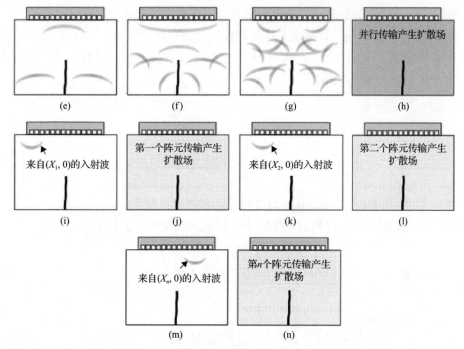

图 5.17　使用并行和顺序传输的非线性超声 PA 的示意图

图(a)~(h)给出了从相干场到扩散场的并行传输；图(a)显示在某个时刻遵循延迟定律激发所有元素，将入射波聚焦在焦点 (X, Z) 上；图(b)和(c)显示随着入射波振幅的增加，入射波接近焦点；图(d)显示聚焦波与裂纹相互作用产生的相干散射波和透射波；图(e)~(g)显示由于多次散射和反射，相干场逐渐接近扩散场；图(h)显示足够长时间之后，形成在任何位置都具有均匀能量的扩散场；图(i)~(n)显示从相干场到扩散场的过渡，进行顺序传输；图(i)和(j)分别为用第一个阵元传输的相干场和散射场；图(k)、(l)分别为用第二个阵元传输的相干场和散射场；图(m)和(n)分别为用第 n 个元素传输的相干场和散射场

　　图 5.17 展示了使用扩散场进行并行和顺序传输用于制定成像算法的示意图，其中 X-Z 笛卡儿坐标系的原点位于 X 轴阵列换能器的中心和 Z 轴试件表面。假定待检测的试件是各向同性且均质的。根据几何关系和声速，从第 n 个元素 $E_n(X_n, 0)$ 到焦点 $F(X, Z)$ 的传播时间可表示为

$$t_T(X, Z, n) = \frac{\sqrt{(X_n - X)^2 + Z^2}}{V_L} \tag{5.21}$$

式中，V_L 为样品中的纵波速度；X_n 为阵列换能器的第 n 个阵元的坐标。可以通过从式 (5.21) 中减去参考传播时间（即从原点 $(0, 0)$ 到 F）来计算将声波聚焦在 $F(X, Z)$ 处所需的发射时间延时：

$$\Delta t_T(X, Z, n) = \frac{\sqrt{(X_n - X)^2 + Z^2} - \sqrt{X^2 + Z^2}}{V_L} \tag{5.22}$$

它用于并行发射中每个阵元的延迟激励及顺序传输中的后处理。

假设用阵元 j 激励，在第 k 个阵元处接收到的顺序发射和在 $F(X,Z)$ 处并行聚焦的信号分别为 $v_{j,k}(t)$ 和 $w_k(X,Z,t)$，则在 t_d 到 $t_d + \Delta t_d$ 时间窗内的 $v_{j,k}(t)$ 和 $w_k(X,Z,t)$ 的振幅响应如下：

$$V_{j,k}(\omega) = \int_{t_d}^{t_d + \Delta t_d} v_{j,k}(t) \mathrm{e}^{-\mathrm{i}\omega t} \mathrm{d}t \tag{5.23}$$

$$W_k(X,Z,\omega) = \int_{t_d}^{t_d + \Delta t_d} w_k(t) \mathrm{e}^{-\mathrm{i}\omega t} \mathrm{d}t \tag{5.24}$$

式中，ω 为角频率；t_d 和 Δt_d 分别为接收延迟和测量扩散场的时间窗宽。当使用 N 阵元阵列换能器时，并行和顺序聚焦中的扩散声动能可分别表示为

$$E_P(X,Z) = \sum_{k=1}^{N} \left(\int_{\omega_0 - \frac{\Delta\omega}{2}}^{\omega_0 + \frac{\Delta\omega}{2}} \omega^2 \left| W_k(X,Z,\omega) \right|^2 \mathrm{d}\omega \right) \tag{5.25}$$

$$E_S(X,Z) = \sum_{k=1}^{N} \left(\int_{\omega_0 - \frac{\Delta\omega}{2}}^{\omega_0 + \frac{\Delta\omega}{2}} \omega^2 \left| \sum_{j=1}^{N} V_{j,k}(\omega) \mathrm{e}^{\mathrm{i}\omega\Delta t_T(X,Z,j)} \right|^2 \mathrm{d}\omega \right) \tag{5.26}$$

式中，ω_0 为中心频率(即基频)；$\Delta\omega$ 为用于仅提取基频的带通滤波器带宽。该带宽应根据基波的带宽来选择。为了推断并行和顺序聚焦在散射场内基频附近的相对能量，定义非线性度量 γ 为顺序和并行传输散射声动能(即式(5.26)和式(5.25))的标准差：

$$\gamma(X,Z) = \frac{E_S(X,Z) - E_P(X,Z)}{E_S(X,Z)} \tag{5.27}$$

它代表由非线性效应引起的基频带能量损失比。通过在成像区域的每个像素点处绘制 $\gamma(X,Z)$，生成漫射非线性图像。

类似地，下面阐述将相干场用于并行和顺序发射时的成像算法，示意如图 5.17 所示。两种传输类型的传输模式和接收波形与扩散场测量的相同。将超声波聚焦在 $F(X,Z)$，方程(5.21)可用于计算发射延时。另外，对于相干场测量，图像形成需要接收延迟，其可表示为

$$\Delta t_R(X,Z,k) = \frac{\sqrt{(X_k - X)^2 + Z^2} - \sqrt{X^2 + Z^2}}{V_L} \tag{5.28}$$

用于相干场测量的 $v_{j,k}(t)$ 和 $w_k(X,Z,t)$ 的振幅响应分别由式(5.29)和式(5.30)给出：

$$S_{j,k}(\omega) = \int_0^{t_\mathrm{r}} v_{j,k}(t) \mathrm{e}^{-\mathrm{i}\omega t}\,\mathrm{d}t \tag{5.29}$$

$$P_k(X,Z,\omega) = \int_0^{t_\mathrm{r}} w_k(X,Z,t)\mathrm{e}^{-\mathrm{i}\omega t}\,\mathrm{d}t \tag{5.30}$$

式中，t_r 是接收结束时间。应该注意，上述方程在扩散场和相干场测量中的唯一区别是积分范围不同。对于 N 阵元阵列换能器，顺序发射和并行发射中相干散射波 A_S 和 A_P 可通过下列公式计算：

$$A_\mathrm{S}(t) = \int_{\omega_0 - \frac{\Delta\omega}{2}}^{\omega_0 + \frac{\Delta\omega}{2}} \left[\sum_{m=1}^{N} \left(\sum_{n=1}^{N} S_{j,k}(\omega) \mathrm{e}^{\mathrm{i}\omega\Delta t_\mathrm{T}(X,Z,n)} \right) \mathrm{e}^{\mathrm{i}\omega\Delta t_\mathrm{R}(X,Z,m)} \right] \mathrm{e}^{-\mathrm{i}\omega t}\,\mathrm{d}\omega \tag{5.31}$$

$$A_\mathrm{P}(t) = \int_{\omega_0 - \frac{\Delta\omega}{2}}^{\omega_0 + \frac{\Delta\omega}{2}} \left(\sum_{m=1}^{N} P_k(X,Z,\omega) \mathrm{e}^{\mathrm{i}\omega\Delta t_\mathrm{R}(X,Z,m)} \right) \mathrm{e}^{-\mathrm{i}\omega t}\,\mathrm{d}\omega \tag{5.32}$$

顺序发射和并行发射的振幅强度由下列公式给出：

$$I_\mathrm{S}(X,Z) = A_\mathrm{S}(t_f) \tag{5.33}$$

$$I_\mathrm{P}(X,Z) = A_\mathrm{P}(t_f) \tag{5.34}$$

式中，t_f 是 $F(X,Z)$ 的聚焦时间；I_S 等效于通过常规线性全聚焦法（TFM）获得的图像。最后，通过对并行发射的振幅和顺序发射的振幅两者作差来计算非线性度量 $\zeta(X,Z)$，如下所示：

$$\zeta(X,Z) = \left| I_\mathrm{S}(X,Z) - I_\mathrm{P}(X,Z) \right| \tag{5.35}$$

通过在成像区域上的每个像素处绘制 $\zeta(X,Z)$，可以产生相干非线性成像图。

5.3.2　实验配置

本节首先介绍扩散场测量的实验配置，然后介绍相干场测量的实验配置。在两个不同的疲劳裂纹试件上，采用基于扩散场测量的方法进行并行和顺序发射的成像实验。根据美国材料与实验协会（American Standard of Testing of Materials, ASTM）标准 E647 中规定的紧凑试件（A2014 铝合金（$V_\mathrm{L}=6270\mathrm{m/s}$）制备要求，在循环载荷下产生高周疲劳裂纹并扩展。最大载荷为 6kN，对应于断裂韧性 K_IC 三分之一的起始缺口处的 K_max。在 75000 周循环之后，疲劳裂纹的深度约达 15.5mm。随后，将试件加工至 180mm×30mm×25mm 尺寸且顶部表面平坦。如图 5.18(a) 所示，其中一个为带单一疲劳裂纹的试件，另一个为用于模拟因几何结构（如固定孔）产生早期疲劳裂纹的试件。为此，在另一个类似疲劳试件的裂纹尖端后面加工一个直径为 5mm 的孔。同时，距试件中第一个孔一定距离处加工另一个具有相同深度的同样的孔（图 5.18（b)）作为对比参考。

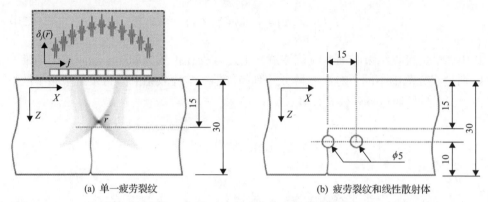

(a) 单一疲劳裂纹　　　　　　(b) 疲劳裂纹和线性散射体

图 5.18　通过并行和顺序传输模式的非线性超声 PA 对疲劳裂纹进行成像的实验装置[44]（单位：mm）

版权属美国物理学会 (2014)

实验中，将法国 Imasonic 公司制造的 64 阵元阵列换能器（5MHz，0.63mm 间距)与英国 Peak NDT 公司生产的 Micropulse FMC 模型阵列控制器组合使用。每个阵元激励的脉冲长度为 80ns，激励电压为 200V。阵列换能器放置在顶部表面，其中心定位在裂纹上方。为了展示相干声场和扩散声场之间的差异，图 5.19 示出了不同延时时间下获取的接收信号示例，其中相干场和扩散场分别以 0.01ms 和

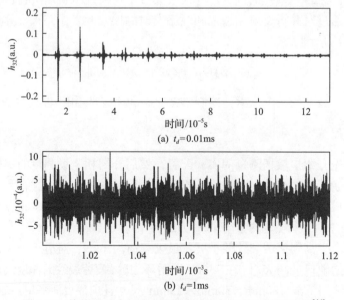

(a) t_d=0.01ms

(b) t_d=1ms

图 5.19　接收延时为 t_d=0.01ms 和 t_d=1ms 的接收波形示例[44]

版权属美国物理学会 (2014)

1ms 的接收延时获取。在此实验中，以 25MS/s 的采样率在 $\Delta t_d = 120\mu s$ 的时间窗内以 $t_d=1ms$ 的接收延时采集接收波。该选择折中了在最大化振幅和扩散场收敛之间的矛盾。这里，式(5.25)和式(5.26)的带宽将设置为 $2\omega_0/3\sim4\omega_0/3$。

为了扩展适用对象，通过对疲劳裂纹扩展的监测，验证了基于相干场测量的并行和顺序发射方法。根据 ASTM 标准 E647-05 规定，制作了紧凑拉伸(CT)试件（ASTM A36 低碳钢，$V_L=5924m/s$），循环拉伸载荷在 2～15kN 范围内，使试件中产生高周疲劳裂纹[70,71]。在疲劳测试过程中，通过观察线性和非线性图像来监测裂纹。此外，在疲劳测试期间使用光学显微镜定期测量裂纹长度，以与成像结果进行对比。

如图 5.20 所示，尽管现场实际可用于检测表面将被限制为垂直于裂纹面的表面，正如在文献[77]的最后一个实验中选择的那样，此处仍选择将法国 Imasonic 公司制造的 64 阵元阵列换能器(5MHz、0.63mm 间距)放置在与裂纹面平行的侧面上，使得能够接收到裂纹处较大的反射波。使用与先前实验相同的 PA 控制器，这里，式(5.31)和式(5.32)的带宽将设置为 $5\omega_0/6\sim7\omega_0/6$。

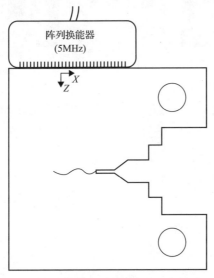

图 5.20　脉冲回波装置示意图(阵列换能器放置在紧凑拉伸样品[77]的侧面)

5.3.3　成像结果

图 5.18(a) 为采用并行和顺序发射的扩散场测量方法对后壁延伸产生的单一疲劳裂纹试件的检测结果。作为参考，试件采用了基于全矩阵捕获和线性全聚集的线性成像方法[10]。如图 5.21(d) 所示，由于中间部分的散射较弱，可以看到裂纹，

而且可以清楚地看到后壁。但是图中的信噪比(SNR)并不高，且裂纹尖端不可见，从而导致裂纹深度被低估。

图 5.21(a)、(b) 分别显示了基于式(5.26)和式(5.25)通过顺序和并行发射方式获得的扩散场声能，两幅图像看起来相同。为了产生非线性图像，需要通过式(5.27)获得并行和顺序传输模式的绝对能量图像之间的标准差。在扩散场非线性图像(图 5.21(c))中，裂纹清晰可见，信噪比极佳。非线性超声参量的振幅在裂纹处局部增大，这意味着在并行发射方法中基波的损耗比在顺序传输中高得多。要注意，尽管底面是线性成像中最主要的特征，但在扩散场非线性图像中能够成功消除底面反射对成像结果的影响。也就是说，在非线性图像中不会出现由于强线性响应而导致的伪像。这表明线性和扩散场非线性成像之间具有很高的分离度。

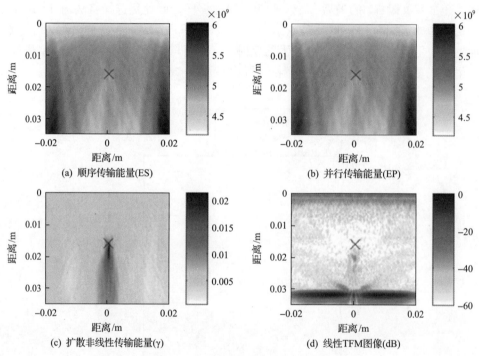

(a) 顺序传输能量(ES)　　　　　(b) 并行传输能量(EP)

(c) 扩散非线性传输能量(γ)　　　　(d) 线性TFM图像(dB)

图 5.21　单一疲劳裂纹的成像结果[44]
版权属美国物理学会(2014)

作为进一步示范，在带有两个孔的试件上进行了另一组实验，其中左侧的孔具有疲劳裂纹，该疲劳裂纹模拟了从固定孔等处产生的早期疲劳裂纹。在线性成像(图 5.22(b))中，除了底面，只看到了两个孔。注意到在线性图像中看不到裂纹，故试件中的裂纹可能会被忽略。在扩散场非线性图像(图 5.22(a))中，与线性图像(图 5.22(b))相比，裂纹可见且具有较高的分辨率。重要的是，孔和底面等非常强的线性特征能被成功消除。这表明，即使在强线性散射体附近，通过并行和顺序发射获得的扩散场非线性图像也可用于检测早期裂纹扩展。

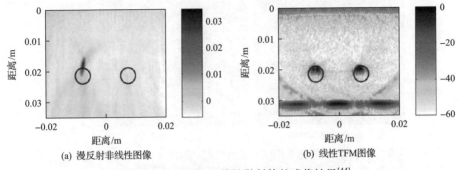

图 5.22　疲劳裂纹和线性散射体的成像结果[44]

版权属美国物理学会(2014)

至此，使用两个疲劳裂纹试件证明了基于扩散场测量的并行和顺序发射方法的有效性。但从另一方面看，该方法不能用于大型结构和吸声材料，因为此类对象中无法形成扩散场。

为了克服这个困难，一种基于相干场测量的并行和顺序发射的方法被提出，并应用于裂纹扩展监测(图 5.20)。例如，图 5.23 为在 30000 次疲劳循环后获得的试件的成像结果。图 5.23(a)、(b)分别给出了使用式(5.33)和式(5.34)顺序和并行发射获得的图像。两幅图像在视觉反映上是几乎相同的。另外，从使用式(5.35)获得的相干非线性图像(图 5.23(c))可以看出，线性几何特征被抑制，这表明最大非线性响应出现的位置在裂纹尖端周围。

在预制裂纹开口槽附近可以看到响应，但由于其为线性散射体，不会产生任何非线性分量。为了理解这一点，从底面上选择了多个线性点进行检查[77]。发现线性点在顺序和并行发射条件下，成像图中表现出的相位和幅值差异很小。这可以归因于块状材料的经典非线性，并且更多的是归因于仪器的非线性。据推测，在并行和顺序发射方法下，仪器并不会产生完全相同的波形。为了补偿这些影响，首先对底面上的多个点对应的基线测量的相对振幅和相位求平均。随后，在频域中进行线性拟合得到近似的基线响应。最后，将由仪器产生的相对相位和振幅的校正应用于顺序聚焦振幅。图 5.23(d)示出了经补偿后的相干非线性成像结果，从中可以看出，非线性超声参量的背景信号强度从大约 0.2 下降到 0.02。

根据上述补偿方法，监测 0～100000 次疲劳循环过程中裂纹扩展情况，其中将加载步长选择为 10000 次疲劳循环，以便监测早期损伤并研究检测性能的极限。作为参考，从 10000 到 100000 次疲劳循环的顺序成像，分别显示在图 5.24(a)～(j)中。在直至 50000 次疲劳循环的早期阶段，由于裂纹尺寸小(即最大 1.3mm)，未检测到裂纹。超过 50000 次疲劳循环之后，可以检测到裂纹，并从这些顺序成像图像中测量其长度。

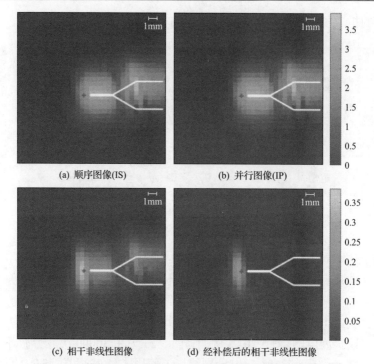

(a) 顺序图像(IS)　　　　　(b) 并行图像(IP)

(c) 相干非线性图像　　　　(d) 经补偿后的相干非线性图像

图 5.23　在 30000 次疲劳循环后获得的试件裂纹成像结果[77]

十字形表示显微测量的裂纹尖端的位置，白线表示起始裂纹的几何形状，版权属 IOP 出版公司 (2018)

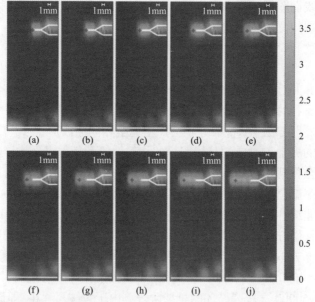

(a)　　(b)　　(c)　　(d)　　(e)

(f)　　(g)　　(h)　　(i)　　(j)

图 5.24　分别在 (a) 10000、(b) 20000、(c) 30000、(d) 40000、(e) 50000、(f) 60000、(g) 70000、(h) 80000、(i) 90000 和 (j) 100000 次疲劳循环后获得的任意单位顺序成像结果[77]

十字形表示显微测量的裂纹尖端的位置，版权属 IOP 出版公司 (2018)

　　图 5.25 显示了经过 10000 至 100000 次疲劳循环的相干场非线性图像。与线性图像(图 5.24)相比,相干场非线性图像对试件中的非线性特征具有非常高的检出能力。在 20000 次疲劳循环后开始观察到裂纹,对应于 0.35mm 的裂纹长度。请注意,通过补偿可以显著提高早期阶段非线性特征的检出能力[77]。随后,非线性超声参量开始增大,直到 60000 次疲劳循环后开始逐渐减小。可以看到,每个阶段非线性超声参量的最大值位置都接近于显微测量的裂纹尖端。

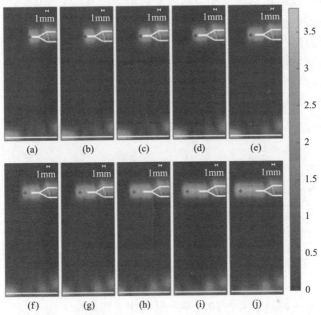

图 5.25　分别在(a) 10000、(b) 20000、(c) 30000、(d) 40000、(e) 50000、(f) 60000、(g) 70000、(h) 80000、(i) 90000 和(j) 100000 次疲劳循环后获得的经补偿后的相干非线性成像结果[77]
十字形表示显微测量的裂纹尖端的位置,版权属 IOP 出版公司(2018)

　　此外,结果表明,裂纹从 60000 次疲劳循环后逐渐张开,这与线性响应的增加是一致的(图 5.25(b)~(j))。因此,也证明了并行和顺序发射相干场非线性成像在裂纹扩展监测中的有效性。

　　最后,本节的重点和所讨论方法在应用中应考虑的要点总结如下:

　　(1)所有非线性分量都可以通过基频响应的入射波振幅依赖性来间接测量,故能够利用阵列换能器的中心频率。

　　(2)由于并行发射和顺序发射之间的振幅比非常高,可以实现对闭合裂纹的高检出率。

　　(3)扩散场测量可以达到很高的灵敏度,尽管传输声场决定了它的空间分辨率可能并不高。

(4)在实际检测中,无法得到理想的扩散场,因此需要为每个试件找到最大振幅和扩散场收敛之间的折中方案。对于扩散场测量,接收延迟和时间窗的优化对手工操作要求较高。

(5)对于并行和顺序发射散射场的测量,仅适用于可灵活拆组的 PA 硬件(如研究平台等)。

(6)大型结构和吸声性材料无法通过扩散场测量进行检查,因为无法在此类物体中形成可观察到的扩散场。相干场测量适用于检查此类物体。

(7)相干场测量中使用的补偿方法对其他非线性成像方法也都有效。

(8)用于顺序发射的相干散射波比用于并行发射的相干散射波小得多。为了没有遗漏地接收所有信号,需要使用具有足够动态范围的模数转换器。

(9)线性图像和非线性图像之间的比较对于阐明非线性超声 PA 的必要性和解读其物理意义十分重要。

(10)应该检验入射波和扩散场的带宽,以选择合适的带通滤波器带宽,有效提取基频分量。

5.4　全阵元、奇数阵元、偶数阵元传输

5.4.1　原理

5.2 节介绍了测量特定非线性分量(即次谐波)的 SPACE 方法,5.3 节又介绍了扩散场和相干场两种基于并行和顺序传输的测量方法。就基波的应用而言,本节将介绍的成像方法与基于并行和顺序发射的相干场测量方法类似,都是通过基波实现的,主要区别在于发射模式。除了并行和顺序发射,本节介绍三种发射模式,即全阵元发射、奇数阵元发射和偶数阵元发射[45,79-81]。这种方法称为固定电压基波振幅差(固定电压 FAD)[79-81]。在三种发射模式中,全阵元发射具有最大振幅,与并行发射幅值相当;奇数阵元发射和偶数阵元发射具有较小的振幅,为全阵元发射振幅的一半;全阵元发射与奇数阵元发射和偶数阵元发射振幅比为 2,小于并行和顺序发射的振幅比。这可能导致对闭合裂纹的敏感性低于 5.3 节描述的方法。另外,与 5.3 节描述的相干场方法相比,全阵元、奇数阵元和偶数阵元三种发射方法的接收波振幅差异不会那么大,常规商用 PA 硬件中的模数转换器就足以实现这种方法。与 5.3 节介绍的方法一样,这种方法也是基于测量随着入射波振幅增加的基波损耗。该方法与 5.3 节中介绍的方法有很多共同点。本节将以不同的方式描述此方法,希望可以使读者加深对使用基波方法的理解。

在固定电压 FAD 中(图 5.26),采用全阵元、奇数阵元和偶数阵元发射来改变在固定激励电压下的入射波振幅,并分别用 T_{All}、T_{Odd} 和 T_{Even} 表示。在 T_{All} 中,

阵列换能器发射孔径内的所有阵元都进行发射。在三种发射模式中，认为 T_{All} 的入射振幅最大。在 T_{Odd} 和 T_{Even} 中，分别采用阵列换能器发射孔径内的奇数和偶数阵元进行发射。T_{Odd} 和 T_{Even} 被认为具有比 T_{All} 小的入射振幅。对于 T_{Odd} 和 T_{Even}，其在焦点处的入射波振幅约为 T_{All} 的一半。

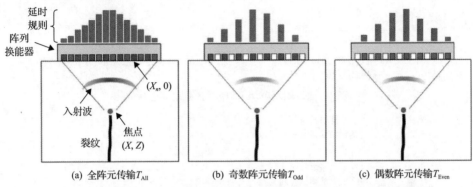

图 5.26　具有全阵元、奇数阵元和偶数阵元传输的固定电压 FAD 示意图

　　为了描述固定电压 FAD 的概念，图 5.27 和图 5.28 分别展示了频域中张开裂纹和闭合裂纹响应的示意图。第一个示例（图 5.27）是通过固定电压 FAD 对张开裂纹进行成像。表征非线性超声 PA 性能的一种方式是评估抑制线性缺陷产生伪像的能力。无论入射波振幅如何，张开裂纹都不会产生任何非线性分量，但是由于压电阵元和液体耦合剂的非线性会产生高次谐波。这些谐波将叠加在入射波上。请注意，T_{Odd} 和 T_{Even} 产生的高次谐波振幅将是 T_{All} 产生的谐波振幅的一半，因为在固定激励电压发射方法中，振幅与发射所采用的阵元数量成正比。因此，T_{All} 中基频振幅的损失（图 5.27（a））与 T_{Odd}（图 5.27（b））和 T_{Even}（图 5.27（c））中的损失之和相等。因此，如图 5.27（d）所示，通过从 T_{Odd} 和 T_{Even} 的响应之和中减去 T_{All} 的响应，可以消除由压电元件和液体耦合剂引起的非线性效应。这意味着，原则上非线性图像中不会出现线性散射，这为非线性缺陷提供高 SNR。

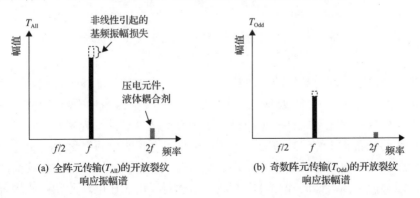

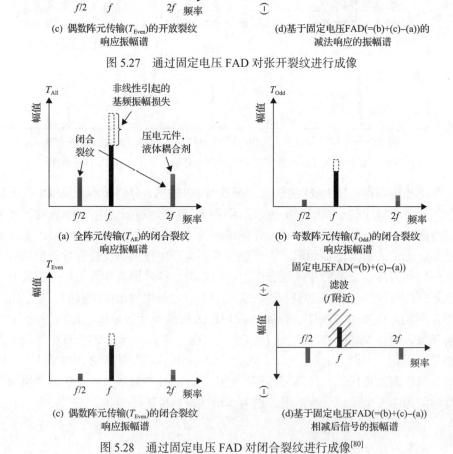

(c) 偶数阵元传输(T_{Even})的开放裂纹
响应振幅谱

(d)基于固定电压FAD(=(b)+(c)−(a))的
减法响应的振幅谱

图 5.27　通过固定电压 FAD 对张开裂纹进行成像

(a) 全阵元传输(T_{All})的闭合裂纹
响应振幅谱

(b) 奇数阵元传输(T_{Odd})的闭合裂纹
响应振幅谱

(c) 偶数阵元传输(T_{Even})的闭合裂纹
响应振幅谱

(d)基于固定电压FAD(=(b)+(c)−(a))
相减后信号的振幅谱

图 5.28　通过固定电压 FAD 对闭合裂纹进行成像[80]

本图来自文献[80]，有修改，版权属美国声学学会(2019)

　　第二个例子是闭合裂纹的成像(图 5.28)。闭合裂纹的非线性近似如下。尽管近期研究已经获得了用于处理二次和/或三次非线性区域中非线性散射的解析解[82-84]，但这里采用了一个简单模型，因为复杂的裂纹面微观粗糙度[85,86]、裂纹张开位移的分布、压缩残余应力[87,88]以及裂纹面之间产生的氧化物碎片[17]，使得闭合疲劳裂纹的非线性精确建模并非易事。在 T_{All} 中(图 5.28(a))，裂纹面的接触振动可能会产生高次谐波和(或)次谐波。请注意，由于压电阵元和液体耦合剂的非线性，会产生更多的高次谐波。在 T_{Odd}（图 5.28(b)）和 T_{Even}（图 5.28(c)）中，闭合裂纹处产生的高次谐波和/或次谐波振幅将小于 T_{All}（图 5.28(a)）。假设闭合裂纹的响应表现为二阶非线性，这是最简单的近似，并且噪声可以忽略，则从 T_{Odd} 和 T_{Even} 中产生的非线性分量的振幅将约为 T_{All} 的四分之一。尽管由于三次非线性，所产生的谐波可能会与基波相互作用并混入基波中，但简单起见，此处仅考虑二阶非线性。另外，由压电元件和液体耦合剂的非线性产生的高次谐波的振幅将是 T_{All} 的一半。因此，正如图 5.28(d) 所示，从 T_{Odd} 和 T_{Even} 响应总和（图 5.28(a)、(b)）中减去 T_{All} 的响应（图 5.28(a)），可以用固定电压 FAD 消除由压电元件和液体耦合剂引起的非线性效应。从而可以有效地提取源自闭合裂纹的非线性响应。重要的是，在闭合裂纹处产生的非线性分量的能量由基波能量提供。因此，通过在 f 附近进行频率滤波，只测量相减后信号的基波振幅，就可以间接测量仅源自闭合裂纹的所有非线性分量。这种测量所有非线性分量的方法有望比直接测量特定非线性分量具有更高的灵敏度。

图 5.26 所示的示意图也可用于构造固定电压 FAD 的成像算法。在这里，X-Z 笛卡儿坐标系的原点在 X 轴阵列换能器的中心和 Z 轴试件的上表面。假定要检测的试件是各向同性且均质的，在此假设下，传播时间和延迟法则的表示与 5.2 节所述单阵列 SPACE 相同。用于将超声波聚焦在入射点 $F(X,Z)$ 处的传播时间 $t_{\text{T}}(X,Z,n)$ 和延迟法则对应的传播时间差 $\Delta t_{\text{T}}(X,Z,n)$ 分别表示为式 (5.13) 和式 (5.14)。同样，从焦点接收的传播时间 $t_{\text{R}}(X,Z,n)$ 和延迟法则对应的传播时间差 $\Delta t_{\text{R}}(X,Z,n)$ 分别表示为式 (5.15) 和式 (5.16)。假设经过基频附近滤波以进行发射聚焦后在第 n 个阵元接收到的信号对于使用所有阵元（图 5.26(a)）、奇数阵元（图 5.26(b)）和偶数阵元（图 5.26(c)）的发射孔径分别为 $u_{n,\text{All}}(t)$、$u_{n,\text{Odd}}(t)$ 和 $u_{n,\text{Even}}(t)$。可用式 (5.36) 表示获得的非线性信号：

$$u_{n,\text{NL}}(t) = u_{n,\text{Odd}}(t) + u_{n,\text{Even}}(t) - u_{n,\text{All}}(t) \tag{5.36}$$

当 $u_{n,\text{All}}(t)$ 也用于生成线性图像时，线性 DAS 信号 $U_{\text{L}}(X,Z,t)$ 和非线性 DAS 信号 $U_{\text{NL}}(X,Z,t)$ 可以分别表示为

$$U_{\text{L}}(X,Z,t) = \frac{1}{N} \sum_{n=1}^{N} u_{n,\text{All}}(t - \Delta t_R(X,Z,n)) \tag{5.37}$$

$$U_{\text{NL}}(X,Z,t) = \frac{1}{N} \sum_{n=1}^{N} u_{n,\text{NL}}(t - \Delta t_R(X,Z,n)) \tag{5.38}$$

其中使用的是 N 阵元阵列换能器。相应的散射强度 $I_{\text{L}}(X,Z)$ 和 $I_{\text{NL}}(X,Z)$ 分别为 $U_{\text{L}}(X,Z,t)$ 和 $U_{\text{NL}}(X,Z,t)$ 的 RMS 值，分别为

$$I_{L}(X,Z) = \left(\frac{1}{\Delta\tau} \int_{t_{R}(X,Z,1)}^{t_{R}(X,Z,1)+\Delta\tau} U_{L}^{2}(X,Z,t)\mathrm{d}t \right)^{1/2} \tag{5.39}$$

$$I_{NL}(X,Z) = \left(\frac{1}{\Delta\tau} \int_{t_{R}(X,Z,1)}^{t_{R}(X,Z,1)+\Delta\tau} U_{NL}^{2}(X,Z,t)\mathrm{d}t \right)^{1/2} \tag{5.40}$$

通过在成像区域的每个像素点处绘制 $I_{L}(X,Z)$ 和 $I_{NL}(X,Z)$，可以生成线性和非线性图像。

5.4.2　实验配置

为了验证固定电压 FAD 的成像能力，在下述实验配置下进行了两组不同的实验作为示例。首先，通过实验证明大振幅入射对固定电压 FAD 的重要性及其在高信噪比成像方面的有效性。由 A7075 铝合金制成的 CT 试件（$V_{L}=6230\mathrm{m/s}$）中有疲劳裂纹，如图 5.29 所示。CT 样品的形状尺寸符合 ASTM-E399 标准。起始开口槽的尖端与顶面之间的距离为 37mm。在 $K_{\max}=9.0\mathrm{MPa\cdot m^{1/2}}$ 和 $K_{\min}=0.6\mathrm{MPa\cdot m^{1/2}}$ 的疲劳条件下，经过 76000 个疲劳循环[15,46,80]，产生了在侧面扩展的裂纹，其深度约为 10mm。

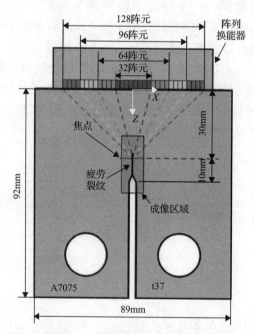

图 5.29　全阵元、奇数阵元和偶数阵元传输的固定电压 FAD 实验配置[80]

三种传输模式的传输孔径从 32 个阵元变化到 128 个阵元，步长为 32 个阵元。

本图来自文献[80]，有修改，版权属美国声学学会(2019)

实验试件结构如图 5.29 所示。将法国 Imasonic 公司的 128 阵元的阵列换能器 (5MHz，0.5mm 间距)放置在试件顶部表面上，并且中央位于裂纹上方。在本实验中，为了增加焦点处的入射波振幅，发射孔径的阵元数以 32 为步长从 32 增加到 128，而接收孔径的阵元数固定为 128，该设置只用于研究入射波振幅的影响。实验中使用了美国 Advanced OEM Solutions(AOS)公司的 PA 设备(OEM-PA 128/128)[45,80]。发射焦点的位置 x 从 −5mm 到 5mm，以 0.5mm 步进，z=30mm，用于后处理的接收焦点的位置以 0.1mm 的步长设置在成像区域(10mm×25mm)上，其中 XZ 直角坐标系在 X 轴上的原点位于阵列换能器的中心，在 Z 轴上位于试件的表面。每个阵元由频率为 5MHz、电压为 145V_{pp} 的三周期脉冲激发。使用带宽范围为 2.5～7.5MHz 的快速傅里叶变换带通滤波器提取接收波中的基频成分。

在成像实验之前，为了证明大振幅入射的重要性，应针对 32、64、96 和 128 个阵元的各种发射孔径，研究裂纹尖端处入射波振幅的绝对位移。为此，如图 5.30 所示，准备了与疲劳裂纹试件相同材料(A7075)制成的无裂纹试件。试件的厚度为 30mm，对应于上表面与在侧面上观察到的裂纹尖端的位置之间的距离。遵循式(5.14)的延迟定律，激励位于上表面的阵列换能器，将超声聚焦在 x=0mm 和 z=30mm 的底面上。针对 32 个、64 个、96 个和 128 个阵元的发射孔径，通过由德国 Polytec 公司的激光多普勒测振仪(OFV505)在试件底面的焦点处测量入

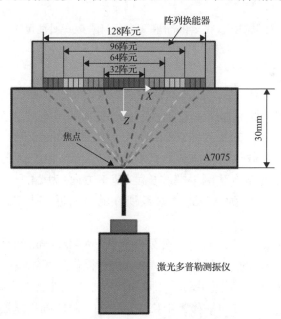

图 5.30　对于 32、64、96 和 128 个阵元的传输孔径，用激光多普勒测振仪测量无裂纹试件中入射波振幅的绝对位移[80]

射波振幅的绝对位移。图 5.31 显示了入射波振幅(峰峰值)与发射阵元数的关系，从中可以看出发射阵元数与入射波振幅之间的关系是非线性的。这是因为与发射孔径中心附近的阵元相比，发射孔径边缘附近的阵元对聚焦的贡献较小。随着用于传输的阵元数量的增加，这种效应更加明显。这里测量的入射波的位移将用于成像结果的分析，这点将在后文介绍。

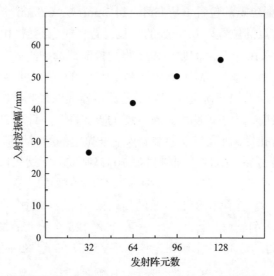

图 5.31　使用激光多普勒测振仪在 x=0mm 和 z=30mm(图 5.30)处测得的入射波振幅的位移与用于传输的阵元数量的关系[80]

版权属美国声学学会(2019)

为了检验固定电压 FAD 在具有热疲劳裂纹的粗晶粒不锈钢试件中的成像能力，进行了下一组实验。如图 5.32 所示，此处使用的试件是由 AISI304 奥氏体不锈钢(V_L=5700m/s)制成的长方体(61mm×150mm×100mm)[45,79]。芬兰 Trueflaw 公司通过在试件中加载热疲劳预制了一条热疲劳裂纹。在热疲劳裂纹形成之后，通过渗透检测利用光学方法测得裂纹长度(即 Y 方向)为 24.2mm，试件制造商估计裂纹深度(即 Z 方向)为 5.9mm。裂纹所在的平面近似为 YZ 平面，如图 5.32 所示。

将法国 Imasonic 公司的 64 阵元阵列换能器(5MHz,1mm 间距)放置在上表面，并使用美国 AOS 公司的 PA 硬件(OEM-PA)进行操作。每个阵元都用 145V_{pp} 的脉冲激励。如图 5.32 所示，通过手动平移阵列换能器在两个方向上进行了机械扫描：①沿裂纹移动(即沿 Y 方向平移，步长 Δy=1mm；将阵列换能器中心对着裂纹，并垂直于裂纹所在的平面)；②横跨裂纹(即沿 X 方向平移，步长 Δx=1mm；阵列换能器与裂纹位于同一平面内(YZ)。对于电子扫描，焦点设置在 z=57mm(对应于裂纹尖端的位置)处,并且以 250μm 的步长从–15mm 扫描到 15mm,在 XZ 平面中垂直扫描或在 YZ 平面平行扫描。在每个位置进行十六次采集,取平均值以获得高信噪比。

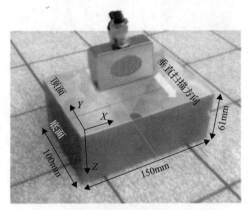

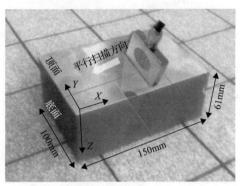

(a) 垂直扫描(即沿 Y 方向平移,焦点设置在 XZ 平面中)

(b) 平行扫描(即沿 X 方向平移,焦点设置在 YZ 平面中)

图 5.32 AISI304 奥氏体不锈钢试件的示意图

其中包含阵列换能器的位置和两种测量设置,本图经 Elsevier 许可,来自文献[79],有修改,裂纹存在于 YZ 平面

5.4.3 成像结果

首先,使用如图 5.29 所示的实验设置进行了一组实验,以证明在固定电压 FAD 中大振幅入射的重要性。图 5.33 示出了分别以 32 个、64 个、96 个和 128 个阵元发射的示意图,以及所获得的线性(T_{All}) 和非线性($=T_{Odd}+T_{Even}-T_{All}$) 成像图。当以 32 个阵元发射时(图 5.33(a)),对应裂纹尖端处的入射波幅值为 26.5nm,在线性图像中可以看到疲劳裂纹和起始缺口(图 5.33(b))。裂纹处的信号强度甚至比缺口 N_T 处更弱。尽管裂纹可见,但由于信噪比低,很难精确测量裂纹深度。在非线性图像(图 5.33(c))中,作为强线性散射体的缺口在图像中已被成功消除。这体现了固定电压 FAD 抑制强线性散射体所产生伪像的能力。但是,可以看出 C_2 处的裂纹响应非常弱。这可能是因为以 32 个阵元发射的入射波幅值(即 26.5nm)不足以引起裂纹的接触振动。

(a) 32阵元

(d) 64阵元

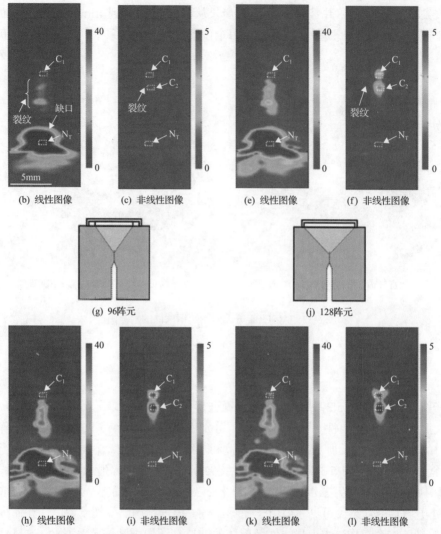

图 5.33　由线性 PA 和固定电压 FAD 获得的闭合疲劳裂纹图像

图(a)、(d)、(g)、(j)分别为具有 32 个、64 个、96 个、128 个阵元的发射孔径示意图，(b)、(e)、(h)、(k)分别为对应的线性图像，(c)、(f)、(i)、(l)分别为对应的非线性图像。本图来自文献[80]，有修改，版权属美国声学学会(2019)

当发射孔径具有 64 个阵元(图 5.33(d))时，对应于裂纹尖端处的入射波幅值为 41.9nm，其线性成像结果(图 5.33(e))与以 32 个阵元发射时的线性成像结果(图 5.33(b))非常相似。另外，与图 5.33(c)相比，在非线性图像(图 5.33(f))中，出现了两处强烈的裂纹响应。这表明 C_1 和 C_2 处的入射波幅值的阈值介于具有 32 个和 64 个阵元发射孔径的入射波幅值(分别为 26.5nm 和 41.9nm)之间。请注意，与图 5.33(c)所示一样，以 64 个阵元发射的成像结果中 N_T 处的响应已成功消除。

当发射孔径具有 96 个和 128 个阵元时,分别对应于 50.3nm 和 55.4nm 的入射波幅值,线性图像(图 5.33(h)、(k))与具有 32 个和 64 个阵元的发射孔径的线性图像(图 5.33(b)、(e))无异。这表明即使以大振幅入射时线性图像仍不足以用来测量闭合裂纹深度。在非线性图像中(图 5.33(i)、(l)),C_1 和 C_2 处的响应进一步增加,而 N_T 处的响应仍被成功消除。使用式(5.41)定量评价以上成像结果的信噪比:

$$S = \frac{I_{C1}}{I_N} \tag{5.41}$$

式中,I_{C1} 和 I_N 分别为 C_1 和 N_T 处的响应强度,用图 5.33 中白色虚线矩形所包围区域的平均强度替代。发现线性图像的 S 小于 0.1,与入射波幅值无关。这表明在线性图像(图 5.33(b)、(e)、(h)、(k))中 C_1 无法检出。相反,在具有 128 个阵元发射孔径的非线性图像(图 5.33(l))中,S 为 5.3,比线性图像中高出 30dB 以上。以上实验和分析明确表明,大振幅入射是实现固定电压 FAD 中闭合裂纹高信噪比成像的最重要参数之一。

在之前的实验中,验证了大振幅入射固定电压 FAD 对机械疲劳裂纹试件中缺陷的检出能力。在此实验中,利用阵列换能器在两个方向进行机械扫描,探讨固定电压 FAD 对 AISI304 粗晶热疲劳裂纹试件的适用性。

图 5.34 给出了沿 Y 方向机械扫描(即垂直扫描)获得最高信噪比位置处的线性和非线性图像。为比较两组图像结果,此处两个图像均以分贝(dB)为单位绘制,其中 0dB 定义为线性图像中信号的最大幅值,即来自后壁的回波。在线性图像中(通过发射模式 T_{All} 获得),裂纹是弱线性散射的结果。但是,由于在成像区域上的晶粒产生的结构噪声,图像信噪比并不高。在非线性图像中,裂纹清晰可见,且其信噪比高于线性图像。与在线性图像中散布的噪声点不同,非线性成像图中的噪声模式呈现为稀疏的尖峰,这可能归因于快速的低热和/或电子波动。请注意,尽管非线性图像中的后壁回波强度与线性图像中相比降低了 36dB,但在非线性图像中的后壁处仍可见大量残留。这表明,固定电压 FAD 不能完全消除强线性反射,这可能是因为如 5.3 节所述的仪器本身的非线性。采用 5.3.3 节中介绍的补偿方法

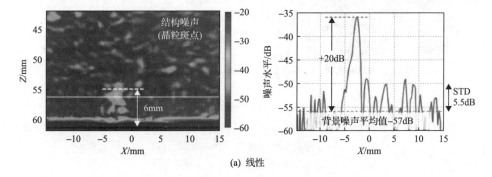

(a) 线性

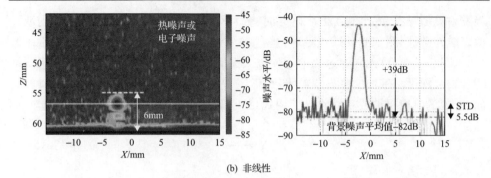

(b) 非线性

图 5.34　通过固定电压 FAD 在横穿裂纹方向进行机械扫描(即垂直扫描)获得的线性和非线性图像的裂纹响应及背景噪声比较

本图来自文献[79]，有修改，经 Elsevier 许可

解决此问题，但依据目前的实验设置在非线性图像(即 39dB)中已经获得了比线性图像(即 20dB)更高的对比度，背景噪声也从线性图像中的−57dB 降低至非线性图像中的−82dB。

图 5.35 显示了沿 X 方向机械扫描(即平行扫描)获得最高信噪比位置处的线性和非线性图像。图 5.35 绘制方法同图 5.34。在线性图像中(通过发射模式 T_{All} 获得)，

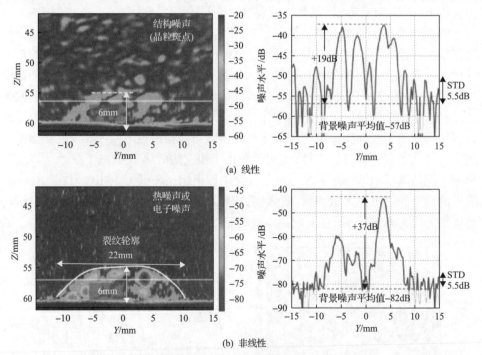

图 5.35　通过固定电压 FAD 沿裂纹方向进行机械扫描(即平行扫描)获得的线性和非线性图像的裂纹响应和背景噪声比较

本图来自文献[79]，有修改，经 Elsevier 许可

可以检出裂纹；然而，由于信噪比过低，很难评估裂纹的形状。在非线性图像中，裂纹清晰可见，并且信噪比高于线性图像。有趣的是，如白色曲线所示，显现了一个半椭圆形的裂纹轮廓。这也表明，在 Y 方向进行电子扫描适合于检测完整裂纹，从而证明了固定电压 FAD 对具有疲劳裂纹的粗晶不锈钢试件检测结果的有效性。

最后，应用本节所讨论的方法时需要考虑的要点总结如下：

(1)所有非线性分量都可以通过基频响应对入射波振幅的依赖性来间接测量，故能够利用阵列换能器的中心频率。

(2)固定电压 FAD 本质上与并行和顺序发射的相干场测量原理相似，除了后两个发射模式使用小振幅入射外。

(3)由于固定电压 FAD 采用的发射模式与典型线性 PA 中的发射模式相似，固定电压 FAD 在商业 PA 硬件中的可实施性可能比 5.3 节中介绍的方法更高，并且典型商业 PA 硬件中包含的模数转换器足够满足该方法的需要。

(4)该技术可应用于大型结构和吸声性材料，因为与典型的 PA 相似，该方法中直接使用了散射波(即相干场)。

(5)本节介绍了幅值比为 2 的固定电压 FAD。此外，可以通过使用较窄的发射孔径(如三分之一孔径、四分之一孔径和八分之一孔径等)代替奇数阵元和偶数阵元发射来提高幅值比，从而可以进一步提高信噪比[79]。

(6)为了获得最高的幅值比，可以采用一个阵元的发射孔径来实现小幅值入射，等同于 5.3 节中介绍的顺序发射。在这种情况下，固定电压 FAD 与并行和顺序发射的相干场测量方法相同。也有文献报道，信噪比随着幅值比的增加而饱和[79]，因此应选择合适的幅值比。

(7)5.3 节[77]介绍的仪器非线性的补偿方法对于固定电压 FAD 也非常有用。

(8)线性和非线性图像之间的比较对于阐明非线性超声 PA 的必要性和探明其物理意义至关重要。

(9)应该检验入射波和接收波的带宽，以选择合适的带通滤波器带宽，提取基频分量。

5.5　热应力的利用

5.5.1　原理

5.2 节～5.4 节涉及 A 类方法的非线性超声 PA，这些方法中使用的是兆赫兹 (MHz)级频率范围内的大幅值探测波。然而，若裂纹紧密闭合且残余压应力大于大幅值探测波的拉应力，则这种大幅值探测波无法引起裂纹面接触振动。此外，为实现 A 类方法,对硬件也有一定要求(例如,LN 发射器的制造,使用 LN SPACE 时两套硬件同步;使用 5.3 节和 5.4 节中描述的方法时,为实现不同发射模式和后处理方式,要对 PA 硬件进行修改)。本节介绍一种 B 类方法的非线性超声 PA,其将商业 PA 与冷却喷雾结合,该冷却喷雾用于在闭合裂纹上临时施加拉伸热应力[46]。在该方法中同时使用了小振幅探测波与大位移泵浦波,无须修改硬件设置即可轻松实现。此外,对于其他非线性超声 PA 方法无法成像的紧密闭合裂纹,此类方法也有极好的成像能力。

　　PA 与低频激励组合使用的历史背景简要总结如下。2011 年,研究者提出了一种将 PA 与低频液压伺服试验机相结合的方法[15],其成像结果如图 5.3 所示。若该低频负载可视为泵浦激励,则可将其归类为方法 B。但是,用作低频负载的液压试验机只能在实验室使用。对于泵浦激励,已将机械振动器(如压电盘、压电叠层、超磁致伸缩振动器或超声波焊机)[36,42,70-72,89-93]的低频振动与整体式换能器(即非 PA)一起使用。这种方法对检测薄试件非常有效,因为泵浦波的振动能量仅限于小体积的物体,而当物体较厚时,可能较难将振动能量集中在闭合裂纹处。作为一种替代方法,应用由冷却喷雾[94,95]、激光辐照[96-101]或冰筒[102]引起的热应力来增强超声波探伤中对裂纹的检测能力。其中,冷却喷雾成本低廉且易于使用,因此是最实用的方法(冷却喷雾本质上与空气除尘器相同)。但是,如后文所述,如果仅使用冷却喷雾有时不足以打开紧密闭合的裂纹,因为热应力大小受冷却温度的限制,而冷却温度又取决于喷雾中的冷却介质。为了解决此问题,研究者提出了整体预热和局部冷却(global preheating and local cooling, GPLC)方法,以施加任意热应力[46,103-106],该方法可与 PA 结合使用以监测裂纹状态的变化。GPLC 可以看成超低频的泵浦激励,因此 PA 和 GPLC 的组合被归类为方法 B。

　　载荷差分相控阵(load difference phased array, LDPA)的原理与 GPLC 的工作原理如图 5.36 所示。以下是针对 GPLC 的描述。假设一个试件有一处尖端闭合的裂纹,并通过 PA 对其成像。在对试件进行整体预热之后,用 PA 对张开的裂纹进行成像(图 5.36(a)),由于超声波穿透了闭合部分,闭合的裂纹尖端部分无法通过成像检出。随后,在试件上表面喷射冷却喷雾,试件仅在上表面附近发生热收缩,从而产生类似于三点弯曲实验的效果,在闭合裂纹上施加了拉伸热应力。请注意,仅使用局部冷却(LC)也会对裂纹施加拉伸热应力。但是,由于冷却温度受冷却介质的限制,可能无法使紧密闭合的裂纹张开。而在 LC 之前进行整体加热,由于上表面与裂纹区域之间的温差增加,可以增大拉伸热应力[46]。因此,通过选择合适的整体加热温度,可以打开闭合的裂纹尖端,从而使 PA 能够对裂纹尖端进行成像(图 5.36(b))。

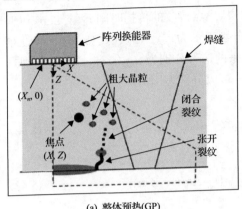
(a) 整体预热(GP)

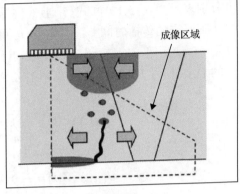
(b) 局部冷却(LC)

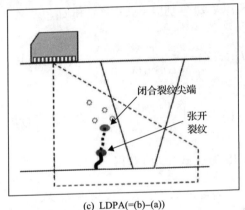
(c) LDPA(=(b)−(a))

图 5.36　GPLC 与 LDPA 的工作原理

虚线包围区域为 PA 成像区域，粗箭头表示热应力方向，坐标原点为阵列换能器中心。

本图来自文献[106]，有修改，经 Elsevier 许可

　　然而，图 5.36(b)所示的 PA 图像不仅包括闭合裂纹，还包括其他线性散射体，如粗晶。原则上，这将使得在闭合裂纹成像中难以实现高信噪比。为了仅提取闭合裂纹图像，可将热应力[46,103-106]与 LDPA[15]结合使用。LDPA 是一种在不同负载(或应力)条件下获取 PA 图像之间差异的方法。当使用 GPLC 时，闭合裂纹尖端的响应出现，而其他线性散射体(包括粗晶)的响应则没有变化，因为它们与拉伸应力无关。因此，通过从采用 LC 后的图像中减去采用 LC 前获得的 PA 图像，可以选择性地提取图像中的裂纹区域，同时消除其他线性散射体，如图 5.36(c)所示。

　　也可用图 5.36 所示工作原理来构造成像算法。此处，X-Z 笛卡儿坐标系的原点位于 X 轴上阵列换能器的中心和 Z 轴上试件的表面。假定待检试件是各向同性且均匀的。在此假设下，传播时间和延迟法则与 SPACE 中的相同(5.2 节)。超声波聚焦在 $F(X, Z)$ 处的传播时间 $t_T(X, Z, n)$ 和延迟法则对应传播时间差 $\Delta t_T(X, Z, n)$

可分别表示为式(5.13)和式(5.14)。同样，从焦点接收的传播时间 $t_R(X,Z,n)$ 和延迟法则对应的传播时间差 $\Delta t_R(X,Z,n)$ 可分别表示为式(5.15)和式(5.16)。假设在采用 LC 前后第 n 个阵元接收到从焦点传来的信号分别为 $u_{n,0}(t)$ 和 $u_{n,\mathrm{LC}}(t)$，则对应的 DAS 信号 $U_0(X,Z,t)$ 和 $U_{\mathrm{LC}}(X,Z,t)$，可以分别表示为

$$U_0(X,Z,t) = \frac{1}{N}\sum_{n=1}^{N}u_{n,0}(t - \Delta t_R(X,Z,n)) \tag{5.42}$$

$$U_{\mathrm{LC}}(X,Z,t) = \frac{1}{N}\sum_{n=1}^{N}u_{n,\mathrm{LC}}(t - \Delta t_R(X,Z,n)) \tag{5.43}$$

散射强度 $I_0(X,Z)$ 和 $I_{\mathrm{LC}}(X,Z)$ 分别以 $U_0(X,Z,t)$ 和 $U_{\mathrm{LC}}(X,Z,t)$ 的 RMS 值计算：

$$I_0(X,Z) = \left(\frac{1}{\Delta\tau}\int_{t_R(X,Z,1)}^{t_R(X,Z,1)+\Delta\tau}U_0^2(X,Z,t)\mathrm{d}t\right)^{1/2} \tag{5.44}$$

$$I_{\mathrm{LC}}(X,Z) = \left(\frac{1}{\Delta\tau}\int_{t_R(X,Z,1)}^{t_R(X,Z,1)+\Delta\tau}U_{\mathrm{LC}}^2(X,Z,t)\mathrm{d}t\right)^{1/2} \tag{5.45}$$

LDPA 图像可由式(5.45)减去式(5.44)获得

$$I_{\mathrm{LDPA}}(X,Z) = I_{\mathrm{LC}}(X,Z) - I_0(X,Z) \tag{5.46}$$

通过在成像区域每个像素点上绘制出对应的 $I_0(X,Z)$ 和 $I_{\mathrm{LDPA}}(X,Z)$，可以分别得到线性图像与对应非线性图像的 LDPA 图像。

5.5.2　实验条件

为了展示 GPLC 方法的原理与有效性，分别将常规 LC 方法和所提出的 GPLC 方法应用于具有疲劳裂纹[15,46,80]的 A7075 铝合金 CT 试件 (V_L=6230m/s)，该试件在 5.4 节被用于证明固定电压 FAD 方法。实验设置如图 5.37 所示。使用法国 Imasonic 公司的 32 阵元阵列换能器(5MHz，间距 0.5mm)，并使用日本 KJTD 公司 PA 硬件(PAL)进行操作。每个阵元以 96V 脉冲激励，采样率为 50MS/s。DAS 处理遵照式(5.16)的延迟法则，深度步进为 1mm，角度步进为 1°。对于仅使用冷却喷雾(即 LC)[94,95]的常规方法，在室温下，从被亚克力板罩住的上表面附近用两个冷却喷雾(HFC-125a)对上表面进行 10s 的冷却。冷却过程中通过 PA 实时监测裂纹。随后，进行 GPLC 方法的实验。施加在裂纹上的拉伸热应力大小取决于上表面和裂纹区域之间的温差。实验中，整体加热(GP)的温度选定为 323K，通过

加热板加热试件。加热完成后，采用与上述实验相同的方式对上表面冷却 10s。

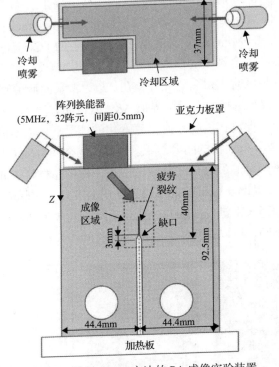

图 5.37　采用 GPLC 方法的 PA 成像实验装置

CT 试件上有一条由缺口扩展的闭合裂纹。试件置于一块用于整体加热的加热板上。在仅采用 LC 方法的成像实验中不使用加热板。上表面被亚克力板罩住，从左右两侧分别使用冷却喷雾(HFC-132a)进行冷却。实验中，遮罩区域被冷却喷雾迅速冷却至 218K。在施加热应力的同时，使用 PA 对虚线包围区域实时成像

本图来自文献[106]，经 Elsevier 许可

作为参照，在使用伺服液压试验机对 A7075 试件施加机械载荷前后，分别使用 PA 对闭合裂纹进行成像。如图 5.38(a)所示，当未施加载荷时，成像能够显示裂纹开口槽，而无法显示裂纹，这表明裂纹是闭合的。当对裂纹施加的应力强度因子 K 达到 6.8MPa·$m^{1/2}$ 时，裂纹开始张开，其图像在 PA 图像(5.38(b))中显现出来，由此测得裂纹深度为 11.3mm。使用热应力进行测量的目的是获得该裂纹的深度数值以进行比较研究。

在对 CT 试件(A7075)进行实验之后，采用 GPLC 与 LDPA 对带有疲劳裂纹[15,46,80]的 CT 试件(粗晶粒 SUS316 不锈钢，V_L=5900m/s)进行成像实验来说明将 GPLC 与 LDPA 相结合用于检测的有效性。该 CT 试件形状与图 5.37 所示试件相同。为了引入闭合疲劳裂纹，采用了逐步减小的方法[106]；在疲劳测试期间，随着裂纹的扩展，K_{max} 逐步减小，而 R 始终保持小于 0.1。K_{max} 和 K_{min} 初始值分别设

定为 18.6MPa·m$^{1/2}$ 和 0.6MPa·m$^{1/2}$，ΔK=18.0MPa·m$^{1/2}$。每当裂纹扩展 1mm，K_{max} 就降低 1MPa·m$^{1/2}$。在疲劳测试期间，K_{max} 基于卡尺测量的裂纹深度自动控制。最终当 K_{max} 降低至 8.6MPa·m$^{1/2}$ 时，疲劳裂纹扩展率(fatigue-crack growth, FCG)会变得极低。此处，ΔK=8.0MPa·m$^{1/2}$，与文献[107]中报道的 FCG 临界值非常吻合。该方法的优点是缩短了闭合裂纹的形成时间，因为疲劳裂纹扩展率在进入近临界区之前要比处于近临界区时大得多。此外，在 ΔK 为常量的疲劳测试中，由于 FCG 临界值的易变性，很难选择一个近临界值 ΔK，而在此方法中，疲劳裂纹扩展会在近临界区自动停止；即使在近临界值 ΔK 变化的情况下，也不需要选择一个近临界值 ΔK，就能形成一条紧密的闭合裂纹。因此，在 SUS316L CT 试件检测图像中可以看到一条紧密闭合的裂纹。注意该试件是一种粗晶材料，此类材料常用于实际的结构和零件中。因此，该试件能够用于证明 GPLC 在实际应用中的成像能力。此实验条件与 A7075 CT 试件的相同，只是冷却时间改为 20s。因为 SUS316L 与 A7075 的热导率不同，所以选择了更长的冷却时间。

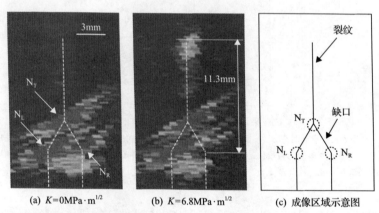

(a) K=0MPa·m$^{1/2}$　　　　(b) K=6.8MPa·m$^{1/2}$　　　　(c) 成像区域示意图

图 5.38　采用伺服液压试验机施加机械载荷的 A7075 CT 试件中闭合裂纹的 PA 图像，用于测量实际裂纹深度及其示意图[46]

图(a)、(b)中白色虚线表示缺口和裂纹的轮廓。N_T、N_L、N_R 分别表示缺口的顶端、左端与右端。N_L 处的响应强于 N_R 处。图 5.37 中，阵列换能器处于上表面的左侧，考虑到阵列换能器与缺口间的几何关系，可以想象来自于 N_L 与 N_R 的散射波场分别存在于裂纹的左侧和右侧，因此阵列换能器能从 N_L 处接收到比来自 N_R 处更强的散射波

　　作为参照，在使用伺服液压试验机对 SUS316L CT 试件施加机械载荷前后，分别使用 PA 对闭合裂纹进行成像。如图 5.39(a)所示，当未施加载荷时，成像能够显示裂纹开口槽，而无法显示裂纹，这表明裂纹最初是闭合的。当对裂纹施加的载荷达到 4kN 时，裂纹开始张开，如 PA 图像(图 5.39(b))所示。根据该图像初步测得裂纹深度为 13.3mm。请注意，由于粗晶粒导致信噪比很低，此处测得的裂纹深度可能不准确。因此，这只是使用热应力进行测量的初步目标。

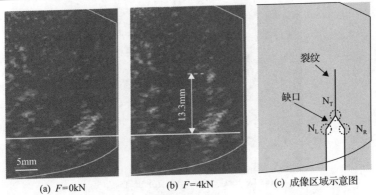

| (a) F=0kN | (b) F=4kN | (c) 成像区域示意图 |

图 5.39　采用伺服液压试验机施加机械载荷的 SUS316L CT 试件中闭合裂纹的 PA 图像，用于测量实际裂纹深度及其示意图[106]

N_T、N_L、N_R 分别表示缺口的顶端、左端与右端。N_L 处的响应强于 N_R 处。图 5.37 中，阵列换能器处于上表面的左侧，考虑到阵列换能器与缺口间的几何关系，可以想象来自 N_L 与 N_R 的散射波场分别存在于裂纹的左侧和右侧，因此阵列换能器能从 N_L 处接收到比来自 N_R 处更强的散射波。与图 5.38 不同，由于在粗晶粒边界存在多个线性散射，成像区域出现了斑点噪声

5.5.3　成像结果

为了说明 GPLC 方法的有效性，首先进行了一组仅使用冷却喷雾（即 LC）常规方法的实验。如图 5.37 所示，在室温下，从被亚克力板罩住的上表面附近用两个冷却喷雾（HFC-125a）对上表面冷却 10s。冷却过程中通过 PA 实时监测裂纹，如图 5.40 所示。在冷却之前，成像图中无法观察到裂纹（图 5.40(a)）。相反，在 LC 之后，裂纹成像十分清晰（图 5.40(c) 和(d)）。冷却 4s 后，在图 5.40(c) 中测得最大裂纹深度为 7.9mm。然而，所测得的裂纹深度小于之前初步实验中测得的实际深度 11.3mm（图 5.38）。这表明裂纹尖端仍处于闭合状态，即通过使用 LC 的常规方法产生的拉伸热应力不足以使紧密闭合的裂纹张开。

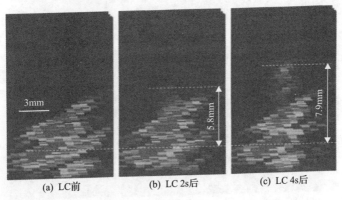

| (a) LC前 | (b) LC 2s后 | (c) LC 4s后 |

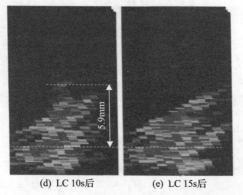

(d) LC 10s后　　　　　　　(e) LC 15s后

图 5.40　局部冷却(LC)前后 PA 图像快照[46]

本图来自文献[46]，有修改，版权属美国物理学会(2013)

　　为了解决这一问题，对该试件进行 GPLC 处理。在此实验中，试件被整体加热至 323K。LC 前后得到的 PA 图像如图 5.41(a)～(f)所示。与图 5.40(a)所示情况相似，LC 之前，图像中未能观察到裂纹(图 5.41(a))。LC 后，裂纹成像十分清晰(图 5.41(b)～(d))。请注意，图 5.41(d)在 4s 时测得裂纹最大深度为 11.3mm，与图 5.40(c)的情况相反。重要的是，所测得的裂纹深度与实际值 11.3mm(图 5.38)相同。这说明 GPLC 方法对打开紧密闭合的裂纹很有效。如图 5.41(d)所示，4s后随着冷却时间延长，裂纹图像像素值减小。最后在冷却 15s 时图像中裂纹长度

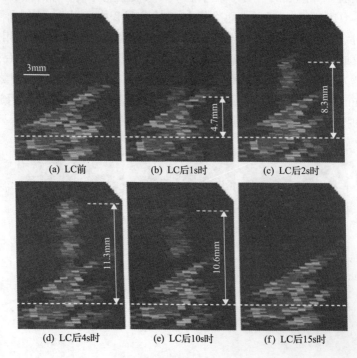

(a) LC前　　　　　　(b) LC后1s时　　　　　　(c) LC后2s时

(d) LC后4s时　　　　　(e) LC后10s时　　　　　(f) LC后15s时

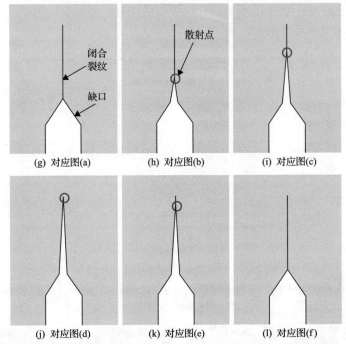

图 5.41　整体加热(GP)和局部冷却(LC)前后 PA 图像快照[104]

图(a)为 LC 前 PA 图像，图(b)~(f)分别为 LC 开始后 1s、2s、4s、10s、15s 后的 PA 图像，图(g)~(l)分别为(a)~(f)裂纹状态示意图。图(h)~(k)中，圆圈代表入射波的散射点。本图来自文献[104]，版权属日本应用物理学会(2014)

开始缩短(图 5.41(e))。这是由于试件内部温度分布逐渐均匀，故拉伸热应力开始减小。图 5.42 示出了在开始冷却后，随着冷却时间 t 的延长，由 PA 图像测得的裂纹深度 d 的变化。这一变化也可从裂纹状态示意图(图 5.41(g)~(l))中看出，该图中 $t \leqslant 2s$ 时，$d \leqslant 8.7$mm。图像表明由于拉伸热应力小于裂纹闭合应力，裂纹只是部分打开。当 $t=4s$ 时，d 达到最大值 11.3mm，表明此时拉伸热应力大于裂纹闭合应力。从实际的角度来看，此分析表明，大约 4s 的较短冷却时间足以精确测量该试件的裂纹深度。

　　在验证了 GPLC 方法效果优于 LC 方法后，将 GPLC 与 LDPA 结合应用的方法对带有闭合裂纹的粗晶 SUS316L 试件进行成像。图 5.43 示出了应用 GPLC 方法获得的 PA 图像快照。在 $t=0s$ 和 $t=1s$ 时(分别为图 5.43(a)、(b))图像中可显示裂纹开口槽缺口的顶端和左端，但无法显示裂纹。注意到由于粗晶边界产生的线性散射，成像区域出现了斑状噪声点。在 $t=2s$ 时(图 5.43(c))，PA 图像上开始逐渐出现裂纹。在 $t \geqslant 3s$ 时(图 5.43(d)~(f))，随着 t 的增加，深度为 13.3mm 的裂纹的响应强度逐渐增强。在 $t \geqslant 10s$ 时(图 5.43(g)、(h))，裂纹响应强度仍明显高于粗晶引起的斑状噪声。结果表明，闭合裂纹受 GPLC 引发的拉伸热应力而张开。虽然在图 5.43(d)~(h)中所测得的裂纹深度与图 5.39 中测得的相等，都为 13.3mm，但由于信噪比过低，仍然很难确定裂纹尖端的位置。裂纹尖端的响应可能被粗晶边界处产生的强烈线性散射所掩盖。

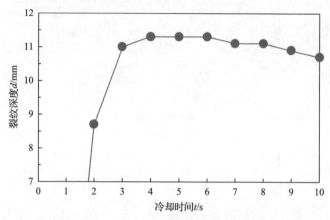

图 5.42　裂纹深度与冷却时间的关系[46]

灰点代表从应用 GPLC 方法得到的 PA 图像(图 5.1(b)～(e))中测得的裂纹深度。本图来自文献[46]，有修改，版权属美国物理学会(2013)

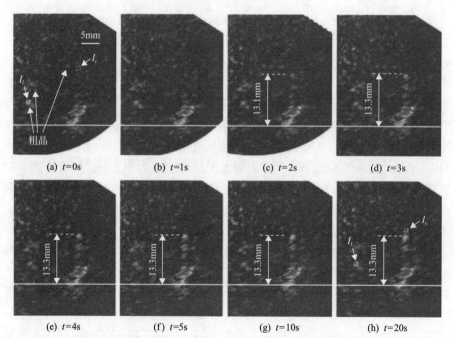

图 5.43　应用 GPLC 方法得到的 PA 图像快照[106]

图(a)为 LC 前的 PA 图像，图(b)～(h)为施加 LC 后 t=1s 与 t=20s 之间的 PA 图像，经 Elsevier 许可

　　为了选择性地提取由于施加热应力引起的裂纹响应变化，应用 LDPA 对 PA 图像(图 5.43)进行处理。将冷却处理后得到的 PA 图像减去冷却前的 PA 图

像(图 5.43(a))，结果如图 5.44 所示。图 5.45 给出了在 PA 图像和 LDPA 图像中测得的裂纹深度的详细变化。注意到 LDPA 图像对应于非线性图像。在 $t=0.2$s 时，成功消除了粗晶与裂纹开口槽缺口处的线性散射，因为它们不受热应力影响。也验证了此时裂纹处并无响应，表明裂纹仍是闭合的。在 $t=1$s 时，深度为 9.2mm 的裂纹响应增强，但如图 5.43(b)所示，该裂纹响应被粗晶引起的响应所掩盖。请注

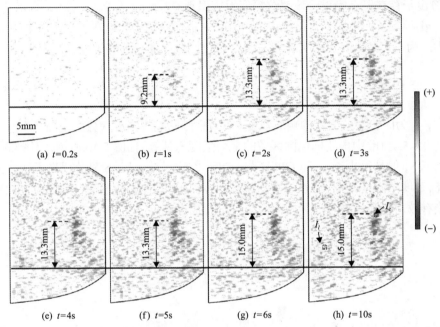

图 5.44　从 LC 0.2～10s 的 PA 图像中减去 LC 前(图 5.43(a))PA 图像得到的 LDPA 图像快照

本图来自文献[106]，有修改，经 Elsevier 许可

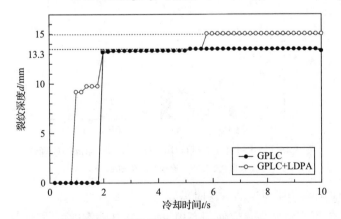

图 5.45　裂纹深度与冷却时间的关系

黑点代表应用 GPLC 方法得到的 PA 图像(图 5.43)中测得的裂纹深度，白点代表 LDPA 图像(图 5.44)中测得的裂纹深度。本图来自文献[106]，有修改，经 Elsevier 许可

意由于响应强度过低,在 PA 图像(5.43(b))上没有观察到该裂纹。不过,由于 LDPA
消除了线性散射,因此可以成功观察到裂纹响应的变化。在 t=2~5s(图 5.44(c)~
(f)),深度为 9.2mm 和 13.3mm 处裂纹响应强度随着 t 增加而增强。图 5.44(c)~
(f)中裂纹最大深度与在 PA 图像(5.43(d)~(h))中观察到的相同。当 t≥6s(图
5.44(g)、(h))时,可以观察到深度为 15.0mm 处裂纹响应增强,而在 PA 图像中(图
5.43)由于存在斑点噪声,该裂纹深度无法识别。

　　最后,在图 5.43(a)、(h)与图 5.44(h)中定量检验了裂纹在粗晶试件中的检出
能力。为了度量其检出能力,定义裂纹与线性散射体(粗晶)的强度比为

$$S = \frac{I_c}{I_l} \tag{5.47}$$

式中,I_c 为闭合裂纹尖端的响应强度;I_l 为粗晶的响应强度,分别由图 5.43(a)、
(h)和图 5.44(h)中虚线框包围区域的平均强度值计算。如图 5.46 所示,应用 GPLC
提高了 S,但是仍小于 1。而 GPLC 与 LDPA 方法相结合后,S 显著提高了 25.8dB。
因此,证明了除使用商业 PA 与冷却喷雾这种简单的方法,通过结合 GPLC 与 LDPA
也能有效对粗晶试件中的紧密闭合裂纹进行成像。

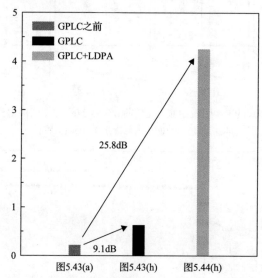

图 5.46　SUS316L CT 试件中闭合裂纹相对粗晶的选择性

本图来自文献[105],有修改,经 Elsevier 许可

　　最后,应用本节所讨论的方法时需要考虑的要点总结如下:

　　(1)GPLC 可实施性高,仅使用商用 PA 和冷却喷雾即可达到目的,其中冷却
喷雾本质上等同于空气除尘器,因此该方法非常简单经济,无须修改商用 PA 硬
件。该方法的成本是 5.1 节中总结的方法(1)~(4)中最低的。

(2)冷却喷雾可引起的拉伸热应力比(1)～(3)中大振幅入射的应力大得多。目前，只有这种方法可以在实际应用中对闭合非常紧密的裂纹进行成像检测。

(3)通过改变 GP 的温度可以任意改变热应力。

(4)LDPA 可用于消除 PA 图像中的线性散射，LDPA 图像可被视为非线性图像。

(5)充分低于阵列换能器居里温度的 GP 温度可用于施加较大的拉伸热应力。

(6)可粗略地分析计算由 GPLC 引起的热应力[103-105]，裂纹闭合应力也可以通过将分析结果与实验结果进行比较来估算。

(7)本章 GP 是通过加热板来实现的，而更实用的加热装置包括闪光灯和卤素灯、风扇加热器、带式加热器等。

(8)重复 GPLC 非常耗时，因为必须等试件温度恢复到其初始值(如室温)。应用 GPLC 时，可能难以实现较大区域的扫查，如通过阵列换能器的机械扫查。另外，通过测量来自裂纹根部的回波，很容易检测到闭合裂纹，因为裂纹的根部通常是张开的。因此，仅将 GPLC 和 LDPA 应用于通过像 PA 实时检测到的有裂纹区域，以实现准确而可靠的裂纹深度测量，将是一种明智的方法。

5.6　结　　论

本章全面回顾了基于 PA 和非线性超声的闭合裂纹深度测量方法。首先，将各种非线性超声 PA 方法分为四类：①次谐波；②并行和顺序发射；③全阵元、奇数阵元和偶数阵元发射；④热应力的利用。这些方法的共同点是利用了裂纹面的接触振动。在①～③中，使用 MHz 频率范围的大振幅入射(探测)波来引起接触振动。在④中，施加热应力作为大位移泵浦激励，通过 MHz 级频率范围内的小幅值探测波检测裂纹接触振动。具体来说，①是基于大幅值超声波入射产生的特定非线性分量(即二次谐波)的测量。②和③都是基于测量基频分量来间接测量所有非线性分量，尽管它们利用了不同的数据采集模式和后处理算法。④是基于泵浦波(即由冷却喷雾引起的热应力)和探测波(即 PA)的组合应用。通过使用特定的闭合裂纹试件证明了每种检测方法的有效性，并且在每节的末尾总结了每种方法的优点与缺点。因此，在了解了每种方法的关键特征和使用时应考虑的要点之后，应根据待测试件选择合适的方法。另外，非线性超声和 PA 仍在不断发展，可能会有更强大的非线性超声 PA 方法出现。无论现在还是将来，非线性超声 PA 将在实际的工业应用中成为解决重大问题的关键技术，而这些问题是常规(即线性)超声探伤无法解决的。

参 考 文 献

[1] J. Blitz, G. Simpson, Ultrasonic Methods of Non-Destructive Testing (Chapman & Hall, London, 1996)

[2] L.W. Schmerr, Fundamentals of Ultrasonic Nondestructive Evaluation. (Plenum, New York, 1998)

[3] J.D. Achenbach, Quantitative nondestructive evaluation. Int. J. Solids Struct. 37, 13–27 (2000)

[4] B.W. Drinkwater, P.D. Wilcox, Ultrasonic arrays for non-destructive evaluation: a review. NDT&E Int. 39, 525–541 (2006)

[5] L.W. Schmerr, Fundamentals of Ultrasonic Phased Array (Springer, Cham, 2015)

[6] T.L. Szabo, Diagnostic Ultrasound Imaging: Inside Out (Academic, New York, 2004)

[7] S.-C. Wooh,Y. Shi, Optimum beam steering of linear phased arrays.Wave Motion 29, 245–265(1999)

[8] B. Puel, D. Lesselier, S. Chatillon, P. Calmon, Optimization of ultrasonic arrays design and setting using a differential evalution. NDT&E Int. 44, 797–803 (2011)

[9] D.H. Johnson, D.E. Dudgeon, Array Signal Processing, Concepts and Techniques (Prentis Hall, Upper Saddle River, 1993)

[10] C. Holmes, B.W. Drinkwater, P.D. Wilcox, Post-Processing of the full matrix of ultrasonic transmit-receive array data for non-destructive evaluation. NDT&E Int. 38, 701–711 (2005)

[11] M.-L. Zhu, F.-Z. Xuan, S.-T. Tu, Effect of load ratio on fatigue crack growth in the nearthreshold regime: a literature review, and a combined crack closure and driving force approach. Eng. Fract. Mech. 141, 57–77 (2015)

[12] S. Horinouchi, M. Ikeuchi, Y. Shintaku, Y. Ohara, K. Yamanaka, Evaluation of closed stress corrosion cracks in Ni-based alloy weld metal using subharmonic phased array. Jpn. J. Appl. Phys. 51, 07GB15-1-5 (2012)

[13] J.D. Frandsen, R.V. Inman, O. Buck, A comparison of acoustic and strain gauge techniques for crack closure. Int. J. Fract. 11, 345–348 (1975)

[14] T. Mihara, S.Nomura, M. Akino, K.Yamanaka, Relationship between crack opening behavior and crack tips scattering and diffraction of longitudinal waves. Mater. Eval. 62, 943–947(2004)

[15] Y. Ohara, T. Mihara, K. Yamanaka, Nonlinear ultrasonic imaging method for closed cracks using subtraction of responses at different external loads. Ultrasonics 51, 661–666 (2011)

[16] W. Elber, Fatigue crack closure under cyclic tension. Eng. Fract. Mech. 2, 37–45 (1970)

[17] A.T. Stewart, The influence of environment and stress ratio on fatigue crack growth at near threshold stress intensities in low-alloy steels. Eng. Fract. Mech. 13, 463–478 (1980)

[18] R.O. Ritchie, S. Suresh, C.M. Moss, Near-threshold fatigue crack growth in 2 1/4Cr-1Mo pressure vessel steel in air and hydrogen. J. Eng. Mater. Tech. 102, 293–299 (1980)

[19] K. Minakawa, A.J. McEvily, On crack closure in the near-threshold region. Scr. Metall. 15, 633–636 (1981)

[20] Y. Zheng, R.G. Maev, I.Y. Solodov, Nonlinear acoustic applications for material characterization: a review. Can. J. Phys. 77, 927–967 (1999)

[21] K.-Y. Jhang, Nonlinear ultrasonic techniques for nondestructive assessment of micro damage in material: a review. Int. J. Precis. Eng. Manuf. 10(1), 123–135 (2009)

[22] K.H. Matlack, J.-Y. Kim, L.J. Jacobs, J. Qu, Review of second harmonic generation measurement techniques for material state determination in metals. J. Nondestruct. Eval. 34, 273-1-23 (2015)

[23] T. Kundu (ed.), Nonlinear Ultrasonic and Vibro-Acoustical Techniques for Nondestructive Evaluation (Springer, New York, 2018)

[24] M.A. Breazeale, D.O. Thompson, Finite-amplitude ultrasonicwaves in aluminum. Appl. Phys. Lett. 3(5), 77–78 (1963)

[25] O. Buck, W.L. Morris, J.M. Richardson, Acoustic harmonic generation at unbonded interfaces and fatigue cracks. Appl. Phys. Lett. 33(5), 371–373 (1978)

[26] I.Y. Solodov, Ultrasonics of non-linear contacts: propagation, reflection and NDEapplications. Ultrasonics 36, 383–390 (1998)

[27] I.Y. Solodov, N. Krohn, G. Busse, CAN: an example of nonclassical acoustic nonlinearity in solids. Ultrasonics 40, 621–625 (2002)

[28] R.A. Guyer, P.A. Johnson, Nonlinear mesoscopic elasticity: evidence for a new class of materials. Phys. Today 52, 30–36 (1999)

[29] R.A. Guyer, P.A. Johnson, Nonlinear Mesoscopic Elasticity: The Complex Behaviour of Rocks, Soil, Concrete (Wiley, New York, 2009)

[30] M.C. Remillieux, T.J. Ulrich, H.E.Goodman, J.A. Ten Cate, Propagation of a finite-amplitude elastic pulse in a bar of Berea sandstone: a detailed look at the mechanisms of classical nonlinearity, hysteresis, and nonequilibrium dynamics. J. Geophys. Res. Sol. Earth 122(11), 8892–8909 (2017)

[31] H. Ogi, M. Hirao, S. Aoki, Noncontact monitoring of surface-wave nonlinearity for predicting the remaining life of fatigued steels. J. Appl. Phys. 90(1), 438–442 (2001)

[32] Y. Ohara, K. Kawashima, Detection of internalmicro defects by nonlinear resonant ultrasonic method using water immersion. Jpn. J. Appl. Phys. 43(5B), 3119–3120 (2004)

[33] S. Biwa, S. Hiraiwa, E. Matsumoto, Pressure-dependent stiffnesses and nonlinear ultrasonic response of contacting surfaces. J. Sol. Mech. Mater. Eng. 3(1), 10–21 (2009)

[34] I.Y. Solodov, C.A. Vu, Popping nonlinearity and chaos in vibrations of a contact interface between solids. Acoust. Phys. 39, 476–479 (1993)

[35] B.A. Korshak, I.Y. Solodov, E.M. Ballad, DC effects, sub-harmonics, stochasticity and "memory" for contact acoustic non-linearity. Ultrasonics 40, 707–713 (2002)

[36] I. Solodov, J. Wackerl, K. Pfleiderer, G. Busse, Nonlinear self-modulation and subharmonic acoustic spectroscopy for damage detection and location. Appl. Phys. Lett. 84, 5386–5388 (2004)

[37] K. Yamanaka, T. Mihara, T. Tsuji, Evaluation of closed cracks by model analysis of subharmonic ultrasound. Jpn. J. Appl. Phys. 43, 3082–3087 (2004)

[38] Y. Ohara, T. Mihara, K. Yamanaka, Effect of adhesion force between crack planes on subharmonic and DC responses in nonlinear ultrasound. Ultrasonics 44, 194–199 (2006)

[39] J.G. Sessler, V. Weiss, Crack Detection Apparatus and Method. US Patent, 38667836 (1975)

[40] K.E.-A. Van Den Abeele, P.A. Johnson, A. Sutin, Nonlinear elastic wave spectroscopy (NEWS) techniques to discern material damage, part I: nonlinear wave modulation spectroscopy (NWMS). Res. Nondestr. Eval. 12, 17–30 (2000)

[41] D. Donskoy, A. Sutin, A. Ekimov, Nonlinear acoustic interaction on contact interfaces and its use for nondestructive testing. NDT&E Int. 34, 231–238 (2001)

[42] V.V. Kazakov, A. Sutin, P.A. Johnson, Sensitive imaging of an elastic nonlinear wave scattering source in a solid. Appl. Phys. Lett. 81(4), 646–648 (2002)

[43] Y. Ohara, T. Mihara, R. Sasaki, T. Ogata, S. Yamamoto, Y. Kishimoto, K. Yamanaka, Imaging of closed cracks using nonlinear response of elastic waves at subharmonic frequency. Appl. Phys. Lett. 90, 011802-1-3 (2007)

[44] J.N. Potter, A.J. Croxford, P.D. Wilcox, Nonlinear ultrasonic phased array imaging. Phys. Rev. Lett. 113, 144031-1-5 (2014)

[45] S. Haupert, G. Renaud, A. Schnumm, Ultrasonic imaging of nonlinear scatterers buried in a medium. NDT&E Int. 87, 1–6 (2017)

[46] Y. Ohara, K. Takahashi, S. Murai, K. Yamanaka, High-selectivity imaging of closed cracks using elastic waves with thermal stress induced by global preheating and local cooling. Appl. Phys. Lett. 103, 031917-1-5 (2013)

[47] Y. Ohara, S. Yamamoto, T. Mihara, K. Yamanaka, Ultrasonic evaluation of closed cracks using subharmonic phased array. Jpn. J. Appl. Phys. 47(5), 3908–3915 (2008)

[48] S. Yamamoto, Y. Ohara, T. Mihara, K. Yamanaka, Application of laser interferometer to subharmonic phased array for crack evaluation (SPACE). J. Jpn. Soc. Nondestr. Insp. 57(4), 198–203 (2008)

[49] Y. Ohara, H. Endo, T. Mihara, K. Yamanaka, Ultrasonic measurement of closed stress corrosion crack depth using subharmonic phased array. Jpn. J. Appl. Phys. 48(7), 07GD01-1-6 (2009)

[50] Y. Ohara, Y. Shintaku, S. Horinouchi, M.Hashimoto, Y.Yamaguchi, M.Tagami, K.Yamanaka, Ultrasonic imaging of stress corrosion crack formed in high temperature pressurized water using subharmonic phased array. Proc. Mtgs. Acoust. 10, 045007-1-8 (2010)

[51] Y. Ohara, H. Endo, M. Hashimoto, K. Yamanaka, Monitoring growth of closed fatigue crack using subharmonic phased array. AIP Conf. Proc. 1211, 903–909 (2010)

[52] Y. Ohara, S. Horinouchi, Y. Shintaku, R. Shibasaki, Y. Yamaguchi, M. Tagami, K. Yamanaka, High-selectivity imaging of closed cracks in weld part of stainless steel using subharmonic phased array with a single array transducer. J. Jpn. Soc. Nondestr. Insp. 60(11), 658–664(2011)

[53] K. Yamanaka, Y. Ohara, M. Oguma, Y. Shintaku, Two-dimensional analyses of subharmonic generation at closed cracks in nonlinear ultrasonics. Appl. Phys. Express 4, 076601-1-3（2011）

[54] Y. Ohara, Y. Shintaku, S. Horinouchi, M. Ikeuchi, K. Yamanaka, Enhancement of selectivity in nonlinear ultrasonic imaging of closed cracks using amplitude difference phased array. Jpn. J. Appl. Phys. 51, 07GB18-1-6（2012）

[55] K. Jinno, A. Sugawara, Y. Ohara, K. Yamanaka, Analysis on nonlinear images of vertical closed cracks by damped double node model. Mater. Trans. 55（7）, 1017–1023（2014）

[56] T. Mihara, H. Ishida, Improvement in the identification of a crack tip echo in ultrasonic inspection using large displacement ultrasound transmission. J. Phys. Conf. Ser. 520, 012010-1-6（2014）

[57] A. Ouchi, A. Sugawara, Y. Ohara, K. Yamanaka, Subharmonic phased array for crack evaluation using surface acoustic wave. Jpn. J. Appl. Phys. 54, 07HC05-1-6（2015）

[58] A. Sugawara, K. Jinno, Y. Ohara, K.Yamanaka, Closed-crack imaging and scattering behavior analysis using confocal subharmonic phased array. Jpn. J. Appl. Phys. 54, 07HC08-1-8（2015）

[59] C.-S. Park, J.-W.Kim, S.Cho, D.-C. S, A high resolution approach for nonlinear sub-harmonic imaging. NDT&E Int. 79, 114–122（2016）

[60] Y. Ohara, J. Potter, S. Haupert, H. Nakajima, T. Tsuji, T. Mihara, Multi-mode nonlinear ultrasonic phased array for closed crack imaging. Proc.Mtgs. Acoust. 34, 055001-1-5（2018）

[61] Y. Ohara, J. Potter, H. Nakajima, T. Tsuji, T. Mihara, Multi-mode nonlinear ultrasonic phased array for imaging closed cracks. Jpn. J. Appl. Phys. 58, SGGB06-1-7（2019）

[62] I.Y. Solodov, N. Krohn, G. Busse, Nonlinear Ultrasonic NDT for Early Defect Recognition and Imaging. Proceedings of 10th European Conference on Non-Destructive Testing（2010）

[63] R. Koda, T. Mihara, K. Inoue, G. Konishi, Y. Udagawa, Transmission of larger amplitude ultrasound with SiC transistor pulser for subharmonic signal measurements at closed cracks. Phys. Proc. 70, 528–531（2015）

[64] M. Scalerandi, A.S. Gliozzi, C.L.E. Bruno, D. Masera, P. Bocca, A scaling method to enhance detection of a nonlinear elastic response. Appl. Phys. Lett. 92, 101912-1-3（2008）

[65] C.L.E. Bruno, A.S. Gliozzi, M. Scalerandi, P. Antonaci, Analysis of elastic nonlinearity using the scaling subtraction method. Phys. Rev. B 79, 0641108-1-13（2009）

[66] M. Scalerandi, M. Griffa, P. Antonaci, M. Wyrzykowski, P. Lura, Nonlinear elastic response of thermally damaged consolidated granular media. J. Appl. Phys. 113, 154902-1-9（2013）

[67] P. Antonaci, C.L.E. Bruno, M. Scalerandi, F. Tondolo, Effects of corrosion on linear and nonlinear elastic properties of reinforced concrete. Cem. Concr. Res. 51, 96–103（2013）

[68] M. Ikeuchi, K. Jinno, Y. Ohara, K. Yamanaka, Improvement of closed crack selectivity in nonlinear ultrasonic imaging using fundamental wave amplitude difference. Jpn. J. Appl. Phys. 52, 07HC08-1-5（2013）

[69] Y. Ohara, K. Yamanaka, Japan Patent, 6,025,049（2016）

[70] X. Han, W. Li, Z. Zeng, L.D. Favro, R.L. Thomas, Acsoutic chaos and sonic infrared imaging. Appl. Phys. Lett. 81, 3188–3190（2002）

[71] F. Mabrouki, M. Thomas, M. Genest, A. Fahr, Frictional heating model for efficient use of vibrothermography. NDT&E Int. 42, 345–352（2009）

[72] L. Pieczonka, F.Aymerich, G. Brozek, M. Szwedo, W.J. Staszewski, T.Uhl, Nonlinear vibroacoustic wave modulations for structural damage detection: an overview. Struct. Control Health Monit. 20, 626–638（2013）

[73] I. Solodov, G. Busse, Resonance ultrasonic thermography: highly efficient contact and air-coupled remote modes. Appl. Phys. Lett. 102, 061905-1-3（2013）

[74] K. Truyaert, V. Aleshin, K.V.D. Abeele, S. Delrue, Theoretical calculation of the instantaneous friction-induced energy losses in arbitrarily excited axisymmetric mechanical contact systems. Int. J. Solids Struct. 158, 268–276（2019）

[75] J.N. Potter, J. Chen, A.J. Croxford, B.W. Drinkwater, Ultrasonic phased array imaging of contact acoustic nonlinearity. Proc. Mtgs. Acoust. 29, 045002-1-6（2016）

[76] J. Cheng, J.N. Potter, A.J. Croxford, B.W. Drinkwater, Monitoring fatigue crack growth using nonlinear ultrasonic phased array imaging. Smart Mater. Struct., 26, 05506-1-10（2017）

[77] J. Cheng, J.N. Potter, B.W. Drinkwater, The parallel-sequential field subtraction technique for coherent nonlinear ultrasonic imaging. Smart Mater. Struct. 27, 065002-1-10（2018）

[78] J. Potter, A.J. Croxford, Characterization of nonlinear ultrasonic diffuse energy imaging. IEEE Trans. Ultrason. Ferroelectr. Freq. Control 65(5), 870–880（2018）

[79] S. Haupert, Y.Ohara, E.Carcreff, G. Renaud, Fundamental wave amplitude difference imaging for detection and characterization of embedded cracks. Ultrasonics 96, 132–139（2019）

[80] Y. Ohara, H. Nakajima, S. Haupert, T. Tsuji, T. Mihara, Nonlinear ultrasonic phased array with fixed-voltage fundamental wave amplitude difference for high-selectivity imaging of closed cracks. J. Acoust. Soc. Am. 146(1), 266–277（2019）

[81] Y. Ohara, H. Nakajima, T. Tsuji, T. Mihara, Nonlinear surface-acoustic-wave phased array with fixed-voltage fundamentalwave amplitude difference for imaging closed cracks.NDT&E Int. 108, 102170–1–10（2019）

[82] G. Tang, L.J. Jacobs, J. Qu, Scattering of time-harmonic elastic waves by an elastic inclusion with quadratic nonlinearity. J. Acoust. Soc. Am. 131, 2570–2578（2012）

[83] C.M. Kube, Scattering of harmonic waves from a nonlinear elastic inclusion. J. Acoust. Soc. Am. 141, 4756–4767（2017）

[84] Y. Wang, J.D. Achenbach, Reflection of ultrasound from a region of cubicmaterial nonlinearity due to harmonic generation. Acta Mech. 229, 763–778（2018）

[85] N. Walker, C.J. Beevers, A fatigue crack closure mechanism in titanium. Fatigue Eng. Mater. Struct. 1, 135–148（1979）

[86] J. Jin, J. Rivière, Y. Ohara, P. Shokouhi, Dynamic acoustic-elastic response of single fatigue cracks with different microstructural features: an experimental investigation. J. Appl. Phys. 124, 075303-1-14（2018）

[87] A. Steuwer, M. Rahman, A. Shterenlikht, M.E. Fitzpatrick, L. Edwards, P.J. Withers, The evolution of crack-tip stresses during a fatigue overload event. Acta Mater. 58, 4039–4052（2010）

[88] J.D. Carroll, W. Abuzaid, J. Lambros, H. Sehitoglu, High resolution digital image correlation measurements of strain accumulation in fatigue crack growth. Int. J. Fatigue 57, 140–150 （2013）

[89] I.Y. Solodov, B.A. Korshak, Instability, chaos, and "memory" in acoustic-wave-crack interaction. Phys. Rev. Lett. 88（1）, 014303-1-3（2001）

[90] A. Moussatov, V. Gusev, B. Castagnede, Self-induced hysteresis for nonlinear acoustic waves in cracked material. Phys. Rev. Lett. 90（12）, 124301-1-4（2003）

[91] R.B. Mignogna, R.E. Green Jr., J.C. Duke, E.G. Henneke, K.L. Reifsnifer, Thermographic investigation of high-power ultrasonic heating in materials. Ultrasonics 19, 159–163（1981）

[92] I. Solodov, G. Busse, Nonlinear air-coupled emission: the signature to reveal and image microdamage in solid materials. Appl. Phys. Lett. 91, 251910-1-3（2007）

[93] I. Solodov, J. Bai, S. Bekgulyan, G. Busse, A local defect resonance to enhance acoustic wave defect interaction in ultrasonic nondestructive evaluation. Appl. Phys. Lett. 99, 211911-1-3（2011）

[94] P.B. Nagy, G. Blaho, Identification of distributed fatigue cracking by dynamic crack-closure. Rev. Prog. Quant. Nondestr. Eval. 14, 1979–1986（1995）

[95] S.R. Ahmed, M. Saka, Y. Matsuura, D. Kobayashi, Y. Miyachi, Y. Kagiya, An effective method of local thermal treatment for sensitive NDE of closed surface cracks. Res. Nondestruct. Eval. 21, 51–70（2009）

[96] H. Xiao, P.B. Nagy, Enhanced ultrasonic detection of fatigue cracks by laser-induced crack closure. J. Appl. Phys. 83（12）, 7453–7460（1998）

[97] Z. Yan, P.B. Nagy, Thermo-optical modulation of ultrasonic surface waves for NDE. Ultrasonics 40, 689–696（2002）

[98] C.-Y. Ni, N. Chigarev, V. Tournat, N. Delorme, Z.-H. Shen, V.E. Gusev, Probing of laser-induced crack modulation by laser-monitored surface waves and surface skimming bulk waves. JASA Express Lett. 131（3）, EL250–EL255（2012）

[99] C. Ni, N. Chigarev, V. Tournat, N. Delorme, Z. Shen, V.E. Gusev, Probing of laser-induced crack closure by pulsed laser-generated acoustic waves. J. Appl. Phys. 113, 014906-1-8（2013）

[100] S. Mezil, N. Chigarev, V. Tournat, V. Gusev, Two dimensional nonlinear frequency-mixing photo-acoustic imaging of a crack and observation of crack phantoms. J. Appl. Phys. 114, 174901-1-17 (2013)

[101] S. Mezil, N. Chigarev, V. Tournat, V. Gusev, Evaluation of crack parameters by a nonlinear frequency-mixing laser ultrasonics method. Ultrasonics 69, 225–235 (2016)

[102] H. Tohmyoh, M. Saka, Y. Kondo, Thermal opening technique for nondestructive evaluation of closed cracks. J. Pressure Vessel Technol. 129, 103–108 (2007)

[103] Y. Ohara, K. Takahashi, K. Jinno, K. Yamanaka, High-selectivity ultrasonic imaging of closed cracks using global preheating and local cooling. Mater. Trans. 55(7), 1003–1010 (2014)

[104] K. Takahashi, K. Jinno, Y. Ohara, K.Yamanaka, Evaluation of crack closure stress by analyses of ultrasonic phased array images during global preheating and local cooling. Jpn. J. Appl. Phys. 53, 07KC20-1-7 (2014)

[105] K. Tkahashi, K. Ohmachi, Y. Ohara, K. Yamanaka, Estimation of saturated duration in phased array imaging of closed cracks by global preheating and local cooling. J. Jpn. Soc. Nondestr. Inspect. 65(10), 513–520 (2016)

[106] Y. Ohara, K. Takahashi, Y. Ino, K. Yamanaka, T. Tsuji, T.Mihara, High-selectivity imaging of closed cracks in a coarse-grained stainless steel by nonlinear ultrasonic phased array. NDT&E Int. 91, 139–147 (2017)

[107] N. Noraphaiphipaksa, T. Putta, A. Manonukul, C. Kanchanomai, Interaction of plastic zone, pores, and stress ratio with fatigue crack growth of sintered stainless steel. Int. J. Fract. 176, 25–38 (2012)

第6章　裂纹的光声非线性混频特性

本章阐述一种新的基于光声非线性混频方法的裂纹一维和二维成像方法。声波由两束不同频率的激光经过幅度调制激励产生。其中第一束激光在较低的频率 f_L 幅度调制后产生热弹性波，并根据裂纹的呼吸效应，调节局部裂纹刚度直至裂纹完全闭合或张开。第二束激光在较高频率 f_H 下调制，并将产生的声波入射到呼吸裂纹上。通过检测与激励信号的频率分布不同的混频信号 $f_H \pm nf_L$ ($n=1,2,\cdots$)，得到一种使用全光学检测裂纹的方法。该理论认为混频分量是裂纹随时间变化的非线性刚度对反射或透射声波调制产生的。激光产生的热弹性应力具有静态和波动两种分量，使得裂纹刚度发生了变化。频谱旁瓣的振幅是随热弹性载荷增加而变化的非单调函数。通过对实验曲线进行理论拟合，可以估计出裂纹的宽度、刚度等各种局部参数。

6.1　非线性光声学导论

光声学和激光超声学都是采用光和激光监测声波的实验技术，这两种检测技术非常相似，它们的共同特征都是通过光辐射激发声波[1-3]，但声波的检测方法多种多样，原则上采用非光学技术。这两种技术通过激发和接收线性声波在实现材料评估、无损检测和成像方面得到了广泛应用。在恶劣的检测环境下，将光应用于声学中，可以提供一种非接触检测方法，通过扫描聚焦激光束，以高空间分辨率快速检测和评价较大表面积的材料。激光可以有效地实现相干声波的同步激发[2,4]。超快激光的应用可以激发和接收压电换能器所不能实现的太赫兹频率相干声波(低至个位数纳米波长)[5-7]。在一些应用中，激光声波成像的深度空间分辨率已经超过 100nm[8-11]，其横向空间分辨率比受近场光学技术限制的光衍射更好[12,13]，这一优点可以应用于评估纳米材料和纳米结构[11,14-18]。光辐射转化为声波的方式有很多[2,19,20]，其中最常见的是光吸收材料的热弹性膨胀和透明材料的电致伸缩。当声波到达材料表面时，通过光学监测材料表面的运动(干涉量度分析法或光束偏转技术)[1-3]，或者通过材料内部和材料表面附近的光声效应，都可以检测到声波[11,21,22]。因此，光学技术常被用于激发和接收声波，同时光学的这些特性都能被有效地用于非线性声波监测[23-26]。

与线性声波相比，非线性声波(即有限振幅声波)在材料中传播时其频谱会发生变化。这些变化是由声传播定律偏离线性定律引起的。因此，对非线性声波变化的检测可以获得有关材料非线性弹性/非弹性的基本信息, 如理想晶体原子相互作用势[23,27]。同时, 由不同类型的服役条件引起的缺陷、位错、裂纹等多种损伤会导致声学非线性显著增加[25,26,28-30]。多种非线性声学现象如混频 (参数调制)[29,31,32]、谐波生成[33-35]、次谐波生成[35,36]、解调[36,37]、自调制[38,39]、调制传递[40,41]和声弹性[42]对材料中裂纹或接触界面的高度敏感性已得到充分证明。这些不同的非线性声学现象普遍应用于材料的评估, 尤其是裂纹的检测[29,43-45]。但是, 到目前为止, 非线性声学方法尚很少与光学技术相结合, 以激发或检测非线性声波以及用于调制声波。

6.1.1　激光光学与非线性声学相结合的无损检测方法综述

在非线性声学中, 脉冲激光比连续激光更常用于产生相干的非线性声脉冲。人们首先研究激光激发的体波脉冲在液体中形成弱激波峰的情况[2,46,47], 之后研究它在固体中应用的情况[48]。非线性激光激发的声脉冲可以用于研究非经典滞回非线性材料, 如微观非均匀材料和热老化材料[49-51]。近年来, 随着超快激光的应用, 实验中非线性纵波脉冲的频率扩展到了吉赫兹 (GHz) 范围[52-54]。超快 (飞秒) 激光也被用于激发和研究晶体中的声孤子[55,56]。强纳秒激光脉冲被用于研究非线性脉冲表面波的激发和表面波中的激波及孤波现象[57-61]。最近, 激光超声被拓展应用于对非线性边缘波的评估[62]。通过在材料表面 (利用狭缝掩膜) 形成一个周期性的光学图案 (optical pattern), 产生振幅足够大的声表面波波包, 从而观察谐波的激发[63,64]。准单色激光产生的声表面波波包, 可用于研究材料在动态和静态 (机械和声学) 载荷作用下的声弹性现象[65,66]。

首先, 在裂纹附近, 激光辐射吸收所产生的激光热弹性应力加载到裂纹处, 用于调制由压电换能器所产生的表面波的反射/透射[67-69]。然后, 激光激发的表面瑞利波和体波被用于研究裂纹的热弹性吸声塑性[70-72]。一般来说, 激光更多地应用于接收和检测非线性声波而不是产生非线性声波[73-75]。

本章着重介绍光声非线性混频实验技术。在这项技术中, 激光辐射被用于产生单色声波和裂纹的周期热弹性载荷。两个不同频率的声波由于呼吸裂纹的非线性作用, 在混频过程中会产生新的频谱分量[76-84]。这项技术已经被应用于裂纹成像[77,80,81]以及裂纹局部参数的定量评估[83], 而且有望将非线性声波的检测变成全光学的检测[80]。近年来, 激光产生的窄带表面瑞利波[85]、激光激励的声波和结构的振动也应用于非线性混频的研究[86,87]。在目前报道的所有关于光声混频实验中, 声波频率都比较低, 且激光激发的声波原理都是基于光声转换的热弹性机制。

6.1.2　连续波激光辐射调制对热弹性应力和声波的激发

激光超声技术可以通过多种物理机制激发并接收固体中的声波, 具体取决于激光器的类型和功率。激光器可分为两大类：连续波(continuous wave, CW)激光器和脉冲式激光器。连续激光以恒定的光频率连续发射振幅恒定的电磁波，而脉冲激光则以给定的重复频率以一定持续时间的脉冲(准单色波包)发射其光功率。

虽然一般情况下可以通过激光甚至透光材料(通过电致伸缩效应)激发声波，但最常见的光声转换物理机制是光的吸收。光的吸收是指当固体对于激光波长或部分激光波长不透明时会吸收一些入射能量。一般来说，激光激发的声波振幅随着激光强度成比例增长，直至达到材料的光学烧蚀阈值，达到阈值后，光声转换的非破坏性机制会转换成破坏性机制。阈值大小取决于试件的特性(激光波长下的光吸收系数和反射率、材料热容、热导率等)。低于烧蚀阈值时，材料的热弹性效应会产生声波且不会损伤试件；高于烧蚀阈值时，吸收的光能会使材料的表面附近发生熔化和蒸发。根据动量守恒定理，激光照射在材料表面时会形成反冲压力，从而产生声波。在热弹性状态下，热弹性应力的空间梯度所产生的体积力会引起材料的运动。体积力与材料的弹性模量、热膨胀系数和温度成正比。激光的辐射会被材料吸收，由于热传导作用，材料表面的最高温度分布不均匀，且只会渗透到材料内部某一个特定的深度，从而形成温度梯度。因此，激光产生材料温度梯度，进而引起材料的运动，尤其是以声波形式的运动。然而，激光诱导的温度梯度是激发出声波的必要不充分条件。可以这样理解，当用连续激光照射材料时，材料的非均匀定常加热会导致材料的非均匀定常热膨胀。声波的产生，不仅需要温度分布相对于空间的变化，还需要随着时间的变化。在脉冲激光的应用中，对加热时间进行调制；在连续激光的应用中，通过采用一定频率的光声调制器(acousto-optic modulator, AOM)，随着时间的改变调节激光强度。调制电磁波强度会调节试件内部的热沉积，从而调制温度变化、热弹性应力，并且热弹性应力的存在会生成频率为 f 的声波。在材料对在其中以激光激发并进行线性响应的一般情况下，仅在激光强度频谱中存在的声频随时间变化，这些变化与激光辐射的脉冲周期发射或连续激光辐射的时间调制有关，此时激光可以产生热弹性[2]。下面仅考虑在热弹性状态下使用连续波激光器进行声波的激发(以保持无损)。

通过求解热扩散方程，可以确定强度调制的连续激光诱导温度场 T。对于在材料表面具有法向入射的激光辐射(图 6.1(a))，该方程可以用柱坐标 (r, ϕ, z) 表示：

$$\frac{\partial T}{\partial t} = \chi \Delta T + \frac{I}{\ell \rho c_p} g(t) \psi(r, \phi) \mathrm{e}^{-z/\ell} \tag{6.1}$$

式中，χ 为热扩散率；ρ 为密度；c_p 为试件比热容；I 为吸收部分激光的强度值；ℓ 为影响热源沿 Z 轴空间分布的激光强度的穿透深度；g 和 ψ 分别为激光强度的时间和横向空间分布。假设高斯光束($\psi(r, \phi) = \mathrm{e}^{-(r/a)^2}$，光束半径为 a)，100%正弦

调制（ $g(t) = H(t) \cdot [1 + \cos(\omega t)] / 2$ ， $H(t)$ 是 Heaviside 阶跃函数， $\omega = 2\pi f$ 是角频率），初始条件和边界条件为（ $T(t=0)=0, \partial_z T|_{z=0}=0, \partial_\phi T|_{\phi=0[\pi]}=0$ ），可以计算出任一空间和时间点激光加热的温升[88]。下面强度调制始终假定为 100%，因此在其周期的某一时刻，激光强度等于零。

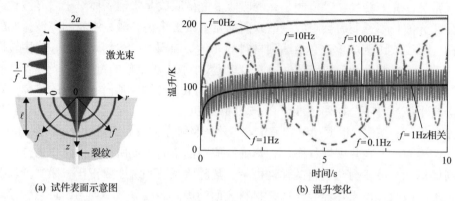

(a) 试件表面示意图　　　　　　　　　　(b) 温升变化

图 6.1　材料表面具有法向入射的激光辐射时，调制频率的选择对产生的热场的影响

图 (a) 为柱坐标 (r, ϕ, z) 下法向入射的强度调制激光束随时间 t 加热的试件表面示意图。试件含有沿 z 方向的以 $r=0$ 的激光束为中心的裂纹。激光束沿角 ϕ 方向不变，l 为激光强度穿透深度，f 为调制频率，a 为光束半径。图 (b) 显示了相应地吸收玻璃 (见表 6.1) 中高斯光束 ($\lambda=532\text{nm}$，$r=0$，$z=0$，$a=100\mu\text{m}$，100mW 功率) 的中心处随着时间及调制频率 (f 为 0Hz、0.1Hz、1Hz、10Hz 和 1000Hz) 变化的温升

调制频率 f 的选择对产生的热场有重要影响，在没有调制的情况下，温度不断上升，直到接近温度极限 T_∞（参见图 6.1(b) 中 $f=0$Hz 对应的曲线）。在这种情况下，温度分布稳定后不会产生声波。当调制频率 f 很低时，试件在整个光吸收区内的热扩散特征时间比调制周期短得多，而且温度场以频率 f 在几乎等于 0 和几乎接近 T_∞ 之间振荡（参见图 6.1(b) 中与 $f=0.1$Hz 相关的曲线），与激光强度变化平行；系统是准静态的，会产生频率为 f 的声波。当频率 f 很高时，也会产生频率为 f 的声波。激光强度与热扩散时间相比变化得太快，导致试件温度场的变化类似于未经调制的温度场，趋于 $T_\infty / 2$（由于 100%正弦强度调制，热释放平均小一半，参见图 6.1(b) 中与 $f=1$kHz 相关的曲线）。在这种情况下，振荡温度分量远小于平均温度，试件温度场在 $T=0 \sim T_\infty$ 极值区间随着激光强度的调制而振荡（不能达到极值）。换句话说，温度场在 T_1 和 T_2 之间振荡（其中 $0 \leqslant T_1 \leqslant T_\infty / 2 \leqslant T_2 \leqslant T_\infty$，$T_1 + T_2 = T_\infty$，参见图 6.1(b) 中 $f=1$Hz 曲线和 $f=10$Hz 曲线）。对于调制光束（$f>0$），引起激光超声产生的温升可以分解为常数和振荡部分，比例取决于所选频率和材料的热特性。在此处和下文中，常数部分称为平均部分或静态部分，它对应于静态温升，在稳态时等于 $T_\infty / 2$，并且与频率 f 无关。相反，振荡部分对应于瞬时温度升高范围（$T_2 - T_1$），其幅度与频率成反比：频率 f 越低，温度 T_1 越低，温度 T_2 越高。随着调制频率的增加，调制温度场的幅度逐渐变小（$T_{1,2} \to T_\infty / 2$，因此

$T_2 - T_1 \to 0$）。例如，在图 6.1(b) 中，对于频率 f 分别为 0.1Hz、1Hz、10Hz 和 1000Hz，振荡部分（$T_2 - T_1$）等于 183K、126K、47K 和 0.7K，而恒定部分始终等于 104K。因此，对于非常高的频率，振荡部分比平均部分小得多。温升与激光强度成正比，并受激光束半径 a 和光穿透深度 ℓ 的影响（式(6.1)），常数部分和振荡部分都会受到这些参数的影响。

以下使用与实验条件相似的参数计算图 6.1(b) 中激光束中心温度。对表面计算所得的最高温度约为 200K 时，没有玻璃熔化的风险（$T > 500K$ 时存在），但是可能在试件的边缘测得材料发生膨胀。特别是，如果存在表面断裂裂纹（图 6.1(a)），激光加热引起的膨胀将改变裂纹宽度。在给定的深度 z 处，玻璃沿 r 的（一维）膨胀可用公式 $\Delta(z) = \alpha \int_0^\infty T(r,z)\mathrm{d}r$ 进行估算，其中 α 是玻璃的线性热膨胀系数（见表 6.1），$T(r,z)$ 是在点 (r,z) 处达到的温升。该公式假定调制频率足够低，足以引起裂纹面的准静态运动。与实验中用到的参数相似，在表面（$z=0$）处达到最大膨胀，约为几百纳米。

表 6.1　实验玻璃试件的物理参数

参数	符号	数值	参数	符号	数值
密度	ρ	2616kg/m^3	透光长度	ℓ_{532}	0.31mm
比热容	c_p	720J/(kg·K)		ℓ_{800}	0.22mm
热扩散率	χ	0.547μ·m^2/s	光反射系数	r_{532}	0.11
体积模量	K	38.9GPa		r_{800}	0.14
泊松比	ν	0.22	线性热膨胀系数	α	5.5×10^{-6}K
声速	c	5750m/s			

注：下标 532(800) 表示所涉及的激光波长（单位为 nm）。

6.1.3　稳态激光加热对裂纹的影响

如上文所述，为了用连续激光产生声波，连续激光需要在特定的频率上进行强度调制。除了产生声波，也会产生（或引起）局部固定的热弹性应力的热量，以及激光光斑生成区内的膨胀。若在该生成点内存在裂纹，则裂纹面之间的距离（或裂纹厚度）将受到影响。若裂纹厚度小于由热膨胀引起的表面激光诱导位移之和，则在这种热应力作用下，裂纹将从张开裂纹（裂纹面不接触）演化为闭合裂纹（裂纹面接触）。

在前述玻璃试件中，对于超低频 f_L（如 $f_L = 1Hz$），其与加热有关的振荡部分范围很大（图 6.1(b)），这意味着在这种缓慢的动态状态下裂纹面之间的距离可以显著改变。若激光功率足够大，则这些振荡的温度变化就有可能使裂纹从张开状态演化到闭合状态，反之亦然，这就是裂纹的"呼吸效应"。但若该低频热波所引起的裂纹面运动不能使裂纹面之间产生接触，则无法达到闭合状态，就不是裂纹的"呼吸效应"。同样，如果恒定加热温度非常高，以至于裂纹面之间一直保持不同程度的接触，即使热载荷达到最小(裂纹始终保持闭合)，同样也不是裂纹的"呼吸效应"。此外，这种裂纹的"呼吸效应"也可以称为"拍击"(tapping)(从张开裂纹开始进行调制加热)或"拍手"(clapping)(从闭合裂纹开始进行调制加热)[81]。在考虑由频率 f_L 调制的热弹性载荷引起的裂纹呼吸的情况下，裂纹所处的张开(闭合)状态的时间比裂纹的呼吸周期 $T = 1/f_L$ 大。

入射的声波传播至裂纹处，若裂纹处于张开状态，则会发生反射；若裂纹处于闭合状态，则沿直线传播(图 6.2)。因此，如果存在裂纹"呼吸"，则该反射(或透射)系数会根据裂纹状态的变化而在 0~1 变化，这种动态变化可以用来区分裂纹和其他不受低频热场影响的可能存在的缺陷。

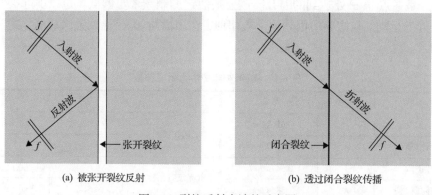

(a) 被张开裂纹反射　　　　(b) 透过闭合裂纹传播

图 6.2　裂纹反射声波的示意图

这里提出的光声混频技术的主要思想基于低频热弹性波引起的呼吸裂纹之间的相互作用。声波的频率根据试件的共振频率来选取，在本实验中只有几十千赫兹。需要注意的是，在调制的连续激光辐射产生声波的同时，进行恒温加热可以减少因为材料膨胀所引起的裂纹宽度的变化。然而，与低频热弹性波的振幅相比，高频声波的振荡加热所产生的声波振幅可以忽略不计，因此只有低频热弹性波才能实现裂纹的拍击/拍手。在研究裂纹的"呼吸作用"之前，应该在激光功率低于烧蚀阈值时确保改变局部裂纹面之间的距离直至闭合能够实现。

第一个实验研究了连续激光加热对裂纹的影响[77,80]。试件是一块含有单一表面裂纹的50mm×25mm×3mm吸光玻璃板，玻璃的物理性能见表6.1。裂纹通过人工预制，火焰局部加热后紧接着进行快速冷却以产生热冲击裂纹，裂纹长度约几厘米，超过了板厚。裂纹面之间的距离 h 取决于裂纹的位置。通过原子力显微镜(atomic force microscopy, AFM)发现，在同样制备的试件中，裂纹的宽度可达几百纳米[71]。因此，在相应的实验条件下，理论上此类裂纹可以闭合(见6.1.2节部分)。实验装置如图6.3(a)所示。通过调节连续二极管激光器电源中的电流(图6.3(a)中的探测光束），对其在高频 f_H=16kHz下进行强度调制。这种激光可以用于产生能够检测裂纹状态的声波，因此称为"探测激光"。在不改变检测激光强度、光束半径和波长等参数的情况下，检测声波振幅的变化与局部裂纹状态的变化有关。将调制频率设为 f_H=16kHz(对应于板的一个声共振频率)可以强化检测信号的振幅。据分析，这个频率对应一个平行于平板长边传播的非对称兰姆模式的驻波共振频率。当频率超过45kHz时，对称兰姆模式会引起声共振。弯曲波引起的板表面运动主要是板表面的离面位移，更有利于振动计的检测。连续固体激光器(图6.3(a)中的"加热光束")与探头光束在裂纹上聚焦成一个约100μm的点，从而局部加热裂纹①。吸收的连续激光的光能会引起温度上升，在激光照射区产生热弹性膨胀，因此随着连续激光功率的增加，裂纹面之间的局部裂间距减小。将激光测振仪(图6.3(a)中的"检测光束")聚焦在离裂纹几厘米远处，能检测到频率为 f_H 的声波所引起的板的离面位移。

　　图6.3(b)为基频信号振幅(频率为 f_H)与激光加热功率的函数关系。实验数据表明，在40～120mW时，随着激光功率的增大，光声转换效率(即探头声波产生效率)逐渐增大。当加热激光器功率约为80mW时，功率对光声转换效率的影响最大。这是因为加热导致裂纹从张开状态变为闭合状态[78]。从物理学角度而言，在裂纹表面附近与在机械自由表面附近产生的声波热弹性相似，而且效率很低[2]。局部加热区域的热弹性膨胀使裂纹面从开始接触到局部闭合，在这一过程中，一个裂纹面会使另一个面的机械载荷变大，这一过程可以看成裂纹刚度增加的过程[78]，从而提高了光声转换效率。结果如图6.3(b)所示，当加热激光的功率约为80mW时，裂纹的刚度对外部变化最敏感(裂纹的声学非线性特性最为显著)。当功率低于40mW或者高于120mW时，加热功率的变化对基波的影响很小，裂纹几乎没有改变。也就是说，在低于40mW时，裂纹处于张开状态，并且裂纹面之间没有接触；高于120mW时，裂纹闭合，裂纹面接触，功率的增加不再改变裂纹状态。

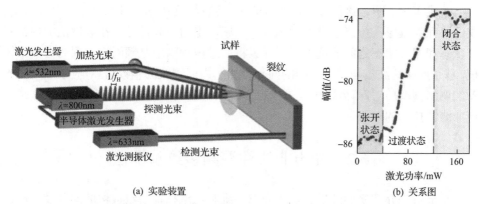

(a) 实验装置　　　　　　　　(b) 关系图

图 6.3　检测裂纹状态的实验装置以及频率为 f_H 声信号振幅与激光加热功率的关系[80]

① 此处及后面给出的光束尺寸与 1/e 强度水平相对应。

　　该结果表明，与裂纹从张开向闭合过渡的状态相比，在张开状态和闭合状态下的裂纹局部非线性均较弱。这种过渡状态的特征是裂纹面之间的局部不完全接触。在张开状态下，位于裂纹相对表面的不光滑处之间没有接触，而在闭合状态下，裂纹表面之间的接触几乎是完全的，裂纹刚度与弹性载荷之间的相关性很弱。张开状态的弱非线性是由于在裂纹相对表面处的凹凸之间不存在高度非线性的弱载荷接触。在闭合状态下，不光滑处之间的接触会受到很大的载荷，则非线性很弱，并且试件表现出近似完整材料的行为。

　　第一个实验验证了激光加热实现裂纹闭合的可能性，实验结果可以有效地用于裂纹的检测。例如，在文献[70]和[71]中，Ni 等研究了裂纹附近（由连续激光提供）加热和不加热裂纹时试件表面上两点之间的声脉冲传播，以及裂纹状态变化可能导致的振幅差和模式转换。Ohara 等也证明了这类想法是可行的。尽管该方法需要打开闭合裂纹（通过使用冷却喷雾）来改变两次测量之间的裂纹宽度[89]（详情见第 5 章）。在这些实验中，通过测量试件受到固定外部作用（如应力、温度）后线性声场（在基频下）的变化来确定受损（开裂）固体的非线性力学参数，因此这些实验称为声弹性实验。

　　本章基于混频非线性声学现象（而不是声弹性）进行裂纹检测。在混频非线性声学中，试件上附加的周期性作用产生不同频率的弹性场，可以通过测量由于探针声场与该弹性场之间的相互作用而出现的非线性声场（信号的新频谱分量）来评估材料的非线性弹性参数。对于破裂的样品，声波的相互作用主要发生在裂纹处，即裂纹的声学非线性特性最为显著。当加热激光聚焦在裂纹附近时，加热激光的调制频率远离试件的声学共振频率，探头声场在裂纹处的相互作用主要不是与加热激光发出的声波相互作用，而是热弹性应变场通过裂纹宽度的调节来周期性地调节裂纹参数，目的是实现裂纹呼吸，以使裂纹在张开状态和闭合状态之间振荡。

　　上述实验表明，该信号对过渡区的裂纹调制特别敏感（图 6.3(b)）。因此，裂纹的"呼吸效应"可能会显著影响裂纹区域产生的声波信号。在频域范围内，张开状态和闭合状态之间的这种裂纹呼吸将通过声频谱中基频附近出现的旁瓣来体现，基频周围的波瓣与基频之间的间隔为加热周期倒数的整数倍（对应于加热激光器的调制频率）。旁瓣激励过程可以视为混频参数化过程（参见文献[78]），这是光声非线性技术的核心。

6.2　光声非线性混频裂纹检测法

　　本节首先介绍实验装置，然后介绍一维和二维扫描裂纹成像的原理及方法，最后讨论该方法的空间分辨率。

6.2.1　实验装置

本研究使用了各种基于相同物理原理的实验装置。图 6.4 为两种最常用的具有相同检测系统和不同激励系统的实验装置。激励可分为两部分：检测光束和泵浦光束。检测光束是指激发出频率为 f_H 的声波的光束，该频率对应于试件的共振频率(如 6.1.3 节中初步实验所述)且位于检测声波频率附近。选择的频率随实验不同而变化，但基本上都是几十千赫兹。另一种称为泵浦光束，其在较低的频率 f_L 下被调制，通常 f_L 约为 1Hz，用于产生热弹性波。这些光束及其特性用下标 H 和 L 表示，其中 H(L) 表示高(低)频率。

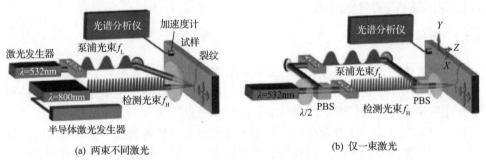

(a) 两束不同激光　　　　　　　　　(b) 仅一束激光

图 6.4　两个实验装置图示

检测装置用加速度计表示，PBS 指偏振分束器(polarised beam splitter)

在图 6.4(a)中，泵浦光束和检测光束由两种不同的激光器产生：检测光束产生于 1W 半导体激光器(λ=800nm)，其电流由外部发生器以选定频率 f_H 调制，而泵浦光束则由另一种激光器(Coherent, Inc. Verdi, 2W, λ=532nm)产生，由声光调制器(AA Opto-Electronics, Inc., ModelMQ180)进行 100%强度调制。两束光共同聚焦在试件表面上，试件可以沿 X、Y 轴移动(图 6.4(a))。在第二种结构(图 6.4(b))中，泵浦光束和检测光束由单个激光器(Coherent, Inc. Verdi, 2W, λ=532nm)产生。在这个装置中，激光束被分成两束，由两个不同的声光调制器(AA Opto-Electronics, Inc., Model MQ180)100%独立调制。在光束分离之前，可以通过调整 λ/2 板来调节泵浦光束和检测光束的相对强度，然后将两个光束重新组合并聚焦在试件表面。在这两种结构中，两个光束独立调制，从而避免任何可能在总激光强度调制的频谱中出现 f_L 和 f_H 的混频成分。一般来说，单独使用一种配置没有任何显著的优势。这一激发原理在两个相同的二极管激光[77]或一个二极管激光分别调制频率为 f_L 和 f_H 的光束中同样适用。在单个激光束的双重调制的情况下，需要独立验证，在调制过程中是否可忽略混频的存在。文献[80]中进行了这些实验，发现当光束聚焦到远离裂纹的地方时，没有发生混频。

在实验中分别使用了几个系统来进行检测[80]。图 6.4 所示的两种装置都是通过加速度传感器完成的。加速度传感器是最常用的检测传感器。加速度传感器放置在离裂纹几厘米的地方，如此一来热弹性波不能传播至加速度传感器位置。文献[80]报道了这类实验也可以通过光学检测来实现,实验中采用振动计(图6.3(a))或合适频率范围的光学挠度计[90,91]。在全光学设备的情况下，使用单激光(图6.4(b))的结构可以有效地将另一个激光用于不同光波长的检测。

试件与6.1节介绍的试件类似，它由吸光玻璃板组成，其性能如表6.1所示。试件面积为几平方厘米，厚3mm,含有一个由热冲击产生的单一表面裂纹，其只有几厘米长、几百纳米宽(对应于裂纹面之间的距离)。实验研究了几种不同表面尺寸和不同规格裂纹的试件。每个实验之间，共振频率f_H和裂纹特性不同，光束半径$a_{H,L}$和功率$P_{H,L}$通常也不同。

6.2.2 方法原理

如前文所述，该方法利用的是频率为f_H的声波和呼吸频率为f_L的裂纹之间的相互作用。声学中，在一阶近似下，由材料非线性引起的两个不同频率声波的相互作用所带来的是最简单的混频效应，其对应于和频/差频的产生($f_H \pm f_L$)。这一过程也可以理解为一个参数化过程，即声波对材料参数的调制。在第二列波传播时，第一列波在其频率处对材料参数进行调制，反之亦然。在非线性混频光声学现象中，这两个波都是由调制激光辐射强度产生的。在混合频率 $mf_H \pm nf_L$ (m, n=1,2,…)下，通过在信号中出现的新频谱分量可以观察到参数化过程。如果裂纹宽度在频率f_L上调制，那么由于外部载荷的作用裂纹从张开状态变成闭合状态时，会产生非线性过程。频率为f_H的反射和透射声波的振幅以一定的频率f_L调制。通常而言，与裂纹相互作用的波受到参数调制，因为它受到裂纹参数变化的调制。在时域中，对单色波振幅的调制等效于频谱域中的频率混合。所有波(反射波和透射波)的频谱都受其与呼吸频率为f_L的裂纹之间相互作用的影响。因此，在反射和透射过程中会产生非线性混频。目前已有理论[78,92-96]、声学实验观察[33,35,97]，以及最近的光声学装置实验[79]可以证明声波与呼吸裂纹相互作用的非线性混频过程。Chigarev等第一次给出了基于呼吸裂纹的光声非线性混频现象的实验证据，后来得到Mezil等的再次证实。在这些实验中所用装置如图6.4(a)所示。文献[77]中的实验装置也与之类似，区别在于使用了两种不同的二极管激光。

为保证光斑处的温度振荡有足够的振幅(见1.2节)，泵浦光的频率f_L要足够低，功率P_L足够高，从而诱发裂纹产生大的面位移以产生裂纹拍击/拍手(tapping/clapping)效应(假设在加热区域存在裂纹)。当裂纹附近的温度升高(降低)时，由于热弹性膨胀(收缩)，激光照射区域裂纹面之间的局部距离会减小(增加)。温度升高是由强度调制的连续激光吸收光能引起的，温度下降则是由热传导引起的。频率为f_H的检测声波与呼吸裂纹相互作用会产生非线性混频。混频波 $f_{m \pm n}=mf_H \pm nf_L$

是由材料中的非线性声过程所产生的，因为其不可能在连续波激光的调制谱中存在。这是因为连续波激光是独立调制的，且位于其他频率处。与次谐波和超谐波激励的方法相比，非线性混频可以避免谐波信号干扰，因为在连续波激光调制的频谱中可能存在谐波和次谐波[73,74,98]。裂纹的拍击所引起的非线性比材料的固有非线性高出几个数量级[77]。在除裂纹处以外的其他地方，几乎不会产生混频信号。因此，通过分析频谱信号中是否存在 $f_{m\pm n}=mf_{\mathrm{H}}\pm nf_{\mathrm{L}}$ 成分即可对裂纹进行检测和定位。图 6.5(a)和(b)分别给出了利用图 6.3(a)中所示装置在裂纹外部和裂纹处所获得的频谱图。观察在裂纹处的频谱图(图 6.5(b))可以看到混频的产生以及对称的左($f_{\mathrm{H}}-nf_{\mathrm{L}}$)、右($f_{\mathrm{H}}+nf_{\mathrm{L}}$)旁瓣。

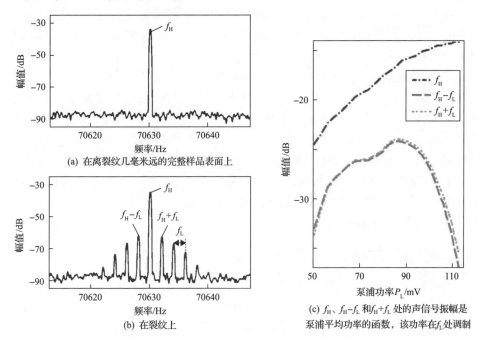

(a) 在离裂纹几毫米远的完整样品表面上

(b) 在裂纹上

(c) f_{H}、$f_{\mathrm{H}}-f_{\mathrm{L}}$ 和 $f_{\mathrm{H}}+f_{\mathrm{L}}$ 处的声信号振幅是泵浦平均功率的函数，该功率在 f_{L} 处调制

图 6.5　功率和探头光束同时聚焦时频率窗 $f_{\mathrm{H}}\pm 9f_{\mathrm{L}}$ 的检测声谱

为了证明呼吸裂纹对频谱的影响，重复 6.1.3 节(研究恒温加热)中介绍的实验，将加热光束的调制频率改为 $f_{\mathrm{L}}=1\mathrm{Hz}$，并由加速度传感器检测信号，实验装置与图 6.3(a)所示装置一致，一共记录下了 29 个不同量级的泵浦功率 $P_{\mathrm{L}}\in[50;110]\mathrm{mW}$ 所对应的频谱。图 6.5(c)显示了泵浦功率对线性光谱分量 f_{H} 和非线性光谱分量 $f_{\mathrm{H}}\pm f_{\mathrm{L}}$ 振幅的影响。由于其他实验参数与图 6.3(a)中引入的参数保持相同，因此该实验可以评估泵浦功率的影响。图 6.5(c)给出了 f_{H} 时线性谱分量和 $f_{\mathrm{H}}\pm f_{\mathrm{L}}$ 时非线性谱分量的结果。低于 50mW 的加热功率和高于 110mW 的加热功率，分别对应于裂纹的张开和关闭状态(图 6.3(a))，混频的振幅很小，表明在这种状态下裂纹的局部非线性很低。在加热功率为 50~110mW 时，非线性混频的振幅较

大。加热激光的平均功率大约在85mW时，混频的振幅达到最大值，裂纹的非线性特征是最高的(参见图6.3(a)和6.5(c))。这种过渡状态的特征是裂纹面之间的不完全局部接触。由于该最大值大致发生在两个极限值(50~110MW)之间的中间值，这可能对应于当裂纹打开和闭合时间相同时的拍击/拍手过渡态。6.3节将通过理论证明$f_H \pm f_L$处的振幅在裂纹拍击过渡时达到最大。总体来说，根据试件表面上的泵浦光强度和静止时裂纹面之间的距离，可以预期三种可能的状态：

(1)泵浦光的强度太低，裂纹面之间没有接触。在这种情况下，系统是线性的，裂纹保持永久张开状态。因此，不会产生非线性混频，对应于图6.5(c)中的$P<$50mW。

(2)泵浦光的强度太高，试件不能完全冷却，从而裂纹不会在某个时刻被打开。当泵浦激光器接通时裂纹保持永久闭合，这种情况也是线性的，不会产生非线性混频。这对应于图6.5(c)中的$P>$110mW。

(3)泵浦光的强度介于这两种激光功率之间。在泵浦光周期的某一时刻，裂纹面处于接触状态(闭合裂纹)，其余时间则处于脱离接触状态(张开裂纹)。这种非线性机制会产生非线性混频分量，当分析f_H附近的频谱时可以观察到这种非线性成分(图6.5(b))。从张开状态到呼吸状态、从呼吸状态到闭合状态的过渡相对应的功率分别用P_o和P_{cc}表示。在文献[77]所使用的实验装置中，当$P_o \approx 50$mW和$P_{cc} \approx 110$mW时所对应的结果如图6.5(c)所示。尽管裂纹呼吸是产生非线性分量的必要条件，但可以预见，为了增强其振幅，裂纹在每个呼吸周期需要给张开和闭合状态分配合理的时间。

6.2.3 裂纹的一维成像

图6.5(a)、(b)中的结果表明，调节合适的泵浦功率就能实现裂纹的"呼吸效应"(见6.2.2节)，这种技术可用于鉴别泵浦光和检测光束聚焦处是否存在裂纹。通过移动泵浦光和检测光束在试件中的聚焦位置，可以逐点监测非线性混频分量的振幅，从而绘制裂纹存在与否的图像以定位裂纹。试件在垂直于裂纹面的方向上逐步移动(沿图6.4(b)的X轴)，步长与图像中相邻点之间的距离相同，约等于或小于最小光束的直径，以便扫描完全。每一步采集一次信号，利用频谱分析仪在频谱窗口中评估信号，频谱窗口为$f_H \pm 10 f_L$(类似于图6.5(a)、(b))。

图6.6给出了两种不同裂纹的某些频谱分量的振幅变化图。在第一个实验(图6.6(a))中，仅使用一个二极管激光器进行双调制(f_L=2Hz，f_H=18.33kHz，λ=800nm)激发，另一个激光器(λ=532nm)采用挠度测量技术进行检测。使用不同的激光波长进行激发和检测，并且需要滤除λ=800nm处的光，以确保仅对检测光束敏感。偏转技术基于检测光束从表面的反射对后者空间方向(相对于检测光束入射方向的倾角)的依赖性。因此，当在试件表面传播的声波产生在空间上不

均匀的法向表面位移并进而局部改变它的倾斜度时，通过记录散射光方向变化来检测该声波[90,91]。调整检测表面到光电检测器的距离，使其对 18kHz 的频率敏感，在本实验中，该距离被设置为 10m，扫描步长 50μm（详情参见文献[80]）。图 6.6(a)给出 f_H 处主峰振幅和 $f_H \pm 2f_L$ 处非线性混频旁瓣振幅随表面检测位置和裂纹位置变化的结果，即在每个扫描点处都记录了光谱，并从获得的光谱中分析得到光谱峰值对应的振幅。主峰振幅的变化曲线并不包含所需的有用信息，但非线性旁瓣的峰值清楚地表明了裂纹的存在，可以用来定位裂纹。这项实验不仅证明了这项新技术的前景，而且也证明了实现全光学检测的可能性。此外，根据理论预测，可以在图像上清楚地看到 $f_H - nf_L$ 和 $f_H + nf_L$（分别称为左旁瓣和右旁瓣）之间的对称性（图 6.3(b)和图 6.6(a)）[78]。因此，只需要分析左（或右）旁瓣就可以进行裂纹检测。

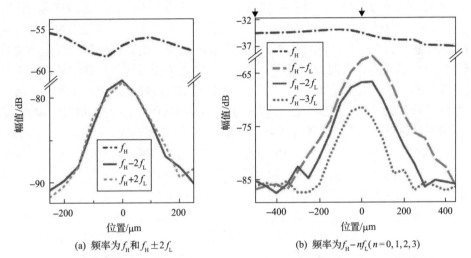

(a) 频率为 f_H 和 $f_H \pm 2f_L$　　　　　　　　(b) 频率为 $f_H - nf_L (n = 0, 1, 2, 3)$

图 6.6　声振幅对加热和发声激光束的聚焦处与裂纹之间的相对位置的依赖性
通过挠度测量技术和加速度传感器实现检测。光谱位置如图 6.5(a)、(b)箭头所示

　　然后，使用图 6.4(a)所示的装置和不同的参数（f_H=70.6kHz，f_L=2Hz，P_L=90mW，P_H=120mW）分析另一个裂纹，扫描步长仍等于 50μm（大约等于光束半径的一半，因为 a_H =106μm 和 a_L =95μm），并使用加速度传感器检测。图 6.6(b)[1]给出了主峰（频率为 f_H）和前三个左非线性混频（频率分别为 $f_H - f_L$、$f_H - 2f_L$ 和 $f_H - 3f_L$）的振幅变化。由于对称性，图中没有绘出右非线性混频分量（图 6.6(a)）。同样，主峰振幅曲线不能定位裂纹，但三个非线性旁瓣中的每一个都清楚地表明了裂纹的存在，并且可以用来定位裂纹，即非线性旁瓣的峰值位置与裂纹位置一致。各非线性旁瓣的峰值宽度（定义为振幅从最大值下降 6dB 所对应的横坐标宽度）也相

---

[1] 图 6.5(a)、(b)中的光谱提取自共聚焦光束分别定位于距离损伤 500μm 和 0μm 时的一维扫描。

似，分别读取第一、第二和第三旁瓣所得数值为 235μm、240μm 和 210μm，这些值均大致与光束直径匹配。

　　这两个实验证明，只有当两个光束聚焦在呼吸裂纹上时才会产生不同的非线性混频，从而提供检测和定位裂纹的可能性。在主峰对称的旁瓣（f_H+nf_L 和 f_H-nf_L）中也可以检测和定位裂纹。主峰频率为 f_H 的声波振幅不随聚焦点位置的变化而变化，因此不能用来检测和定位裂纹。通过用偏转技术来检测声波信号，可以实现用全光学方法对这种类型裂纹进行检测。最初的实验中使用的测振技术（6.1.3 节）也是一种可行的方式[80]。然而，简单起见，下面讨论的实验是通过加速度传感器进行检测的。

6.2.4　裂纹的二维成像

　　之前已经进行了两次一维扫描（图 6.6），下一步是对裂纹进行二维成像。虽然将一维技术转换为二维技术看似很轻松，但实际上并不简单。这是因为裂纹特性沿着裂纹变化：裂纹面之间的距离及其刚度都不是恒定的，因此每个位置都需要调节波束功率以达到最大的灵敏度，这会大大增加成像时间。除此之外，其他非线性源在整个试件表面上也不是恒定的，并且可能与裂纹非线性相干扰，从而可能导致错检。在另一个裂纹上使用相同的设备（图 6.4(a)）进行二维扫描，与上述一维情况的显著区别是，试件在 X 和 Y 方向上移动（其他参数 f_L=1Hz，f_H=25kHz，P_L=76.3mW，P_H=46.5mW，a_L=108μm，a_H=328μm）。在此，准确选择一个接近试件共振频率的 f_H，从而可以使在该频率下的信号振幅在整个扫描二维平面上的变化很小：单独使用检测光束只能观察到约 3dB 的变化。

　　最初报道于文献[81]中的裂纹成像结果如图6.7所示，成像面积为5.5mm×1.8mm。每幅图像对应于频谱中某一个频率分量的幅值。从左到右对应 n= –3～0 时频率 f_H+nf_L 的图像，n 为0对应主峰。与图6.7(a)的裂纹光学图像对比，可以验证所有的非线性光声图像都表现出对裂纹的敏感性。第一个非线性旁瓣图像（在 f_H-f_L 处，图6.7(d)）在二维扫描区域内具有40dB的振幅动态范围，第二个非线性旁瓣图像（f_H-2f_L，图6.7(c)）和第三个非线性旁瓣图像（f_H-3f_L，图6.7(b)）具有35dB的振幅动态范围。这证明该技术灵敏度很高，即使裂纹的非线性沿其长度方向变化很大，仍然可以对裂纹进行成像。相反，主峰（图6.7(e)）对应的图像中振幅动态变化小于15dB，并且裂纹不能通过其图像清晰地识别，这与先前讨论的一维扫描类似。从第二个（n= –2）和第三个（n= –3）非线性旁瓣图中，在裂纹周围的区域仍可以观察到非线性信号，但与第一个（n= –1）非线性旁瓣的图像相比，接收到非线性信号的区域更窄。这两个非线性旁瓣在整个图像上也显示出相似的振幅。

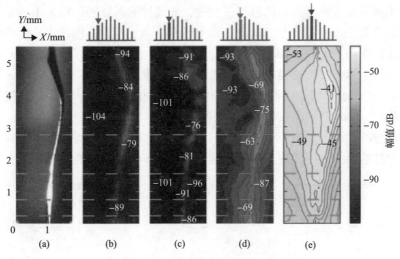

图 6.7　裂纹成像结果

图(a)为裂纹扫描区域的光学图像。图(b)～(e)上部为所分析频谱成分的示意图；底部为通过检测 f_H+nf_L 处的不同旁瓣，对裂纹进行二维扫描。从左到右，前三个非线性左旁瓣为(b)$n=-3$、(c)$n=-2$、(d)$n=-1$、(e)在 $f_H(n=0)$ 处的主峰。所有扫描都用相同的振幅标度表示。两个等值线之间的振幅差在 $n=0$ 时为 2dB，在 $n=-1$ 时为 6dB，在 $n=-2,-3$ 时为 5dB。虚线表示图 6.8 所示的一维扫描位置

通过考虑经典解析和非经典非解析非线性之间的差异，可以解释这些实验结果[29,81]。在下面，如果用无限可微的应力/应变关系来描述非线性，而不在结果中引入不连续性，则将其视为经典解析。相反，非经典非线性分析包含应力/应变关系或其导数中的不连续性。本方法基于裂纹的非经典非解析非线性[78]。不过，经典的分析方法可以用于许多试件和裂纹的检测，如裂纹面之间的静态(不呼吸)接触。经典解析二阶非线性激起了级联混频过程。这意味着非线性旁瓣 n 是由前一个 $n-1$ 产生的，因此与前一个非线性旁瓣 $n-1$ 相比，非线性旁瓣 n 的振幅一定减小[24]。高阶经典非线性没有级联过程也可以产生高阶旁瓣，例如，三阶非线性可以直接激励出二阶旁瓣。但是，高阶经典非线性会随着阶数的增加而逐渐减弱，因此在典型的非线性情况下，旁瓣的振幅总是随着旁瓣的阶数的增加而急剧下降的[81]，因此很难检测到阶数较高的旁瓣(对于 $n\geqslant2$)。这使得只能在具有高度非线性的地方才能检测到更高阶的旁瓣，而且其振幅随着与裂纹距离的增加而迅速衰减。因此，随着旁瓣阶数的增加，这种非线性使得裂纹图像变窄[29,81]。相反，对于非经典的非解析非线性，所有的非线性旁瓣都是立即产生的[78,81,99]。n 阶旁瓣的振幅与频率为 f_H 的声波振幅，以及与调制裂纹刚度的周期非解析函数的频谱分量(频率为 nf_L)的振幅成正比[81]。这个函数的频谱分量呈现出随着 n 增加(与 $1/n$ 成比例)而缓慢减少的总体趋势。然而，呼吸裂纹的非经典非线性特征可能存在于调制函数的非单调频谱中，并且与裂纹参数和热弹性载荷的强度密切相关。在上述

裂纹的非解析非线性所引起的混频过程中，非线性旁瓣 n 与旁瓣 $n–1$ 的振幅之间没有固定的关系：旁瓣 n 的振幅可以大于旁瓣 $n–1$，反之亦然，通常用非经典非解析非线性实现的裂纹图像不会随着旁瓣阶数的增加而变窄[78,81]。在用所述技术实现的各种一维和二维扫描中，得出以下几个观察结果：

(1)从第一个非线性旁瓣(图 6.7(d))获得的裂纹图像比从更高阶非线性旁瓣(图 6.7(b)、(c)和图 6.8)获得的裂纹图像更宽。

(2)还没有发现非线性旁瓣 $n(n>1)$ 的振幅比 $n=1$ 的非线性旁瓣振幅大的情况[81-83]。这些结果表明经典的解析非线性会影响 $n=1$ 的非线性旁瓣。

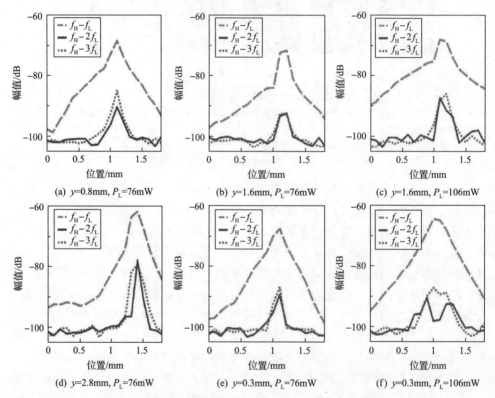

图 6.8　在裂纹位置拍摄的前三个非线性旁瓣处的裂纹图像

经典和非经典非线性对一阶旁瓣图像都有影响，只有非经典非线性对第二旁瓣和第三旁瓣图像有较大影响

对于更高阶的非线性旁瓣($n>2$)：

(1)第二和第三个非线性旁瓣图像在振幅和宽度上都相似(图 6.7(b)、(c)和图 6.8)。

(2)在图 6.5(b)所示的频谱中，检测到的非线性旁瓣高达五阶；而在文献[83]中，检测到的非线性旁瓣高达十阶。

(3)非线性旁瓣 n 振幅大于 $n–1$ 的旁瓣(图 6.8(b)、图 6.13 和文献[81]～[83])。

这些实验证据表明，裂纹呼吸的非经典非解析非线性在所述成像技术中占主导地位(至少对于 $n>1$ 的情况)。总之，通过对第一阶非线性旁瓣的动力学分析，可以更好地检测裂纹，但高阶非线性旁瓣可以提供更高的裂纹空间分辨率。

在扫描过程中，可以观察到裂纹不同部位(图 6.8(a)～(d))以及位置相同但泵浦功率不同的情况下(图 6.8(c)、(e)和图 6.8(d)、(f))的非线性变化。这表明，频率混合谱分量的振幅取决于裂纹特性和实验参数(因为它们都影响裂纹呼吸)。因此，如果存在一个模型来估计非线性频率振幅随这些特性的变化，可以从中提取一些裂纹特性的信息。这将是 6.3 节所述工作的目标。

6.2.5　裂纹图像的空间分辨率

到目前为止，我们一直认为当激光束公共焦点内出现裂纹时会产生非线性混频分量，否则就不会出现。然而，如在图 6.6 中可以注意到，这些成分的存在超过 400μm，比激光焦点的直径(及裂纹面之间的距离)大得多。这意味着，当两个光束聚焦在裂纹附近时，也会产生非线性混频，因此该技术的空间分辨率不只与波束直径有关。为了更好地理解裂纹和实验参数对空间分辨率的影响，进行了补充实验，在与前一次二维扫描实验条件相同的情况下，增大泵浦功率(大约高出50%)，从前面的二维扫描实验(图 6.7)和补充的二维扫描实验中提取出一维扫描结果，如图 6.8 所示。图 6.8(a)～(d)比较了不同位置的四个一维扫描结果(y 分别为 0.8mm、1.6mm、2.8mm 和 0.3mm)。在图 6.8(c)～(f)中，用两种不同的泵浦功率($P_{L1}=76$mW 和 $P_{L2}=106$mW)分别对 $y=1.6$mm 和 $y=0.3$mm 处进行一维扫描。

第一个实验观察与旁瓣图像的振幅有关。在图 6.8 所示的图像中，一阶非线性旁瓣的振幅(表示为 A_{-1})、二阶和三阶非线性旁瓣的振幅(分别为 A_{-2} 和 A_{-3})之间存在约 20dB 的差异。在裂纹其他位置也可以观察到同样的现象。这些观测结果与 6.2.4 节介绍的假设一致，即一阶旁瓣会受到经典非线性和非经典非线性的影响，但较高($n>2$)旁瓣(几乎)只受到非经典非线性的影响。

第二个实验观察涉及不同阶次旁瓣裂纹图像的相对宽度和侧翼。这里的宽度是指幅值从最大值下降 6dB 后所对应的横坐标宽度，而侧翼尺寸的定义也与此相类似，但所对应的幅值下降则为 20dB。后者并不总是 $n\geq2$ 的非线性旁瓣，因为有些情况下不会表现出 20dB 的动态振幅。在大多数一维图像中，A_{-1} 图像比 A_{-2}、A_{-3} 图像看起来更宽。事实上，一阶非线性旁瓣的宽度(减少–6dB)与二阶和/或三阶旁瓣的宽度(减少–6dB)，以及与泵浦光束直径(216μm)通常都为一个量级，可以进行比较。例如，在图 6.8(a)中，A_{-1} 和 A_{-2} 的宽度相似(分别为 250μm和 225μm)；两者都大于 A_{-3} 的宽度(140μm)。在图 6.8(b)中，A_{-1}(235μm)的宽度与 A_{-3}(220μm)的宽度相当，并且大于 A_{-2} 的宽度(75μm)。在第二旁瓣或第三旁瓣的其他地方也可以观察到同样的现象。这表明裂纹的非经典拍击/拍手非线性比裂纹的经典拍击/拍手非线性占优势。相比之下，A_{-1} 图像的侧翼（减少-20dB）明显大于 A_{-2}、A_{-3} 图像（定义值）。在图 6.8(b) 中，A_{-1} 的长度为 720μm，而 A_{-2} 和 A_{-3} 的长度分别为 410μm 和 540μm。在这两幅二维图像中，观察到 A_{-1} 和 A_{-2}、A_{-3} 的侧翼并不相似；A_{-1} 的侧翼总是比 A_{-2}、A_{-3} 的侧翼更宽，并且 A_{-1}/A_{-2}、A_{-3} 的侧翼比值也总是大于宽度之比。这些差异是由于经典非线性对一阶非线性旁瓣的影响更大，因为随着 n 的增加，级联混频的效率急剧下降[81]。这也表明，虽然存在经典的解析非线性，但当激光束聚焦于（或非常接近）裂纹时，非经典的非解析非线性仍然占主导地位。

第一个旁瓣图像中沿裂纹的许多位置，在由经典非线性引起的较宽的峰值上面，观察到由非经典非线性引起的裂纹周围处出现一个尖锐的峰值。例如，在图 6.8(c) 中，振幅突然增加了 10dB。在这种特殊情况下，A_{-1}、A_{-2}、A_{-3} 的宽度分别为 210μm、240μm 和 290μm，这表明 A_{-1} 的宽度与其他宽度接近，甚至更（稍微）窄。这表明，在最优配置下，非经典非线性的影响大于其他非线性。也可以通过推断远离裂纹的曲线来确定经典非线性的宽度；它导致 630μm 的估计值降低了 6dB，这也就解释了当非经典非线性因素不占主导地位时，经典非线性因素会降低 A_{-1} 的宽度和侧翼。在沿裂纹方向的一些特殊点上，经典非线性表现强烈，相对于 A_{-2} 和 A_{-3} 图像，它严重降低了 A_{-1} 图像的空间分辨率，例如，在图 6.8(d) 中的 $y=0.3$mm 处，A_{-1}、A_{-2}、A_{-3} 的宽度分别为 270μm、160μm 和 145μm。这在裂纹的其他部位也可以观察到。然而，在不同的扫描观察中，没有证据表明平滑非线性是影响非线性旁瓣（$n>2$）的非经典非线性的主要因素。两种非线性对 A_{-1} 图像的贡献平衡很容易受裂纹面之间的距离（因而受激光束引起的热载荷）及其刚度（因而受裂纹的位置），以及随着静态热弹性载荷的增加偏离经典非线性的影响。

相反，对于其他情况，非经典的非解析非线性可以完全控制旁瓣的形状，包括侧翼。图 6.6(a) 中所示的扫描图是一个很好的例子，其中 A_{-1}、A_{-2}、A_{-3} 的振幅变化都是相似的。在图 6.6(a) 中，所有旁瓣图像具有相似的宽度（235μm、240μm 和 215μm），并且所有旁瓣图像都可以解释为由非经典非解析参数相互作用而产生的。此外，图 6.6(a) 中三个旁瓣的振幅是可比较的，这是因为它们本质上都是由非经典机制产生的。

因此，一般情况下，这种高阶旁瓣的非线性频率混合成像，即当 $n=\pm 2, \pm 3, \cdots$ 时，由于第一旁瓣 $A_{\pm 1}$ 处的图像受平滑经典非线性的影响最大，对拍击/拍手裂纹区域的空间分辨率方面是有利的。在没有呼吸裂纹的情况下，这种经典非线性将在特定条件下提供更重要、更广泛的图像。文献[81]对各种非线性的作用以及裂纹刚度沿其长度的变化进行了深入的研究。

另一个重要的观测是泵浦功率的作用。已经证明，泵功率足够高时才能产生拍击$(P \geqslant P_o)$，但要足够低才能避免裂纹完全闭合$(P < P_{cc}$，见 6.2.2 节$)$。在图 6.8(c)、(e) 中，用两种不同的泵浦功率$(P_{L1}=76\text{mW}$ 和 $P_{L2}=106\text{mW})$进行相同的一维扫描。可以看出，两种情况下都检测到裂纹$(因此 P_o \leqslant P_{L1} < P_{L2} < P_{cc})$。但是，$A_{-1}$、$A_{-2}$、$A_{-3}$ 的变化在两次扫描之间并不成比例。在图 6.8(e) 中，A_{-1}、A_{-2}、A_{-3} 的振幅比图 6.8(c) 中的大，但比例不同：A_{-2}、A_{-3} 为 6dB，A_{-1} 为 4dB。影响侧翼尺寸的经典非线性参量在 A_{-1} 上也有更显著的增加(约为 7dB)。因此，A_{-1} 的宽度从 210μm 提高到 285μm，而 A_{-2}、A_{-3} 的宽度分别降低到 235μm 和 215μm(从初始值 240μm 和 290μm)。在其他一些情况下，一些非线性旁瓣的空间分辨率会由于扫描的泵浦功率较高而显著降低。例如，在图 6.8(d) 中，f 的宽度随功率的增加而变化，A_{-1} 的宽度从 270μm 增加到 390μm，A_{-3} 的宽度从 150μm 增加到 430μm。此外，在高功率的扫描中，A_{-2} 的变化规律彻底发生改变，并且裂纹位置处的振幅最小，因此仅靠这一项不能用来定位裂纹。这与泵浦功率对裂纹呼吸状态的改变有关。随着泵浦功率的增加，裂纹在闭合状态下停留的时间更长，这会引起非解析裂纹宽度调制函数的改变以及谱分量振幅的非单调变化。在 6.3 节中将会有更详细的讲解。单个裂纹非线性混频图像中存在多个峰值(如图 6.8(f) 中 $n=2$ 所观察到的)是裂纹虚像效应的表现，文献[81]中已给出了实验报告和理论解释。

　　为了更好地研究泵浦光和检测光的作用，在不同的裂纹上进行了两个不同的实验，并改进了聚焦(两个光束半径均为 20μm)。在这些实验中，装置与图 6.4(b) 中的装置相似，但是经过调整，一个光束可以相对于另一个光束和试件移动。在第一个实验中，检测光聚焦在裂纹上并且固定，而泵浦光在不同泵浦功率下垂直于裂纹方向(图 6.4(b) 中的 X 轴)进行一维扫描，结果如图 6.9(a) 所示。在低功率$(P < 40\text{mW})$下，由于功率太低，裂纹无法产生呼吸效应，因此很难检测到裂纹，但是发现非线性旁瓣幅度略有增加。这可能是由于部分接触，即裂纹面之间产生少量接触所引起的。从 $P_o=40\text{mW}$ 开始，才能检测到裂纹。对于最重要的功率 $P \geqslant 100\text{mW}$ 时，裂纹将不再是可定位的，因为在整个扫描过程中非线性混频几乎是同时产生的。这与泵浦光产生的热弹性场足够大，以至于即使泵浦光没有聚焦在裂纹上，也可以使裂纹产生"呼吸效应"直接相关。在这种情况下，即使泵浦光聚焦在距裂纹 175μm 远处，裂纹仍然可以实现呼吸，相当于泵浦光半径的 8 倍。因此，空间分辨率可能会受到泵浦功率的重要影响。

　　在第二个实验中，情况正好相反：泵功率为 50mW(略大于之前观测到的 $P_o=40\text{mW})$，聚焦在裂纹上，检测光以不同的功率对裂纹进行一维扫描。从图 6.9(b) 可以看出，第一旁瓣振幅在位置为 $x = 0\text{μm}$ 处(当泵浦光和检测光都聚焦在裂纹附近时)为探头功率 P_H 的强烈非单调函数。根据观察，在不同扫描中，A_{-1} 的宽度(从最大值减小 6dB)大致相同(等于 120μm)，并且在 $P_H \leqslant 60\text{mW}$ 时，仅与探头功率有关。这些观察结果与泵浦功率 $P_L \geqslant 50\text{mW}$ 时裂纹处可以产生拍击效应的假设一致(由 A_{-2}、A_{-3} 图像的振幅比表示，此处未给出)。此外，这些结果也符合在这些探头功率下探头激光所引起的加热对裂纹闭合的影响相对较弱这一事实。但是，当探头功率增加到 P_{H}=60～70mW 时，探头激光束引起的静态应力的影响会逐渐变大(见 6.1.3 节)。这将缩短裂纹面之间的距离和降低实现裂纹的"呼吸效应"所需的泵浦功率。因此，即使当检测光束远离裂纹时(随着探头功率增大，图像加宽，可以观察到该裂纹)，也会产生非经典的混频现象。最后，当探针功率 P_{H}≥90～100mW 时，非线性旁瓣的振幅会迅速减小。这表明，由于探头功率过高，裂纹闭合，在高泵浦功率的实验中可以看到这一现象(见 6.2.2 节)。

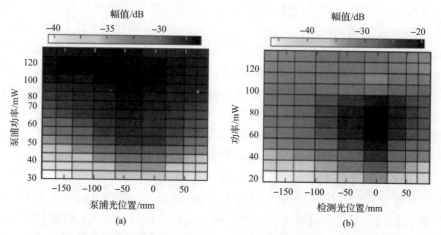

图 6.9　在第一基本左旁瓣($f_{\mathrm{H}}-f_t$)上的一维非线性混频图像的彩色编码图

图(a)为将探头激光束聚焦在裂纹上，用功率不断增加的泵浦光扫描得到；图(b)为将泵浦光聚焦在裂纹上，用功率不断增加的探头激光束扫描得到。图像表明，裂纹位于测量位置之间，在-50μm 和 0μm 处

　　从这两个实验中，可以更好地理解泵浦光和检测光对裂纹的定位和它们的功率改变时所产生的影响。由于产生呼吸式裂纹的功率间隔取决于裂纹刚度和裂纹面之间的距离，因此没有可以用于优化裂纹完整图像空间分辨率的理想先验构型。然而，该成像技术可以利用泵浦光和检测光产生的平均热量减小裂纹宽度，从而在振荡泵浦光的加热下达到拍手/拍击状态。同时，两束激光的过度加热都可能导致裂纹完全闭合以及成像对比度突然损失。通过改变聚焦在裂纹上的两个激光的功率，可以使裂纹通过拍击/拍手的呼吸方式从张开状态转变为闭合状态。这意味着可以根据激光功率调整裂纹在一个泵浦周期内处于闭合状态的时间。这种对可控激光功率的依赖性有利于提取裂纹特性的信息。

6.3　局部裂纹参数的定量评价

　　在先前的实验中，虽然裂纹的呼吸效应是产生非线性混频的必要条件，但是这些新频率处的振幅与波束功率不成正比, 而是非单调的(如图 6.8 所示利用不同泵浦功率进行的两个相同一维扫描)。因此, 必须更好地理解裂纹呼吸在非线性混频生成中的作用, 才能解释这些结果。

经证明, 在以频率为 f 单频激励产生 nf 高次谐波的情况下, 固体的两个面之间的接触(或者在这里就是裂纹面之间的接触)是有效的非线性来源[33,73,100]。此外, 在存在裂纹(或接触)拍击/拍手的情况下, 由这些非线性所引起的频谱成分的振幅随振动激励的变化也被证明是高度非单调的。对于特定载荷, 给定的高次谐波甚至在裂纹产生呼吸效应时具有最小振幅, 而其他谐波可能会有很大振幅[100]。因为与特殊的载荷有关, 这些最小振幅似乎与图 6.8(f) 中 $f_H - 2f_L$ 处所观察到的混频分量十分相似。由于它们依赖于裂纹特性和激励参数, 因此对它们的检测可以为解析这些裂纹特性开辟一条途径。

6.3.1 节将简要介绍可解释裂纹引起的非线性混频过程和预测参数(加载力、泵调制频率等)变化后所得旁瓣振幅大小的理论模型, 详情见参考文献[78]和[83]。随后, 介绍一个分析非线性旁瓣振幅随泵浦光束功率变化的实验, 这证明了其非单调性。最后, 将实验结果与理论模型进行比较, 验证获得多个裂纹参数的可能性。

6.3.1　理论模型

本节设定泵浦光束和检测光束都聚焦在裂纹上。图 6.10(a) 是激光束集中在裂纹上的三维表示。实验几何结构在平面 $(x,0,z)$ 中的(图 6.10(a))横截面如图 6.10(b)所示。主要对共聚泵浦光束和检测光束中心横截面的裂纹运动进行描述。材料内部的热传导是三维的, 因为激光强度的三维分布受激光束的半径和光穿透深度 ℓ

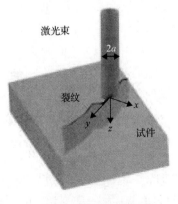

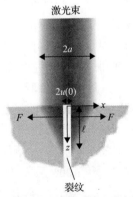

(a) 半径为 a 的激光束与裂纹的相对位置示意图

(b) 简化的一维几何结构和激光束相对于裂纹半径 a 的位置

图 6.10　激光束与裂纹位置图

图中透光长度为 ℓ, 力为 F, 裂纹面间距为 $2u(0)$

的控制。然而，为了简化分析并准确预测，如果用一个有效的弛豫时间来描述三维导热系数在饱和温度增长中的作用，并忽略向空气的热传导，则问题可以简化为一个与 z 坐标无关的一维模型。因此，在这个简化的一维模型的方程中，没有考虑激光束的穿透长度和圆柱对称性的直接影响，而是通过考虑在特征温度弛豫时间 τ_T（稍后将介绍）作用下的间接影响。假设两个裂纹面平行，可沿 x 方向移动，u 表示沿该方向的位移。最后，F 表示由于裂纹相对面之间的相互作用以及作用在裂纹面单位表面积上而产生的力。力的大小取决于裂纹面之间的距离，并且可以通过激光加热进行修正。

基于一维非齐次方程，机械运动引起的热弹性可以表示为[78]

$$\frac{\partial^2 u}{\partial x^2} - \frac{1}{c^2}\frac{\partial^2 u}{\partial t^2} = \frac{K\beta}{\rho c^2}\frac{\partial T}{\partial x} \tag{6.2}$$

$x=0$（裂纹位置）处的边界条件为

$$\frac{\partial u(x=0)}{\partial t} - \frac{K\beta}{\rho c^2}T(x=0) = -\frac{F[2u(x=0)]}{\rho c^2} \tag{6.3}$$

因为吸收激光而引起的一维热传导方程为

$$\frac{\partial T}{\partial t} + \frac{T}{\tau_T} = \chi\frac{\partial^2 T}{\partial x^2} + \frac{I}{\ell\rho c_p}g(t)\psi(x) \tag{6.4}$$

式中，c 为纵波速度；K 为玻璃的体积模量（bulk modulus of the glass）；β 为体积热膨胀系数（见表6.1）；τ_T 为特征温度弛豫时间（characteristic temperature relaxation time）；I 为被吸收激光强度；$g(t)$ 为激光强度的时间调制函数（$g(t)=[1+\cos(\omega t)]/2$）；$\psi(x)$ 为样品表面空间中的激光强度分布，采用高斯假设 $\psi(x)=\mathrm{e}^{-(x/a)^2}$。式(6.3)中的系数 2 是指相对于 $x=0$ 对称运动的两个裂纹面。引入热弛豫时间 τ_T 来考虑热传导的三维特征，并通过假设圆柱对称热传导方程在深度上（在 z 坐标上）的均匀性，避免了将其简化为一维形式时所造成的温度发散。在相同条件下，三维热方程（即式(6.1)）预测的最大温升与一维近似（式(6.4)）预测的相等，以此来评估松弛时间[83]。这个热弛豫时间还与热弛豫频率 $\omega_T = 1/\tau_T$ 有关。从系统（方程(6.2)～(6.4)）可以看出未知量是沿 x 方向的位移 u、相互作用力 F 和温升 T。

假设裂纹由两束 100%强度调制的光束加热。以循环频率 ω_L（$=2\pi f_L$）调制泵浦光束，产生恒定的加热条件，得到调制光束（见 6.1.3 节）。检测光束的调制频率 ω_H 足够高，可认为其平均功率对材料加热以及热弹性应力起作用，引发裂纹运动。检测光束频率为几十千赫兹时，实验中使用的光束半径和检测光功率如下所述（见

6.3.2 节），根据试件特性，振荡的试件温度变化仅有 0.05K（比 60K 的恒定部分小三个数量级以上）。

对于两个单频调制（频率为 f_L 和 f_H）的高斯激光辐射 $Ig(t)$，温度场可用式（6.4）求解，并代入式（6.2）和式（6.3）。裂纹面的位移可以表示为[78]

$$\frac{\partial u(0)}{\partial t} - \frac{F[2u(0)]}{\rho c} = -I_H A_H(0) - I_L A_L(0) - I_L |A_L(\omega_L)| \cos[\omega_L t - \varphi(\omega_L)] \quad (6.5)$$

式中，φ 为泵浦光的相位；A 为（恒定和振荡）泵浦光和（恒定）检测光的振幅，其中 $u(0)$ 和 $A_H(0)$、$A_L(0)$ 分别对应于 $u(x=0)$ 和 $A_H(\omega=0)$、$A_L(\omega=0)$（此处及后文）。定义振幅项：

$$A(\omega) = -\frac{K\beta}{\ell \kappa \rho c^2} \frac{i\omega}{(\omega/c)^2 + (\omega_T - i\omega)/\chi} \left[\frac{i\omega/c}{\sqrt{(\omega_T - i\omega)/\chi}} \hat{\psi}\left(\sqrt{\frac{\omega_T - i\omega}{\chi}}\right) + \hat{\psi}\left(-i\frac{\omega}{c}\right) \right]$$

$$(6.6)$$

i 为虚数（$i^2 = -1$），$\hat{\psi}$ 为试件表面激光分布的拉普拉斯变换[78]。方程（6.5）将裂纹面的位移 $u(0)$ 与检测光束的恒定热弹性载荷（$I_H A_H(0)$，以下简称 $I_H A_H(0)$）联系起来，以及与泵浦光的恒定和振荡热弹性载荷（分别为 $I_L A_L(0)$ 和 $I_L |A_L(\omega_L)| \cdot \cos[\omega_L t - \varphi(\omega_L)]$）联系起来。

为了求解这些方程，需要将裂纹面间作用力 F 与裂纹宽度联系起来。如上文所述，根据实验观察，裂纹可以处于张开或闭合状态，也可以处于过渡状态（当产生一些接触但不足以认为裂纹闭合时，见 6.1.3 节）。图 6.11（a）是裂纹面位移随外部荷载变化的趋势[35,96]：裂纹面之间的初始距离 h_0 随着力 F 的增加而减小，直到裂纹达到与闭合裂纹的力 F_c 相关联的临界宽度 h_c 时，裂纹面突然接触，此时裂纹刚度突然急剧增加。然后裂纹一直保持闭合，直到力降低到 F_o 时，裂纹张开，刚度降低（图 6.11（b））。由于准静态黏着滞后会引起力 F_c 和 F_o 的不同。在现有最简单的模型中，将 F 和 $2u(0)$（图 6.11（a））的关系简化为如图 6.11（c）所示的近似线性关系，其中，裂纹在打开和关闭状态下的运动是线性的（每个状态都考虑恒定刚度 η），且不考虑滞后（即 $F_o = F_c = F_i$）。裂纹的两种可能状态，即张开或闭合，分别在下文用下标 o 和 c 表示。循环松弛频率可用刚度 $\eta_{o,c}$ 与试件特性（声阻抗）表示：$\omega_{o,c} = 2\eta_{o,c}/(\rho c)$。从物理角度考虑，在裂纹面之间的距离有限的情况下，裂纹在张开状态下比在闭合状态下刚度要小。假设裂纹的刚度为分段常数，裂纹在张开和闭合状态均表现出线性弹性，而裂纹的整体非线性是由于加载过程中从一种状态过渡到另一种状态（双模弹性）引起的。因此，裂纹面之间的相互作用力近似于：

$$F[2u(0)] = \begin{cases} -\eta_0[2u(0) - h_0], & h_i \leqslant 2u(0) < \infty \\ -\eta_c[2u(0) - h_c], & 0 \leqslant 2u(0) < h_i \end{cases} \quad (6.7)$$

当裂纹面之间的距离达到h_i时，裂纹会从张开状态过渡到闭合状态(图6.11(c))。因此，h_i对应张开(闭合)状态下的最小(最大)裂纹厚度(图6.11(c)中的E点)。距离差h_0–h_i(为图6.11(c)中[A；E])对应于裂纹宽度，即在没有热弹性载荷(h_0)的情况下，裂纹面之间的距离差和它们接触时的距离差(h_i)。从物理上考虑，如果热弹性载荷使得$u(0) \to 0$，则理论上应考虑裂纹刚度的非线性增长到无穷大(对应于裂纹消失)(由于它是无限大刚度的裂纹，在模型中不会散射声波)。因此，在图6.11(c)所示的分段线性模型中，裂纹面之间的距离始终被认为是正值。

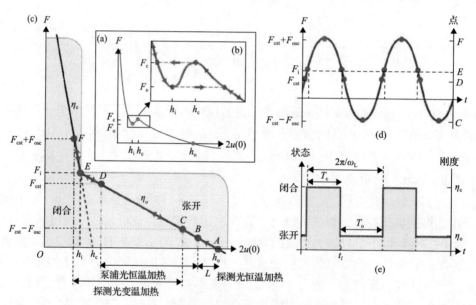

图 6.11 裂纹面位移随外荷载变化实验结果

图(a)为裂纹面间作用力F与裂纹宽度$2u(0)$关系的定性表示；图(b)为图(a)中存在滞后的裂纹状态过渡区缩放图；图(c)为裂纹面之间分段线性相互作用力F与裂纹面之间距离$2u(0)$的函数关系；图(d)为裂纹呼吸时，与热弹性波相关的正弦加载力与时间的函数关系；图(e)为裂纹状态和刚度随时间变化示意图。图(c)和(d)中点A对应无任何载荷的裂纹宽度($2u(0) = h_0$和$F=0$)，点B对应探头光的平均加热而减少的裂纹面之间的距离。C点对应裂纹载荷作用下裂纹面之间的最大距离(当泵载荷最小)，D点对应检测光和泵浦光恒定加热下的裂纹面之间的距离，E点为裂纹从打开状态到闭合状态的过渡点，反之亦然($2u(0) = h_i$)。F点对应裂纹载荷作用下裂纹面的最小距离(当泵浦光载荷最大时)

闭合和张开裂纹所需的力，由式(6.7)推导得出，即$F=\eta_{0,c}(h_{0,c}-h_i)$。由于滞后性，如文献[78]所述，闭合和张开裂纹所需的这两个力F_0和F_c并不相等(图6.11(b))。

距离$2u(0) = h_0$(图6.11(c)中的点A)对应于未施加激光的情况($F=0$)。假设检测光束引起的均匀加热会缩短此距离，但不能使裂纹闭合(图6.11(c)中的B点)。由泵浦引起的热弹性应力可以分解得到恒定的热量，加上由检测光束引起的平均热量到总的平均热量(图 6.11(c) 中的 D 点, 达到加载力 F_{cst})相对于该平均水平的振荡则可以用正负来表示(6.1.3 节)。随着力从最小值(图 6.11(c) 中的 C 点, 与加载力 $F_{cst}-F_{osc}$ 相关)振荡变为最大值($F_{cst}+F_{osc}$ 达到图 611(c) 的点 F), 裂纹面之间的距离会从最大值变化到最小值。需要注意的是, 在频率很低时会发生泵浦光的调制, 因此泵浦光引起的温度变化和应力是准静态的, 并且强度随时间而变化, 因此裂纹面之间的距离在泵浦光强度为零时达到 C 点, 泵浦光强度最大时达到 F 点。B 点和 C 点之间的差异是由于泵浦光束的最低温升不同(图 6.1(b))。当频率 f_L 趋于 0 时, B 点和 C 点会重合。当裂纹的距离达到 h_i 时(图 6.11(c) 中的 D 点), 会发生张开型裂纹和闭合型裂纹的转换, 此时对应的加载力为 F_i。在泵浦光周期内, 裂纹面的距离会在 T_o 时间内从 C 点达到 E 点值, 在 T_c 时间内从 E 点达到 F 点的值, 其中 T_o、T_c 分别是裂纹张开和闭合所需要的时间(且 $T_o+T_c=2\pi/\omega_L$, 见图 6.11(d) 和 (e))。通过改变泵浦光强度或泵浦光调制频率, 可以改变恒温和调制加热时所产生的力(点 C、D 和 F), 从而影响裂纹面之间的最大距离和最小距离以及 T_o 和 T_c。现在再来讨论裂纹运动时可能的状态, 这四种模式下的裂纹为载荷最小、中间值以及最大值的函数, 如图 6.12 所示。若荷载不足以产生裂纹呼吸效应, 则裂纹会在 F 点保持张开状态($F_{cst}+F_{osc}<F_i$)。相反, 若 C 点的载荷足够使裂纹闭合, 则裂纹处于闭合状态($F_{cst}-F_{osc}>F_i$)。若裂纹产生呼吸效应, 当平均热量(点 D)满足张开裂纹所需条件($F_{cst}<F_i$), 则裂纹处于拍击状态; 如果点 D 满足闭合裂纹所需条件($F_{cst}>F_i$), 那么裂纹处于拍手状态。

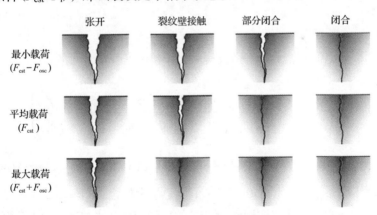

图 6.12　裂纹运动时可能的状态

从左到右裂纹运动状态依次为: 张开状态下、裂纹呼吸的拍击状态下, 以及从上到下的闭合状态下; 对于图 6.11 中 C 点对应的最小载荷($F=F_{cst}-F_{osc}$), 对应于图 6.11 中的 D 点的平均载荷($F=F_{cst}$)和对应于图 6.11 中的 F 点的最大载荷($F=F_{cst}+F_{osc}$)

文献[78]表明, 通过引入模型中 F 和 u 之间的分段线性关系(图 6.11), 可以根据泵浦光周期频率 ω_L 和在周期内裂纹闭合所需的时间 T_c, 评估非线性旁瓣 n

的归一化振幅 A_n:

$$|A_n| = \left| \frac{1}{n} \sin\left(\frac{n}{2} \omega_L T_c \right) \right| \tag{6.8}$$

根据式(6.8)，首先可以得到，如果裂纹保持张开($T_c=0$)或闭合($T_c=2\pi/\omega_L$)，则不会产生非线性混频，这证实了前面的实验结果(图 6.5(c))。此外，通过改变泵浦光功率(或泵浦光频率)，非线性旁瓣的振幅会由于正弦函数而非单调地变化；这也与先前的结果一致(图 6.8(c)~(f))。对于 $n=1$ 的一阶非线性旁瓣，和 6.2.2 节分析的一样，旁瓣会在拍手/拍击过渡过程($T_o=T_c=\pi/\omega_L$)幅值达到最大值，讨论结果如图 6.5(c)所示。对于其他非线性旁瓣($n>1$)，裂纹不产生呼吸效应时，或者当 $T_c=(m2\pi)/(n\omega_L)$ ($m=1,2,\cdots,$且 $m\leqslant n$)时，旁瓣幅值为零。在图 6.8(f)中，A_{-1}、A_{-3} 的变化证明了裂纹呼吸效应的存在，A_{-2} 的减少与达到(或接近)二阶非线性旁瓣的最小值有关。在 $T_o=T_c=\pi/\omega_L$ 时，会出现极小值，这对应拍击和拍手的过渡过程。对于三阶非线性旁瓣，当裂纹在 1/3 或 2/3 的时间处于闭合状态时，会出现极小值。对于更高阶的旁瓣，也可以得出类似的结论(例如，对于 $n=4$，它对应于 1/4、1/2 或 3/4 泵浦周期的处于闭合状态的裂纹)。

现在需要找到处于闭合裂纹状态的时间 T_c 与加载力 F 的关系。将式(6.5)代入近似线性的分段式(6.7)中，通过将张开和闭合状态下裂纹宽度的变化代入分段线性公式近似求解，可以得到在闭合裂纹与张开裂纹的过渡时间耦合的线性方程的解析解[83]:

$$2u(0) = C_{o,c} e^{-\omega_{o,c}t} + h_{o,c} - \frac{2}{\omega_{o,c}} I_H A_H(0)$$
$$- 2I_L |A(\omega_L)| \left(\frac{m_L \cos[\omega_L t - \varphi(\omega_L) + \phi_{o,c}]}{\sqrt{\omega_{o,c}^2 + \omega_L^2}} + \frac{\Gamma}{\omega_{o,c}} \right) \tag{6.9}$$

$C_{o,c} e^{-\omega_{o,c}t}$ 为齐次微分方程(6.5)的解(自变量 $2u(0)-h_{o,c}$)，$\phi_{o,c} = \arctan\left(\omega_L / \omega_{o,c} \right)$，$\Gamma = A_L(0)/|A(\omega_L)|$ 为泵浦激光诱导的常数与调制热弹性载荷之比。

在没有拍击的情况下(对于小泵浦光振幅)，可以通过省略齐次项来重写式(6.9)。当 $2u(0)=h_i$ 时，拍手开始。在这个特殊时刻 t_1(图 6.11(e))，当达到启动拍手的最小力载荷时，余弦项等于 1，而 $I_L=I_0$(I_0 是裂纹在开放状态下能够支持的最大强度)。这可以引入式(6.9)中，该公式是在特定时间 t_1 首次写出的，可以表示裂纹的开闭状态(图 6.11(e))。通过对这两个方程的比较，可以得到裂纹在闭合状态下所能承受的最大强度 I_c/I_0 的比值，如下:

$$\frac{I_c}{I_o} = \frac{\sqrt{\omega_c^2 + \omega_L^2}\left(\omega_o^2 + \Gamma\sqrt{\omega_o^2 + \omega_L^2}\right)}{\sqrt{\omega_o^2 + \omega_L^2}\left(\omega_c^2 + \Gamma\sqrt{\omega_c^2 + \omega_L^2}\right)} \tag{6.10}$$

　　方程(6.9)也可分别用于闭合和张开裂纹状态的特定时间 $t_1\text{–}T_c$ 和 $t_1\text{+}T_o$(见图 6.11(e))。把由等式(6.9)推导而来的这四个方程变形(处于闭合状态的特定时间段 $t_1\text{–}T_c$ 到 t_1,处于张开状态的特定时间段 t_1 到 $t_1\text{+}T_o$),可以去掉积分常数,将方程改写成矩阵形式[83]:

$$\begin{bmatrix} A_{11} & A_{12} \\ A_{21} & A_{22} \end{bmatrix} = \begin{bmatrix} \cos[\omega_L t_1 - \varphi(\omega_L) - \phi_c] \\ \sin[\omega_L t_1 - \varphi(\omega_L) - \phi_c] \end{bmatrix} = \begin{bmatrix} (I_c/I_L - B_c)(1 - e^{-\omega_c T_c}) \\ (I_o/I_L - B_o)(1 - e^{-\omega_o T_o}) \end{bmatrix} \tag{6.11}$$

其中

$$\begin{cases} A_{11} = \omega_c\left(1 - \cos(\omega_L T_c)e^{-\omega_c T_c}\right) / \left(\omega_c + \Gamma\sqrt{\omega_c^2 + \omega_L^2}\right) \\ A_{12} = -\omega_c \sin(\omega_L T_c)e^{-\omega_c T_c} / \left(\omega_c + \Gamma\sqrt{\omega_c^2 + \omega_L^2}\right) \\ A_{13} = \omega_0\left(\cos(\Delta\phi + \omega_L T_o) - \cos(\Delta\phi)e^{-\omega_o T_o}\right) / \left(\omega_o + \Gamma\sqrt{\omega_o^2 + \omega_L^2}\right) \\ A_{14} = \omega_0\left[\sin(\Delta\phi)e^{-\omega_o T_o} - \sin(\Delta\phi + \omega_L T_o)\right] / \left(\omega_o + \Gamma\sqrt{\omega_o^2 + \omega_L^2}\right) \\ B_{o,c} = \Gamma\sqrt{\omega_{o,c}^2 + \omega_L^2} / \left(\omega_{o,c}m_L + \Gamma\sqrt{\omega_{o,c}^2 + \omega_L^2}\right) \end{cases} \tag{6.12}$$

式中,$\Delta\phi = \arctan(\omega_L/\omega_c) - \arctan(\omega_L/\omega_o)$。要注意的是,$A_{11}$、$A_{12}$、$A_{21}$、$A_{22}$、$B_c$、$B_o$ 只是 $\omega_{o,c,L}$、Γ、$T_{o,c}$ 的函数。将式(6.10)代入式(6.11),并将方程左右平方,去掉余弦项和正弦项。最终得到方程的形式为

$$C_1\left(\frac{I_L}{I_o}\right)^2 - 2C_2\frac{I_L}{I_o} + C_3 = 0 \tag{6.13}$$

式中,C_1、C_2、C_3 也只是 $\omega_{o,c,L}$、Γ、$T_{o,c}$ 的函数,其明确定义见文献[83]。求解式(6.13)得到两个根 $(I_L/I_o)_\pm = \left[C_2 \pm \sqrt{(C_2^2 - 4C_1C_3)}\right]/(2C_1)$,用 t_0 验证方程 $C_1(t_0>0)=0$,可以证明根 $(I_L/I_o)_-$ 是 $T_c \in [0; t_0]$ 的解,而 $(I_L/I_o)_+$ 是 $T_c \in [t_0; 2\pi/\omega_L]$ 的解。如果只考虑激光的振荡加热部分而忽略恒温加热部分($\Gamma=0$),则时间 t_0 为在一个泵浦光周期中,裂纹能保持闭合状态的最大时间。

　　通过求解方程(6.13),可以用加载参数(I_L,ω_L,Γ)和裂纹参数(I_o,ω_o,ω_c)来评

估一个泵浦光周期内处于闭合状态的时间 T_c。加载参数由实验人员设定，P_o（以及 I_o）由实验测得。通过比较理论预测和实验结果，可以得到参数 $\omega_{o,c}$ 和 Γ（保持实验参数不变的情况下）。得到这些参数的值之后，就可以从前面的方程中计算出以下几个参数：强度 I_c、张开裂纹和闭合裂纹的刚度 $\eta_{o,c}$、距离 $h_{o,c} - h_i$ 和局部闭合裂纹的力 F_i。

6.3.2 非线性旁瓣幅值随载荷的变化

作为泵浦光调制频率 ω_L 和裂纹在泵浦光周期内处于闭合状态的时间 T_c 的函数，式(6.8)可以用来预测非线性混合频率振幅。在不改变其他参数的情况下，改变泵浦光束的载荷强度 I_L，会得到不同的温升（见 6.1.3 节），也会改变达到闭合裂纹或是张开裂纹所需力 F_i 的时间。图 6.11 中的 C、D 和 F 点也会相应发生变化。因此，改变 I_L 的值会影响时间 T_c，相反 T_c 也会影响振幅 A_n（式(6.8)）。此外，用式(6.13)证明了 T_c 随载荷 I_L 变化的准确性，因此只要知道激光束的其他实验参数 (ω_L, Γ) 和裂纹辐射的其他实验参数 $(\omega_{o,c}, I_o)$，就可以通过式(6.8)得到每个非线性旁瓣的振幅。在实验参数相同，而裂纹不同或沿裂纹的位置不同的情况下，参数 I_o、$\omega_{o,c}$ 不同，T_c 也不同。可以在图 6.8(a)～(d)中观察到，在扫描过程中，三个非线性旁瓣的振幅、宽度和形状都是不同的。类似地，位置相同，但是加载强度 I_L 不同，振幅 A_n 也会改变，这也就解释了图 6.8(c)和(e)之间以及图 6.8(d)和(f)之间的差异。在不同的泵浦光循环频率 ω_L 下，不同非线性旁瓣的振幅也会改变[88]，如式(6.8)所示。

需要指出的是，虽然式(6.8)用关于 T_c 和 ω_L 的函数来评估非线性旁瓣的振幅，但这个方程的解不是唯一的，而是存在多个不同值的解。因此，一个待测振幅 A_n，可以对应多个裂纹闭合所需时间 T_c（如果泵浦光频率 ω_L 是未知的，还会对应多个 ω_L）。因此，如果只有和未知量一样多的实验数据（不同的载荷）无法求出裂纹参数。式(6.8)另一个需要注意的地方是，如前文所述，在特定载荷下（裂纹处于呼吸效应时）第 n 阶旁瓣可能会出现最小幅值。不过可以计算出施加载荷的时间 T_c[78,83]。由于在裂纹具有呼吸效应时，一阶混频($n=1$)不会达到极小值，这保证了可以通过该技术检测到裂纹。此外，不会在同一时间 T_c，所有高阶混频都同时到达极小值（例如，对于 $n=2$，在一个周期内，当裂纹在 1/2 的时间处于闭合状态，而对于 $n=3$，当裂纹在 1/3 和 2/3 的时间处于闭合状态时，幅值达到极小值）。因此，对于呼吸裂纹，始终可以检测到某阶非线性混频。当 $T_c=T_o=\pi/\omega_L$ 时，裂纹在每个状态停留的时间都有一半，每阶非线性旁瓣都达到了极小值。这刚好是呼吸裂纹从拍击状态($T_o \geqslant T_c$)开始进入拍手状态($T_o \leqslant T_c$)。只有当恒温加热影响裂纹的呼吸效应时，裂纹才能达到拍击状态，因为只在（正弦）振荡加热的条件下，裂纹处于闭合状态的时间不会超过原来（在数学上对应于 $\Gamma = 0$）的一半。最后，只要

$\Gamma > 1$，不管是否调制加热，裂纹也保持完全闭合。

为了实验观察非线性旁瓣振幅随泵浦光载荷的变化，首先用图 6.4(b) 所示的装置进行了一维扫描(见 6.2.3 节)。在本实验中，检测光束半径为 $a_H=34\mu m$，调制频率为 $f_H=24.9kHz$，功率为 $P_H=35mW$。泵浦光束半径为 $a_L=36\mu m$，调制频率 $f_L=1.5Hz$，功率 P_L 为 60mW。一旦检测到裂纹，就对试件进行定位，将激光束聚焦在裂纹上。然后，慢慢将泵浦光的功率分 94 步(其他参数保持不变)从 0.5mW 增加到 142.3mW(通过修改 AOM 输入电压)。通过增加泵浦功率，由泵浦光产生的调制热弹性应力和静态热弹性应力都会增加(对应图 6.11(c)~(e) 中的 C、D 和 F 点)，从而导致裂纹逐渐闭合。记录下每个步长的振幅对应的频谱。泵浦功率较低时，不会发生裂纹呼吸，因为裂纹处于张开状态。泵浦光功率较高时，如果 Γ 大于 1，裂纹会保持闭合状态，不会产生裂纹的呼吸效应(图 6.12)。需要谨记的是，虽然检测到的混频频谱分量的幅值与检测光束的功率(高功率的)成正比，但由于检测光束会引起持续加热，从而会减小裂纹宽度。因此，根据裂纹的大小，这可能是一个优势(减少裂纹面与泵浦光之间的可视距离，而且泵浦光会引起裂纹的呼吸效应)，或有可能是劣势(闭合细小裂纹并阻止其呼吸效应，从而检测不到裂纹)。

前六阶非线性左旁瓣如图 6.13 所示(即 f_H-nf_L，$n=1~6$)。泵浦光功率较低时，只会产生第一阶旁瓣，然后随着泵浦光功率的增加，产生第二阶旁瓣，然后是第三阶旁瓣。在 $P_L=28.1mW$ 时，观察到前三阶非线性旁瓣($n=1~3$)振幅突然增大，并且可以开始观察到三个连续更高阶的非线性旁瓣($n=4~6$)。该功率阈值对应于裂纹呼吸效应的开始($P_o=28.1mW$，见图 6.13)。低于 P_o 时，根据理论，不会产生非线性旁瓣(式(6.8)和文献[78])。在这阈值之前出现前三阶非线性旁瓣，这是由

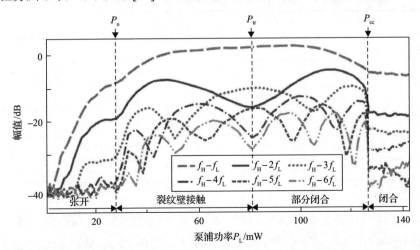

图 6.13 前六阶非线性左旁瓣 f_H-nf_L($n=1~6$) 的光声信号振幅与加载裂纹的泵浦功率的关系

P_o 表示拍击开始时的临界泵浦功率，P_{tr} 表示拍手状态到拍击状态的界限，P_{cc} 表示裂纹完全闭合[83]

裂纹的光滑解析非线性所致(见 6.2.4 节)。随着旁瓣阶次 n 的增加,旁瓣的幅度会减小,导致无法检测到三阶以上的旁瓣;旁瓣振幅随泵浦光功率($P_L < P_o$)的增加而单调增加,这表明,这些旁瓣是由光滑解析非线性引起的,尤其是二次声非线性。此外,如果在检测区域内,裂纹面之间有多个拍击/拍手接触,这表明呼吸效应的开始或者结束有多个阈值,可以对局部非解析非线性进行平滑处理,从而得到有效平滑的非线性。因此,在 P_o 以下,特别是当接近 P_o 时,实验结果并不能排除裂纹面之间存在局部接触的可能性,但是可以表明裂纹的检测部分没有整体的(大体的)闭合/张开。

当泵浦功率持续增加到 P_o 以上时,可以观察到几阶旁瓣的最小值。$P_L = 80.7 \text{mW}$ 时(图 6.13 中的 P_{tr}),偶数阶旁瓣都表现出极小值,对应拍击状态到拍手状态的转变($T_o = T_c = \pi/\omega_L$)。此外,可以注意到,第三阶旁瓣的两个最小值分别出现在 50.9mW 和 105.0mW,这与裂纹在一个周期的 1/3 和 2/3 时间处于闭合状态相对应。拍手状态的实验现象表明,吸收的检测光束和泵浦光束功率的常数分量引起的静态热弹性应力会影响结果,数学上对应于 $\Gamma > 0$。$P_L = 126.5 \text{mW}$ 时(在下面表示为 P_{cc}),所有非线性旁瓣幅值都突然减小:这是由裂纹完全闭合造成的,当振荡的热弹性应力无法使裂纹张开时,由于恒温加热,在整个周期内,裂纹始终保持闭合,也就是在这个实验中,$\Gamma > 1$。泵浦功率较大时($P_L > P_{cc}$),非线性混频振幅几乎是恒定的。可以注意到它们的振幅随荷载的变化会变得非常明显。与粗糙裂纹面之间接触相关的经典非线性会导致仍然存在非线性,而且即使裂纹处于闭合状态,裂纹面之间的接触数目和程度也可能发生变化。表 6.2 列出了前六阶非线性旁瓣的极小值及其相应的泵浦功率。

表 6.2　与前六阶非线性旁瓣极小值相关的泵浦功率

旁瓣	泵浦功率				
1	—	—	—	—	—
2	80.7	—	—	—	—
3	50.9	105.0	—	—	—
4	42.7	80.7	114.1	—	—
5	38.5	62.5	97.1	117.4	—
6	35.7	50.9	80.7	105.0	120.8

注: 经 Elsevier 授权, 转自文献[83]。

如 6.2.4 节所述,由式(6.8)可知,泵浦光和检测光提供的载荷会使得第 n 阶非线性旁瓣($n \geq 2$)的振幅 A_n 大于或小于第 $n-1$ 阶的振幅 A_n,具体取决于载荷水平。这一现象依然可以在图 6.13 中的许多位置看到。例如,除了 $P_L \in [68; 92] \text{mV}$ 之外,

第三阶非线性旁瓣 A_3 的振幅小于第二阶旁瓣 A_2 的振幅。除了一阶旁瓣，可以看到其他阶非线性旁瓣也有同样的现象，如 $A_3<A_4$($P_L \in [47;62]$ mW 和 [97;108]mW)，甚至 $A_3<A_5$($P_L \in [47;55]$ mW 和[104;108]mW)(而 A_4, $A_5<A_3$ 则不然)。同样，在不同功率下，测量出的一阶非线性旁瓣 A_1 振幅也始终大于所有其他阶旁瓣(图 6.13)。虽然这个结果可以解释为经典解析非线性，但实际由式(6.8)可以证明，在考虑非经典非解析非线性的情况下，A_1 总是大于 A_2。

值得一提的是，在裂纹处于闭合状态的情况下，裂纹面之间的局部接触(即 Hertzian 接触非线性)，可能对平滑分析非线性影响较大[81,101]。对于 $P_o<P_L<P_{cc}$，非线性混频的非单调振幅演化、极小值的存在以及 n 阶非线性旁瓣的振幅可能大于 $n–1$ 阶，所有这些都再次表明了非经典非线性克服了预期的经典非线性。这六阶旁瓣的振幅都可以比较，这也是它们生成过程中非经典机制的明显特征。

6.3.3　裂纹参数的获取

根据前面的实验，得到了开始和结束裂纹的呼吸效应所需的功率(分别为 P_o 和 P_{cc})以及与前六阶旁瓣上的 15 个与极小值相关的功率(表 6.2)，并且可将其转换为无量纲值 P_L/P_o，与理论模型中使用的 I_L/I_o 比值相比较(6.3.1 节)(如 $P_L \propto I_L$)。对于 Γ、ω_o、ω_c 等参数的不同，对理论预测进行评估。对于每种情况，评估极小值的数量、位置和 I_{cc}/I_o 的比值(I_{cc} 为裂纹完全闭合的强度)，并与实验结果进行比较。只考虑与实验结果(表 6.2 和图 6.13)相比，具有正确的极小值和正确比值(在1%以内)的理论情况[83]。然后，估计每个极小值的理论位置和实验位置之间的差异。对于第 n 阶非线性旁瓣，此误差需要乘以 $1/n$，这使得第二阶、第三阶非线性旁瓣的实验极小值比第五阶、第六阶非线性旁瓣的实验测得的极小值更重要。这么做是因为式(6.8)中存在幅值减小因子 $1/n$。

在满足条件的所有理论案例中，参数 Γ =1.47，ω_o=8.77Hz、ω_c=100kHz 时，理论结果与实验结果差异最小。相关理论演变结果如图 6.14 所示。考虑到与理论值存在 1%以内误差的情况，将参数设置为 $\Gamma \in [1.47;1.49]$、$\omega_o \in [8.05;9.93]$Hz 和 $\omega_c \in [2.0;100]$kHz。Γ 和 ω_o 的变化很小，参数值良好。但是，ω_c 的变化达到了近两个数量级，会使估计不准确。100kHz 是拟合中的最大值，更合理的值应该是 $\omega_c \geqslant$2kHz。这是因为需要满足不等式 $\omega_c \geqslant \omega_{o,L}$，该不等式表明闭合裂纹的刚度至少比张开裂纹的刚度大四个数量级。

将理论演变(图 6.14)与实验结果(图 6.13)进行比较，首先可以得到，在这两种情况下，都有明显的拍击和裂纹闭合过程。之前得到的 15 个极小值都是理想化的，根据载荷的不同，在理论模拟中也可以得到 $A_n<A_{n-1}$ 或 $A_{n-1}<A_n$($A_1<A_2$ 除外)。例如，第二阶和第三阶非线性旁瓣的幅值也会有类似的变化。但是，出现最小值的位置仍然不准确，例如，从拍击到拍手的转变在实验中大致发生在 $(P_o+P_{cc})/2$

处，而在某些参数下，会在$(I_\text{o}+I_\text{cc})/4$处发生。其他一些极小值也有类似的偏移现象。引起这种偏移的可能原因有：

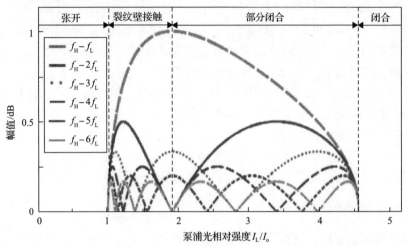

图 6.14　与实验结果相符的理论模拟中前六阶非线性旁瓣与泵浦光相对强度 I_L/I_o 的关系[83]
ω_o=8.77Hz，ω_c=100kHz，Γ=1.47；经 Elsevier 授权

（1）理论模型中没有考虑到平滑解析非线性。如果它们在功率低于 P_o 时，非线性旁瓣出现（至少在 n=1 时出现）（见 6.2.4 节），那么它们在高泵功率时的影响特别是对低阶非线性旁瓣的影响也不应被忽视（由于级联混频过程）。

（2）模型假设裂纹的弹性模量是分段的（图 6.11(c)），而实际上裂纹刚度不是线性分段的，而是随着裂纹闭合而不断增加的，因此在分析更符合实际的模型时并不适用（图 6.11(a)）。

（3）忽略 F_o 和 F_c 之间的迟滞（图 6.11(b)），这影响了非线性旁瓣幅值。当迟滞变大时，也会产生极小值的偏移，尽管在目前的实验中没有发生这种情况。此外，在此模型中还忽略了周期变化的热弹性应力的解调/校正[35,96]。

（4）忽略泵浦光束位置相对于裂纹位置可能存在的不对称性。当加热相对于裂纹位置不对称时，裂纹的闭合/张开会影响热传导和温度分布。引入热阻的概念，可以模拟裂纹的热传导，热阻通常取决于裂纹面之间的距离[78,88,95,102]。热阻与裂纹面之间距离的关系可以是光滑的解析关系，也可以是突变的非解析关系，如裂纹开闭时。

值得强调的是，现在得到了 Γ、ω_o 和 ω_c 的值，并且得到了正确的极小值以及 I_cc/I_o 和 P_cc/P_o 的大小。利用这些值，可以计算出几个裂纹参数。在下面，第一个结果对应最佳拟合的估计，而不确定性是根据该最佳拟合误差的 1%变化量来估算的。首先，得到张开裂纹刚度和闭合裂纹刚度：

$$\eta_o = \frac{\rho c \omega_o}{2} = 66.0\text{MN/m}^3, \quad 60.2\text{MN/m}^3 \leqslant \eta_o \leqslant 74.7$$

$$\eta_c = \frac{\rho c \omega_c}{2} = 752\text{GN/m}^3, \quad \eta_c \geqslant 13.7\text{GN/m}^3 \tag{6.14}$$

然后，泵浦功率已知为 P_o，可从式(6.10)得到 I_o、I_c：

$$I_o = (1-r)\frac{P_o}{\pi a^2} = 6.14\text{MW} \cdot \text{m}^2$$

$$I_c = 5.35\text{MW} \cdot \text{m}^2, \quad 5.27\text{MW} \cdot \text{m}^2 \leqslant I_c \leqslant 5.46\text{MW} \cdot \text{m}^2 \tag{6.15}$$

可以用式(6.6)得出检测光恒定加热减少的裂纹面间距，也就是得出图 6.11(c) 中的点 B 和点 E 之间的距离：

$$h_o - \frac{I_H A_H(0)}{\omega_o} - h_i = 103.8\text{nm}, \quad 93.3\text{nm} \leqslant h_o - \frac{I_H A_H(0)}{\omega_o} - h_i \leqslant 112.7\text{nm} \tag{6.16}$$

为了得到在没有载荷以及裂纹接触时裂纹面位置之间的总位移，需要估算由检测光引起的裂纹面间距的减少量(与 $I_H A_H(0)$ 成比例的项，对应于图 6.11(c) 中从 A 点到 B 点的变化)。可以证明，振幅项 $A_H(0)$ 近似等于 $\Gamma |A(\omega_L)| (a_H \omega_T(a_L))/(a_L \omega_T(a_H))$ [83]，并且可以由式(6.15)第一式确定 $I_H(0)$ 的近似值：

$$h_o - h_i = 146.8\text{nm}, \quad 131.3\text{nm} \leqslant h_o - h_i \leqslant 160.3\text{nm} \tag{6.17}$$

最后，根据式(6.7)，可以得到闭合和打开裂纹所需的力 F_i：

$$F_i = 9.7\text{N}/\text{m}^2, \quad 9.6\text{N}/\text{m}^2 \leqslant F_i \leqslant 9.9\text{N}/\text{m}^2 \tag{6.18}$$

得到的 h_o–h_i 有几百纳米，这与用原子力显微镜在类似裂纹中测量的裂纹宽度具有相同的数量级[71]，从而验证了这种方法的准确性。据作者所知，其他方法无法获得其他局部评估参数(裂纹刚度、闭合裂纹所需的力)，从而无法进行更多的比较。也可以类似地推导出 h_c–h_i 的大小(图 6.11(c))(它遵循 h_c–$h_i \leqslant 12.9\text{pm}$)，但这提供不了关于裂纹的其他信息。距离的大小与闭合状态相关(图 6.11(c))，并且在关闭和打开裂纹分别所需的力 F_o 和 F_c 之间存在滞后的情况下，需要计算 F_c(如前所述，此处未考虑)。

所获得的裂纹刚度也可以与玻璃试件进行比较。有一种可行的比较方法是计算张开裂纹和闭合裂纹状态下的等效弹性模量。弹性模量可以通过单位面积上施加在样品上的力乘以物体原始长度与长度变化之比得出：

$$E_o = F_i \frac{2a}{h_o - h_i} = 4.7\text{kPa}, \quad 4.3\text{kPa} \leqslant E_o \leqslant 5.4\text{kPa} \tag{6.19}$$

由于不能确定 ω_c 的具体值，无法精确确定处于闭合状态 E_c 时的等效杨氏模量，但可以估计它比 E_o 状态的等效杨氏模量高至少约四个数量级。玻璃的杨氏模量 $E_g = K(1-\nu) = 40.16\text{GPa}$，泊松比 $\nu = 0.22$，比张开裂纹的有效弹性模量高七个数量级。到目前为止，试件的最薄弱区域仍然是裂纹（即使在闭合时也是如此），该估计值可用于确定闭合状态下先前估计值的上限（η_c、h_c-h_i 和 E_c）。

6.4　结　　论

本章阐述了用一种新技术来检测和表征裂纹的可能性，该技术基于：

(1) 通过激光产生的局部热弹性应力来调节裂纹面之间的距离，使得裂纹在闭合（接触面）和张开（面之间无接触）之间往复变化。

(2) 调制裂纹附近超声检测波的激光激发。

(3) 裂纹呼吸效应对超声波的反射/透射产生的非线性混频（探头频率附近的旁瓣）检测。

当激光束远离裂纹聚焦时，几乎无法检测到这种非线性混频过程；但在裂纹附近时，会产生有效的非线性混频过程。试件上激光焦距内或附近的裂纹会影响检测到的混频。该方法结合了非接触式激发激光与高振幅动力学的优点。因为可以避免其他非线性现象的干扰，非线性混频检测（没有呼吸裂纹就不会产生非线性混频）具有独特的吸引力，尤其是对非线性级联过程无法有效产生的高阶混频旁瓣 $n \geqslant 2$ 的检测。通过使用适合所需频率范围的激光测振仪或偏转测量技术，证明了采用纯光学装置实现的可能性。结果表明，该技术具有较高的空间分辨率。

此外，利用所建立的理论模型，可以将该方法用于获取局部裂纹的参数。如理论预测的那样，实验观察到的非线性旁瓣的幅值随泵浦功率的变化呈现出明显的非单调行为。这证明了特定泵浦功率和旁瓣极小值的关系，并且极小值的位置会随负载变化。该模型证明了由于裂纹面的动态运动以及由泵浦光束和检测光束引起的持续加热，非线性旁瓣会随泵浦功率的变化而相应变化。实验结果与理论推导一致。可以根据实验和理论推导，求出裂纹的弛豫频率及恒定载荷与调制载荷之比的近似值。求出这些参数之后，就可以计算出裂纹的相关参数，包括一些据作者所知属于首次报道的参数。这些参数是张开型裂纹和闭合型裂纹的刚度 $\eta_{o,c}$、强度 $I_{o,c}$，关闭和打开裂纹所需的力 F_i，以及泵浦光束载荷引起的裂纹面位移，还有闭合裂纹所需的位移。

在其检测灵敏度和表征可能性方面，这种光声非线性混频技术有非常大的发展前景。现在已经可以得到裂纹的二维图像，提高了对该方法空间分辨率的理解。尽管还没有文献报道，但是–6dB 的裂纹图像可能比使用激光激发聚焦光束的图像更窄。由于仅在裂纹附近会产生非经典非解析非线性，用聚焦性更好的激光束反复进行二维成像应该有助于提高空间分辨率。这样的实验也有助于更好地理解和区别经典解析非线性和非经典非解析非线性在裂纹区域的作用。

此外，可以将实验结果与模型对比来评估局部裂纹的特性。由于二维图像对局部裂纹特性具有敏感性，用衍射限制聚焦激光束进行重复实验，将带来一种对裂纹的位置、厚度和刚度进行亚微米级测绘的全新方式。

但是，目前理论推导和实验结果之间还是存在一定的差距，理论模型可以通过多种方式进行改进。特别是，可以附加上对裂纹的非对称激光加热以及 F_o 与 F_c 之间的迟滞性（如文献[88]对准静态情况下所做的工作）。对光吸收区域的真实三维描述，并最终建立完整的三维理论模型也将是非常有意义的。

参 考 文 献

[1] C.B. Scruby, L.E. Drain, Laser Ultrasonics Techniques & Applications (Adam Hilger, New York, 1990)

[2] V.E. Gusev, A.A. Karabutov, Laser Optoacoustics (American Institute of Physics, Maryland, 1993)

[3] D. Royer, E. Dieulesaint, Elastic Waves in Solids II: Generation, Acousto-Optic Interaction, Applications (Springer, Berlin, 2000)

[4] W. Bai, G.J. Diebold, Moving photoacoustic sources: acoustic waveforms in one, two, and three dimensions and application to trace gas detection. J. Appl. Phys. 125(6), 060902 (2019)

[5] K.-H. Lin, G.-W. Chern, C.-T. Yu, T.-M. Liu, C.-C. Pan, G.-T. Chen, J.-I. Chyi, S.-W. Huang, P.-C. Li, C.-K. Sun, Optical piezoelectric transducer for nano-ultrasonics. IEEE Trans. UFFC 52(8), 1404–1414 (2005)

[6] P.-A. Mante, Y.-R. Huang, S.-C. Yang, T.-M. Liu, A.A. Maznev, K.-K. Sheu, C.-K. Sun, THz acoustic phonon spectroscopy and nanoscopy by using piezoelectric semiconductor heterostructures. Ultrasonics 56, 52–65 (2015)

[7] A. Huynh, B. Perrin, A. Lemaître, Semiconductor superlattices: a tool for terahertz acoustics. Ultrasonics 56, 66–79 (2015)

[8] C. Mechri, P. Ruello, J.M. Breteau, M.R. Baklanov, P. Verdonck, V. Gusev, Depth-profiling of elastic inhomogeneities in transparent nanoporous low-k materials by picosecond ultrasonic interferometry. Appl. Phys. Lett. 95(9), 091907 (2009)

[9] A. Steigerwald, Y. Xu, J. Qi, J. Gregory, X. Liu, J.K. Furdyna, K. Varga, A.B. Hmelo, G. Lüpke, L.C. Feldman, N. Tolk, Semiconductor point defect concentration profiles measured using coherent acoustic phonon waves. Appl. Phys. Lett. 94(11), 111910 (2009)

[10] A.M. Lomonosov, A. Ayouch, P. Ruello, G. Vaudel, M.R. Baklanov, P. Verdonck, L. Zhao, V.E. Gusev, Nanoscale noncontact subsurface investigations of mechanical and optical properties of nanoporous low-k material thin film. ACS Nano 6(2), 1410–1415 (2012). PMID: 22211667

[11] V.E. Gusev, P. Ruello, Advances in applications of time-domain brillouin scattering for nanoscale imaging. Appl. Phys. Rev. 5(3), 031101 (2018)

[12] A. Vertikov, M. Kuball, A.V. Nurmikko, H.J. Maris, Time resolved pump-probe experiments with subwavelength lateral resolution. Appl. Phys. Lett. 69(17), 2465–2467 (1996)

[13] J.M. Atkin, S. Berweger, A.C. Jones, M.B. Raschke, Nano-optical imaging and spectroscopy of order, phases, and domains in complex solids. Adv. Phys. 61(6), 745–842 (2012)

[14] H.J. Maris, Picosecond ultrasonics. Sci. Am. 278(1), 86–89 (1998)

[15] K.-H. Lin, C.-M. Lai, C.-C. Pan, J.-I. Chyi, J.-W. Shi, S.-Z. Sun, C.-F. Chang, C.-K. Sun.: spatial manipulation of nanoacoustic waves with nanoscale spot sizes. Nat. Nanotechnol. 2, 704 EP –, 10 (2007)

[16] P.-A. Mante, C.-C. Chen, Y.-C. Wen, H.-Y. Chen, S.-C. Yang, Y.-R. Huang, I.-J. Chen, Y.-W. Chen, V. Gusev, M.-J. Chen, J.-L. Kuo, J.-K. Sheu, and C.-K. Sun. Probing hydrophilic interface of solid/liquid-water by nanoultrasonics. Sci. Rep. 4, 6249 EP –, 09 (2014)

[17] J.D.G. Greener, A.V. Akimov, V.E. Gusev, Z.R. Kudrynskyi, P.H. Beton, Z.D. Kovalyuk, T. Taniguchi, K. Watanabe, A.J. Kent, A. Patanè, Coherent acoustic phonons in van der Waals nanolayers and heterostructures. Phys. Rev. B 98, 075408 (2018)

[18] C. Li, V. Gusev, E. Dimakis, T. Dekorsy, M. Hettich, Broadband photo-excited coherent acoustic frequency combs and mini-brillouin-zone modes in a MQW-SESAM structure. Appl. Sci. 9(2), (2019)

[19] S.A. Akhmanov, V.E. Gusev, Laser excitation of ultrashort acoustic pulses: new possibilities in solid-state spectroscopy, diagnostics of fast processes, and nonlinear acoustics. Sov. Phys. Usp. 35(3), 153–191 (1992)

[20] P. Ruello, V.E. Gusev, Physical mechanisms of coherent acoustic phonons generation by ultrafast laser action. Ultrasonics 56, 21–35 (2015)

[21] C. Thomsen, H.T. Grahn, H.J. Maris, J. Tauc, Surface generation and detection of phonons by picosecond light pulses. Phys. Rev. B 34, 4129–4138 (1986)

[22] H.T. Grahn, H.J. Maris, J. Tauc, Picosecond ultrasonics. IEEE J. Quantum Electron. 25(12), 2562–2569 (1989)

[23] L.K. Zarembo, V.A. Krasil'nkov, Nonlinear phenomena in the propagation of elastic waves in solids. Sov. Phys. Usp. 13(6), 778–797 (1971)

[24] O.V. Rudenko, S.I. Soluyan, Theoretical Foundations of Nonlinear Acoustics (Consultants Bureau, New York, 1977)

[25] V.E. Nazarov, L.A. Ostrovsky, I.A. Soustova, A.M. Sutin, Nonlinear acoustics of microinhomogeneous media. Phys. Earth Planet. Int. 50, 65–73 (1988)

[26] Robert A. Guyer, Paul A. Johnson, Nonlinear mesoscopic elasticity: evidence for a new class of materials. Phys. Today 52(4), 30–36 (1999)

[27] M. Born, K. Huang, Dynamical Theory of Crystal Lattices (Clarendon Press, Oxford, 1954)

[28] V. Gusev, V. Tournat, B. Castagnède, Nonlinear acoustic phenomena in micro-inhomogeneous materials, in Materials and Acoustics Handbook, ed. by M. Bruneau, C. Potel (Wiley, London, New York, 2009), pp. 433–472

[29] V. Tournat, V. Gusev, B. Castagnède, Non-destructive evaluation of micro-inhomogeneous solids by nonlinear acoustic methods, in Materials and Acoustics Handbook, ed. by M. Bruneau, C. Potel (Wiley, London, New York, 2009), pp. 473–504

[30] P.P. Delsanto (ed.), Universality of Nonclassical Nonlinearity (Springer, New York, 2006)

[31] K.E.A. van Den Abeele, P.A. Johnson, A. Sutin, Nonlinear elastic wave spectroscopy (NEWS) techniques to discern material damage, part I: Nonlinear wave modulation spectroscopy (NWMS). Res. Nondestruct. Eval. 12(1), 17–30 (2000)

[32] V.Y. Zaitsev, L.A. Matveev, A.L. Matveyev, Elastic-wave modulation approach to crack detection: comparison of conventional modulation and higher-order interactions. NDT & E Int. 44(1), 21–31 (2011)

[33] O. Buck, W.L. Morris, J.M. Richardson, Acoustic harmonic generation at unbonded interfaces and fatigue cracks. Appl. Phys. Lett. 33, 371–373 (1978)

[34] A. Novak, M. Bentahar, V. Tournat, R. El Guerjouma, L. Simon, Nonlinear acoustic characterization of micro-damaged materials through higher harmonic resonance analysis. NDT & E Int. 45, 1–8 (2012)

[35] A. Moussatov, V. Gusev, B. Castagnède, Self-induced hysteresis for nonlinear acoustic waves in cracked material. Phys. Rev. Lett. 90(12), 124301 (2003)

[36] B.A. Korshak, I.Y. Solodov, E.M. Ballad, DC effects, sub-harmonics, stochasticity and "memory" for contact acoustic non-linearity. Ultrasonics 40(1–8), 707–713 (2002)

[37] A. Moussatov, B. Castagnède, V. Gusev, Observation of non linear interaction of acoustic waves in granular materials: demodulation process. Phys. Lett. A 283, 216–223 (2001)

[38] L. Fillinger, V. Zaitsev, V. Gusev, B. Castagnède, Wave self-modulation in an acoustic resonator due to self-induced transparency. Europhys. Lett. 76, 229–235 (2006)

[39] L. Fillinger, V.Y. Zaitsev, V.E. Gusev, B. Castagnède, Self-modulation of acoustic waves in resonant bars. J. Sound Vibr. 318, 527–548 (2008)

[40] V. Zaitsev, V. Gusev, B. Castagnède, Luxemburg-Gorky effect retooled for elastic waves: a mechanism and experimental evidence. Phys. Rev. Lett. 89(10), 105502 (2002)

[41] V.Y. Zaitsev, V. Nazarov, V. Gusev, B. Castagnède, Novel nonlinear-modulation acoustic technique for crack detection. NDT&E Int. 39, 184–194 (2006)

[42] P.B. Nagy, Fatigue damage assessment by nonlinear ultrasonic materials characterization. Ultrasonics 36(1–5), 375–381 (1998)

[43] A.M. Sutin, Nonlinear acoustic nondestructive testing of cracks. J. Acoust. Soc. Am. 99(4), 2539–2574 (1996)

[44] Y. Zheng, R.G. Maev, I.Y. Solodov, Nonlinear acoustic applications for material characterization: a review. Can. J. Phys. 77(12), 927–967 (1999)

[45] K.-Y. Jhang, Nonlinear ultrasonic techniques for nondestructive assessment of micro damage in material: A review. Int. J. Precis. Eng. Manuf. 10(1), 123–135 (2009)

[46] M.W. Sigrist, Laser generation of acoustic waves in liquids and gases. J. Appl. Phys. 60(7) R83–R122 (1986)

[47] S.A. Akhmanov, V.E. Gusev, A.A. Karabutov, Pulsed laser optoacoustics: achievements and perspective. Infrared Phys. 29(2–4), 815–838 (1989)

[48] A.A. Karabutov, V.T. Platonenko, O.V. Rudenko, B.A. Chupryna, Experimental investigation of shock-front formation in solid (in russian). Mosc. Univ. Phys. Bull. 25(3), 89–91 (1984)

[49] Y. Yasumoto, A. Nakamura, R. Takeuchi, Developments in the use of acoustic shock pulses in the study of elastic properties of solids. Acta Acust. United Acust. 30(5), 260–267 (1974)

[50] V.N. In'kov, E.B. Cherepetskaya, V.L. Shkuratnik, A.A. Karabutov, V.A. Makarov, Ultrasonic laser spectroscopy of mechanic-acoustic nonlinearity of cracked rocks. J. Appl. Mech. Tech. Phys. 46, 452–457 (2005)

[51] M. Li, A.M. Lomonosov, Z. Shen, H. Seo, K.-Y. Jhang, V.E. Gusev, C. Ni, Monitoring of thermal aging of aluminum alloy via nonlinear propagation of acoustic pulses generated and detected by lasers. Appl. Sci. 9(6), (2019)

[52] O.L. Muskens, J.I. Dijkhuis, High amplitude, ultrashort, longitudinal strain solitons in sapphire. Phys. Rev. Lett. 89(28), 285504 (2002)

[53] A. Bojahr, M. Herzog, D. Schick, I. Vrejoiu, M. Bargheer, Calibrated real-time detection of nonlinearly propagating strain waves. Phys. Rev. B 86, 144306 (2012)

[54] C. Klieber, V.E. Gusev, T. Pezeril, K.A. Nelson, Nonlinear acoustics at GHz frequencies in a viscoelastic fragile glass former. Phys. Rev. Lett. 114, 065701 (2015)

[55] H.-Y. Hao, H.J. Maris, Experiments with acoustic solitons in crystalline solids. Phys. Rev. B 64, 064302 (2001)

[56] P.J.S. van Capel, E. Péronne, J.I. Dijkhuis, Nonlinear ultrafast acoustics at the nano scale. Ultrasonics 56, 36–51 (2015)

[57] A.A. Kolomenskii, A.M. Lomonosov, R. Kuschnereit, P. Hess, V.E. Gusev, Laser generation and detection of strongly nonlinear elastic surface pulses. Phys. Rev. Lett. 79, 1325–1328(1997)

[58] A. Lomonosov, P. Hess, Effects of nonlinear elastic surface pulses in anisotropic silicon crystals. Phys. Rev. Lett. 83, 3876–3879 (1999)

[59] A. Lomonosov, V.G. Mikhalevich, P. Hess, EYu. Knight, M.F. Hamilton, E.A. Zabolotskaya, Laser-generated nonlinear rayleigh waves with shocks. J. Acoust. Soc. Am. 105(4), 2093–2096 (1999)

[60] A.M. Lomonosov, P. Hess, A.P. Mayer, Observation of solitary elastic surface pulses. Phys.Rev. Lett. 88, 076104 (2002)

[61] P. Hess, Surface acoustic waves in materials science. Phys. Today 55(3), 42–47 (2002)

[62] P. Hess, A.M. Lomonosov, A.P. Mayer, Laser-based linear and nonlinear guided elastic waves at surfaces (2D) and wedges (1D). Ultrasonics 54, 39–55 (2014)

[63] S. Choi, H. Seo, K.-Y. Jhang, Noncontact evaluation of acoustic nonlinearity of a lasergenerated surface wave in a plastically deformed aluminum alloy. Res. Nondestr. Eval. 26,13–22 (2015)

[64] H. Seo, J. Jun, K.-Y. Jhang, Assessment of thermal aging of aluminum alloy by acoustic nonlinearity measurement of surface acoustic waves. Res. Nondestruct. Eval. 28(1), 3–17 (2017)

[65] T. Stratoudaki, R. Ellwood, S. Sharples, M. Clark, M.G. Somekh, I.J. Collison, Measurement of material nonlinearity using surface acoustic wave parametric interaction and laser ultrasonics. J. Acoust. Soc. Am. 129(4), 1721–1728 (2011)

[66] R. Ellwood, T. Stratoudaki, S.D. Sharples, M. Clark, M.G. Somekh, Determination of the acoustoelastic coefficient for surface acoustic waves using dynamic acoustoelastography: an alternative to static strain. J. Acoust. Soc. Am. 135(3), 1064–1070 (2014)

[67] H. Xiao, P.B. Nagy, Enhanced ultrasonic detection of fatigue cracks by laser-induced crack closure. J. Appl. Phys. 83(12), 7453–7460 (1998)

[68] Z. Yan, P.B. Nagy, Thermo-optical modulation for improved ultrasonic fatigue crack detection in Ti-6Al-4V. NDT&E Int. 33, 213–223 (2000)

[69] Z. Yan, P.B. Nagy, Thermo-optical modulation of ultrasonic surface waves for NDE. Ultrasonics 40(1–8), 689–696 (2002)

[70] C.-Y. Ni, N. Chigarev, V. Tournat, N. Delorme, Z.-H. Shen, V.E. Gusev, Probing of laserinduced crack modulation by laser-monitored surface waves and surface skimming bulk waves. J. Acoust. Soc. Am. 131(3) (2012)

[71] C.-Y. Ni, N. Chigarev, V. Tournat, N. Delorme, Z.-H. Shen, V.E. Gusev, Probing of laserinduced crack closure by pulsed laser-generated acoustic waves. J. Appl. Phys. 113(1), 014906(2013)

[72] V. Tournat, C. Ni, N. Chigarev, N. Delorme, Z. Shen, V. Gusev, Probing of crack breathing by pulsed laser-generated acoustic waves. Proc. Meet. Acoust. 19(030081) (2013)

[73] N. Krohn, R. Stoessel, G. Busse, Acoustic non-linearity for defect selective imaging. Ultrasonics 40(1–8), 633–637 (2002)

[74] I.Y. Solodov, J. Wackerl, K. Pfleiderer, G. Busse, Nonlinear self-modulation and subharmonic acoustic spectroscopy for damage detection and location. Appl. Phys. Lett. 84(26), 5386–5388(2004)

[75] S.-H. Park, J. Kim, K.-Y. Jhang, Relative measurement of the acoustic nonlinearity parameter using laser detection of an ultrasonic wave. Int. J. Precis. Eng. Manuf. 18(10), 1347–1352(2017)

[76] G. Grégoire, V. Tournat, D. Mounier, V. Gusev, Nonlinear photothermal and photoacoustic processes for crack detection. Eur. Phys. J. Spec. Top. 153, 313–315 (2008)

[77] N. Chigarev, J. Zakrzewski, V. Tournat, V. Gusev, Nonlinear frequency-mixing photoacoustic imaging of a crack. J. Appl. Phys. 106(036101) (2009)

[78] V. Gusev, N. Chigarev, Nonlinear frequency-mixing photoacoustic imaging of a crack: theory. J. Appl. Phys. 107(124905) (2010)

[79] J. Zakrzewski, N. Chigarev, V. Tournat, V. Gusev, Combined photoacoustic-acoustic technique for crack imaging. Int. J. Thermophys. 31(1), 199–207 (2010)

[80] S. Mezil, N. Chigarev, V. Tournat, V. Gusev, All-optical probing of the nonlinear acoustics of a crack. Opt. Lett. 36(17), 3449–3451 (2011)

[81] S. Mezil, N. Chigarev, V. Tournat, V. Gusev, Two dimensional nonlinear frequency-mixing photo-acoustic imaging of a crack and observation of crack phantoms. J. Appl. Phys. 114(174901) (2013)

[82] V.E. Gusev, N. Chigarev, S. Mezil, V. Tournat, All-optical nonlinear frequency-mixing acoustics of cracks. Proc. Meet. Acoust. 19(1), 030079 (2013)

[83] S. Mezil, N. Chigarev, V. Tournat, V.E. Gusev, Evaluation of crack parameters by a nonlinear frequency-mixing laser ultrasonics method. Ultrasonics 69, 225–235 (2016)

[84] S. Mezil, N. Chigarev, V. Tournat, V. Gusev, Review of a nonlinear frequency-mixing photoacoustic method for imaging a crack. J. JSNDI 66(12), 589–592 (2017)

[85] C. Bakre, P. Rajagopal, K. Balasubramaniam, Nonlinear mixing of laser generated narrowband rayleigh surface waves. AIP Conf. Proc. 1806(1), 020004 (2017)

[86] Y. Liu, S. Yang, X. Liu, Detection and quantification of damage in metallic structures by laser-generated ultrasonics. Appl. Sci. 8(5) (2018)

[87] P. Liu, J. Jang, S. Yang, H. Sohn, Fatigue crack detection using dual laser induced nonlinear ultrasonic modulation. Opt. Lasers Eng. 110, 420–430 (2018)

[88] S. Mezil, Nonlinear optoacoustics method for crack detection & characterization. Ph.D. thesis, LUNAM Université, Université du Maine (2012)

[89] Y. Ohara, K. Takahashi, Y. Ino, K. Yamanaka, T. Tsuji, T. Mihara, High-selectivity imaging of closed cracks in a coarse-grained stainless steel by nonlinear ultrasonic phased array. NDT & E Int. 91, 139–147 (2017)

[90] O.B. Wright, K. Kawashima, Coherent phonon detection from ultrasfast surface vibrations. Phys. Rev. Lett. 69(11), 1668–1671 (1992)

[91] J.E. Rothenberg, Observation of the transient expansion of heated surfaces by picosecond photothermal deflection spectroscopy. Opt. Lett. 13(9), 713–715 (1988)

[92] V. Gusev, A. Mandelis, R. Bleiss, Theory of second harmonic thermal wave generation: 1D geometry. Int. J. Thermophys. 14, 321 (1993)

[93] V. Gusev, A. Mandelis, R. Bleiss, Theory of strong photothermal nonlinearity from sub-surface non-stationary ("breathing") cracks in solids. Appl. Phys. A 57, 229–233 (1993)

[94] V. Gusev, A. Mandelis, R. Bleiss, Non-linear photothermal response of thin solid films and coatings. Mat. Sci. Eng. B 26, 111 (1994)

[95] V. Gusev, A. Mandelis, R. Bleiss, Theory of combined acousto-photo-thermal spectral decomposition in condensed phases: parametric generation of thermal waves by a non-stationary ("breathing") sub-surface defect. Mat. Sci. Eng. B 26, 121 (1994)

[96] V.E. Gusev, B. Castagnède, A.G. Moussatov, Hysteresis in response of nonlinear bistable interface to continuously varying acoustic loading. Ultrasonics 41, 643–654 (2003)

[97] I.Y. Solodov, B.A. Korshak, Instability, chaos, and "memory" in acoustic-wave-crack interaction. Phys. Rev. Lett. 88(1), 014303 (2001)

[98] I. Y. Solodov, B.A. Korshak, K. Pfleiderer, J. Wackerl, and G. Busse. Nonlinear ultrasonics inspection and NDE using subharmonic and self-modulation modes. WCU. Paris, France (2003)

[99] V. Tournat, C. Inserra, V. Gusev, Non-cascade frequency-mixing processes for elastic waves in unconsolidated granular materials. Ultrasonics 48(6), 492–497 (2008)

[100] I.Y. Solodov, N. Krohn, G. Busse, CAN: an example of nonclassical acoustic nonlinearity in solids. Ultrasonics 40, 621–625 (2002)

[101] K.L. Johnson, Contact Mechanics, 2nd ed. (Cambridge University Press, Cambridge, Angleterre, 1985)

[102] G.C. Wetzel Jr., J.B. Spiecer, Nonlinear effects in photothermal-optical-beam-deflection imaging. Can. J. Phys. 64, 1269 (1986)